日本電気事業経営史

9電力体制の時代

中瀬哲史

日本経済評論社

はじめに

　21世紀を迎えた今日、日本の電気事業経営は大きな転換点に立っている。東京電力、関西電力という、これまでの日本で指導的な立場にあった電力会社が、特に原子力発電に関わる不祥事を相次いで起こした結果、そのあり方が問われる一方で、数年前から「電力自由化」が模索されており、「9電力体制」の是非が問われているからである。また、電気事業は地球環境問題への対応も余儀なくされている。20年ほど前に、国鉄、電電公社、専売公社の民営化の際には、同じ公益事業として日本の電気事業はお手本とされたことを想起すると（大谷［1984］）、隔世の感がある。

　現在の日本の電気事業を取り巻く問題は、明らかに電力供給のあり方、つまり9電力が電力供給の主体として適当なのかどうかという供給主体の問題と、現在9電力が行っている、いわゆる「ベストミックス」とされる供給方法が適当なのかどうか、という問題に整理できよう。実は、本書で展開するが、日本の電気事業は、電力国家管理と電気事業再編成にみられるように、電力の供給主体と供給方法をめぐって推移してきたのであり、現在に始まったわけではない。そして、電気事業とは1国の社会・経済にとって重要なエネルギー産業の代表であることから、政府による積極的なかかわりは避けられない。もう一方で、橘川武郎がすでに指摘しているように（橘川［1995］）、日本の電気事業は民間会社が中心的に進めてきた。それゆえ、電力の供給主体と供給方法に特に留意し、電気事業経営が、政府と、電力を求める消費者というステイクホルダーとどのように向き合ってきたのか、を中心に論じることが、第二次世界大戦前から現代に至るまでの長い期間の電気事業史を見通すことになるといえよう。

　そこで、本書では、日本の電力の供給主体と供給方法の変遷に留意し、電気事業経営を歴史的に捉え、9電力体制とは何なのか、を明らかにし、今後の日本

の電気事業経営の方向性を示唆したい。

それでは、先行の電気事業史研究はどのように展開されてきたのだろうか。とりわけ、近年、日本の電気事業史に関する興味深い研究が相次いで発刊されてきたので、それらを概観しよう。まずは、梅本哲世［2000］、『戦前日本資本主義と電力』（八朔社）である。梅本は、日本資本主義の動向との関連、地域社会の動きにも配慮して電気事業を分析しており、社会との関係性を重視している点や、当時の大阪市による大阪電灯株式会社の買収には大阪電灯という主体が火力発電という方法に制限された点が関連していることを指摘していて参考となる。ただし、社会との関係性に留意するあまり、それ以上主体と方法に言及せず、また電気事業経営そのものを検討する視点が弱いため不十分である。しかも、第二次大戦までしか取り上げていない。

次に、渡哲郎［1996］、『戦前期のわが国電力独占体』（晃洋書房）である。渡は、個別の電力独占体である大手の電力会社の経営について、供給組織という電力供給に当たって必要となる組織の拡充・強化、分断と共有という点に注目して議論を展開する。現実に電気事業が地域に根差したものであることから個々の電力会社の発展を分析する際には有効な視点であり、東邦電力が水火併用給電方法の採用、日本電力からの大量の買電によって供給力を強化して地域的独占の再確立を果たす過程は多くの示唆を与える。また、東邦電力という小売電力独占体と日本電力という卸売電力独占体の分析から電力国家管理の本質に迫っており、優れた業績といえよう。しかし、個別の電力会社に焦点を絞ることから、例えば第二次世界大戦時期に実施された電力国家管理という経営レベルを超える問題への視点はみられず、個別経営を超えた主体と方法には議論が及んでいない。梅本同様、第二次大戦時で分析は終わっているのである。

最後に、前出の橘川武郎［1995］、『日本電力業の発展と松永安左ェ門』（名古屋大学出版会）である。橘川は第二次世界大戦前の1930年代あたりから現在の電力自由化に至るまでという長いスパンを取り上げ、9電力体制をも評価している。梅本、渡とは異なって、過去と現在の電気事業経営の問題を視野に入れた枠組みは興味深い。その際、日本の電気事業の供給主体と供給方法の推移

をも留意していて参考となる。しかし、橘川には以下の問題点がある。第一に、日本の電気事業を検討する際に、特に第二次世界大戦後でさえ、松永安左エ門という第二次世界大戦前のある時期に、ある電力会社の経営者をつとめていた人物の考え方をベースに議論を展開していて、日本の電気事業史を、現在の9電力体制に至るまでの経過としてしか理解していない。第二に、第一と関わるが、電力資本の自立性を強調しようとするため、第二次世界大戦後現在までの50数年間の政治、経済の環境、日本資本主義の進み方との関わりは等閑である。その結果、電気事業史上、重要な時期の一つである電力国家管理期の十分な分析が展開されていない[1]。

　日本の電気事業は公益事業であり、産業政策の対象でもあったことから、政府の影響を受けやすいため、日本の資本主義の動向、日本の政治、経済を意識することは不可欠である。もう一方で、そうした環境のなかで、電気事業は企業経営として、地域性を持ちつつも、自らを供給主体として存続せしめるために、どのようにして電源開発を実施して消費者に電気を供給するのかという供給方法を模索して来たのである。その点からして、上述した有力な先行研究は不十分な検討しかしていない。

　そこで、本書では、2部構成をとり、まずは第1部において第二次世界大戦前に、日本の電気事業が供給主体と供給方法をめぐってどのように推移したのか、を扱う。第1章では、1930年代の電気事業政策がどのような経過を経て、生み出されたのか、を取り上げ、第2章では、その政策の具体的な実施主体となった共同火力発電会社を分析する。第1、2章から、第二次世界大戦前にはどのような電気事業の姿が、どのような内容の供給主体と供給方法がめざされ、実現されたのか、を明らかにする。第3章では、電力国家管理がどのような経過で実施されたのか、そもそもそれは何だったのかを、その過程を具体的に追跡し、第4章では、単純に統制強化として捉えずに、電力国家管理がなぜ強められていかざるを得なかったのか、を日本発送電の経営内容にも留意して検討する。第3、4章から、第二次世界大戦時期にはどのような電気事業がめざされたのか、その際の供給主体と供給方法として何をめざして従来の体制が転換

されたのか、を明らかにする。

　第2部においては、第二次世界大戦後の9電力体制が、自らの供給主体としての立場を守るために、いかなる供給方法を模索したのか、を扱う。第5章では、電気事業再編成直前の電気事業経営がどのような内容だったのか、を検討し、第6章では、なぜ9電力体制が生まれることになったのかを、GHQ/SCAPの具体的な議論の過程を踏まえて検討する。第5、6章から、電気事業再編成がどのような電気事業経営の姿をめざして電力国家管理を解体したのか、を明らかにする。第7章では、成立直後の9電力体制に対する揺さぶりのなかで、電気事業再編成の際には中心的な電源開発方法とみなされた水力発電開発の位置づけがどのようにして変わっていくのか、を取り上げ、第8章では、水力に替わって、日本の高度経済成長期を支えた火力発電開発が、いかにして「主役」としての位置に立つことになったのか、を分析し、第9章では、オイルショック以降、火力に替わって、現在にいたるまでベース供給力の中心となる原子力発電開発がどのような経過を経て、現在のような位置を占めるのか、そして、そのことがどのような問題をもたらしているのか、を検討する。なお、第9章の補節では、原子力発電を進める過程で、重要なステイクホルダーとして登場した原子力発電所が立地する地域社会との関係を取り上げる。第7章から9章の検討を通じて、電気事業再編成以降の電気事業の姿、供給方法をめぐっての模索を明らかにする。

1) なお、本稿脱稿後に橘川［2004］という大著に接した。同書は、橘川［1995］の議論を前提にして、①日本電力産業史の歩みを踏まえて電力自由化問題への解決策を提示すること、②電力業経営における「私企業性と公益性の両立」を「自律性」と呼び、それの推移を跡づけて電力業発展のダイナミズムの変遷を明らかにすること、③9電力の発展の過程を分析してその差異と共通性を明らかにすること、の3点に留意し、東京電灯が設立された1883年から2003年の総合資源エネルギー調査会電気事業分科会での議論まで、という長期間を視野に入れて議論している。同書に対する詳細な分析、評価は次の機会に譲るとして、以下の点のみ指摘しておきたい。同書の最大の論点とは、「電力業経営の自律

性」の「発揮と後退」の検討を通じて「日本電力業発展のダイナミズム」の内容を探り、今後の日本電力業経営の方向性を示唆するものだといえよう。つまり、①1930年代の電気事業法改正と電力連盟結成、から電力国家管理までの時期、②1951年の電気事業再編成による9電力体制の発足から1970年代前半のオイルショックまでの時期、とりわけ②の時期の良好なパフォーマンスこそ9電力体制の本来の姿であり、それを導いた松永安左エ門を高く位置づけた点を改めて確認して、1995年以降の電力自由化の進展において再び「自律性の発揮」に結びつくあり方を模索している。そして、橘川［1995］と同様に、電力国家管理成立には、イデオロギー的要因という「思想」の問題とのみ捉えており、具体的に誰が、何のために、どのような過程を経て実現されたのか、については述べられていない。また、9電力体制に対する信頼を揺るがせてはいない。それゆえ、橘川［2004］の登場によって本文の記述を大きく変更させる必要はないと考える。なお、上述の②の時期の終焉にとって石油価格の高騰が最大の要因だったとみて、「石油危機のトラウマ」がオイルショック以降の「電力業経営の自律性の発揮」を阻んだとしている。しかし、石油価格とは電気事業経営にとっては外的要因である以上、橘川の議論ではそうした外的な要因の変化によって、「自律性」が「発揮」されたり、「後退」したりすることになってしまう。とすれば、電力自由化以降においても外的な要因への対応が「自律性の発揮」につながることになるのではないだろうか。改めて、「電力業経営の自律性」のメカニズムを検討すべきだろう。

目　　次

はじめに

第1部　9電力体制誕生までの電気事業経営
——公益事業化と電力国家管理——

第1章　1930年代の電気事業経営の状況 … 3

第1節　卸売電気事業の勃興と電力戦 … 3
1　電力不足と卸売電気事業の成立 … 3
2　電力戦と各地の電力供給体制の再編・強化 … 4
3　届出料金制度から認可料金制度への転換 … 9

第2節　小売と卸売の併存を認める国家的レベルでの電気事業経営規制の意味 … 10
1　官民両者による新たな事業体制の模索 … 10
2　臨時電気事業調査会の開催 … 12
3　電気事業法改正とその意義 … 16

第3節　電気事業政策の具体化としての電気委員会での議論 … 19
1　電気委員会の設置と時期区分 … 19
2　電気事業の保護・育成の必要 … 21
3　電気料金の認可基準 … 22
4　発電及び送電予定計画の作成 … 27
5　公営電気事業の是非 … 30

第2章　地域レベルでの水火併用給電方法の実態 …………37

第1節　共同火力発電の構想と現実との乖離 …………37
1　1930年代半ばの電力生産状況 …………37
2　共同火力発電の構想 …………38
3　共同火力発電の設立 …………41

第2節　共同火力発電の経営展開 …………44
1　関西共同火力の設立 …………44
2　短期間における急速な関西共同火力の設備建設 …………45
3　供給力拡充を支えた資金調達 …………46
4　関西共同火力の経営の変遷 …………47

第3節　関西共同火力が与えた地域の電力需要への影響 …………51
1　既存電気事業者との関係1──日本電力── …………51
2　既存電気事業者との関係2──大阪市電── …………52
3　阪神工業地帯の重化学工業化との関係 …………54

第3章　第一次電力国家管理の成立と総動員体制の構築 …63

第1節　電力民有方式の提唱 …………63
1　革新官僚と民有国営構想 …………63
2　内閣調査局案と「頼母木案」 …………65
3　「頼母木案」挫折の要因 …………68

第2節　「永井案」の成立 …………70
1　国策研究会案の登場 …………70
2　臨時電力調査会の設置と官民の統制案 …………72
3　国家管理案「永井案」の成立 …………77
4　「豊富で低廉な電力供給」という目的の法文化 …………79

第4章　戦時経済の深化と第二次電力国家管理 …………87

第1節　電力拡充計画と現実の乖離 ……………87
1　新規発送電計画の作成 ……………87
2　発送電計画の第一次改定 ……………90
3　発送電計画の第二次改定と飛躍的な供給力拡充計画の断念 ………92

第2節　第一次国家管理下の給電業務の実態と配電統合 ………95
1　日本発送電発足直後の電力不足 ……………95
2　給電の実際 ……………97
3　豊水期における非合理な給電運用 ……………103

第3節　戦時経済の深化と発送電強化 ……………106
1　日本発送電経営の悪化 ……………106
2　日本発送電の経営問題 ……………109
3　電力国家管理による供電組織の変化 ……………111

第2部　9電力体制の成立と電気事業経営
――9電力体制と供給責任の達成――

第5章　電気事業再編成前の経営改善 ……………119

第1節　供給力拡充の軌跡 ……………119
1　電力生産の早期の復興と電力制限 ……………119
2　本格的な電源開発と見返資金融資 ……………123

第2節　労使関係の安定化と人件費の抑制 ……………126

第3節　電気料金の改定と電気事業再編成 ……………128
1　1949年12月の電気料金改定の意義 ……………128
2　GHQ/SCAPの意図 ……………131

第6章　電気事業再編成にみる民有民営形態の模索
　　　── GHQ/SCAP と松永安左エ門── ……………………135

第1節　GHQ/SCAP 内部における再編成案の形成 ………135
　1　工業課作成の報告書 ………………………………………135
　2　集中排除審査委員会による審査と修正 …………………139
　3　反トラスト・カルテル課による再編成案の作成と民政局の反対 …140
第2節　電気事業再編成審議会と松永の登場 ……………145
　1　GHQ/SCAP からの10分割案の提示と電気事業再編成審議会
　　答申 …………………………………………………………145
　2　ケネディと10分割案 ………………………………………148
第3節　GHP/SCAP による松永案の取り込み ……………149
第4節　9電力体制の下での電源開発の概観 ………………153

第7章　成立直後の9電力体制の動揺 ………………………161

第1節　河川開発の一貫としての水力開発の捉え直し ……161
　1　多目的ダム構想の変遷 ……………………………………161
　2　河川行政のヘゲモニー掌握に向けた建設省、衆議院建設委員会
　　による柔軟で、継続的なコミットメント …………………165
　3　発電機能を有する多目的ダムの建設とそれに伴う問題 …169
　4　発電機能を有する多目的ダムの運転とそれに伴う問題 …172
第2節　電源開発株式会社の登場と電力不足状態の継続 …176
第3節　電力再々編成としての問題提起 ……………………178

第8章　9電力会社間の競争と協調による旺盛な
　　　　火力発電の開発 ……………………………………183

第1節　第二次世界大戦前の水火併用給電方式の経験 ……183
　1　第二次世界大戦前期の経験 ………………………………183

2　第二次世界大戦時期（電力国家管理下）の火力発電の経験 ……… 186
　　3　火力復興の歩みと火力発電運転に対する刺激 …………… 189
　　4　電気事業再編成における火力発電の振り分けと新鋭火力の建設 … 191
　第2節　松永構想と本格的な火力供給力の増強 ………………… 193
　　1　松永構想登場の意味 ……………………………………… 193
　　2　広域運営下での火力供給力拡充の過程 ………………… 196

第9章　オイルショック以降の中心として期待された原子力開発 ……… 205

　第1節　改良標準化計画実施までの日本の原子力開発の概要 …… 205
　　1　1950年代半ばの原子力開発の準備 …………………… 205
　　2　原子力発電の課題 ………………………………………… 207
　　3　1960年代半ばの本格的な原子力発電開始と反対運動の開始 … 209
　　4　高まる原子力発電への期待 ……………………………… 212
　　5　原子力発電所における故障の頻発と設備利用率の低下 ……… 213
　第2節　原子力開発円滑化のための改良標準化計画の着手 …… 215
　　1　政府側の当時の認識と当該計画の目的 ………………… 215
　　2　改良標準化計画の進め方 ………………………………… 216
　　3　改良標準化計画の実施内容 ……………………………… 217
　第3節　改良標準化計画がもたらしたもの ……………………… 220
　補　節　原子力開発に当たっての地域社会との関係 ……………… 225

お わ り に ……………………………………………………………… 235
あ と が き ……………………………………………………………… 241
参考文献 ………………………………………………………………… 245

第1部　9電力体制誕生までの電気事業経営
——公益事業化と電力国家管理——

第1章　1930年代の電気事業経営の状況

第1節　卸売電気事業の勃興と電力戦

1　電力不足と卸売電気事業の成立

　第一次世界大戦の好況によって電力需要は飛躍的に伸びた[1]。特に第一次世界大戦後に近代的な工業地帯として確立した四大工業地帯（山崎俊雄［1961］、101～107頁）では旺盛な電力需要に供給が追いつかずに深刻な電力不足に陥り、とりわけ近畿地方の電力需給の逼迫はひどかった。例えば、大阪では負荷率は急上昇したために設備を酷使し、予備設備を使い尽くしてもなお需要に応じられず、ついには電灯の申し込みをも拒絶したり制限するまでに至った（東洋経済新報［1920a］、9～11頁、東洋経済新報［1920b］、11～12頁、東洋経済新報［1920c］、10～12頁、東洋経済新報［1920d］、9～11頁、東洋経済新報［1920e］、8～11頁）。こうした状況をみた逓信省は卸売電気事業の成立を認めるところとなり（電力政策研究会［1965］、96～97頁）、それまで火力中心の同地方に本州中央部の水力を導入することを目的として、大同電力[2]、日本電力[3]という卸売電気事業が設立された。

　反動恐慌のために電力需要の伸びは減退したが[4]、逆に恐慌の結果、建設資材費や労賃は低下し、資金調達は容易に行え、また欧州諸国の立ち直りにより重電機器の輸入が再開され、しかも価格が低下したために電力会社の設備投資は継続した（橋本［1977］、342～343頁）。その結果、表1-1のように、供給力は拡大し、逆に電力供給過剰状態となった。この表から明らかなように、当

表 1-1　電力供給力と需要実績の推移　（単位 KW）

	供　給　力				需要実績④
	水　力		火　力	落成合計③	
	落成①	未落成	落成②	(①+②)	
1921年	759,141	795,454	329,036	1,088,177	783,100
1922年	914,457	792,389	426,175	1,340,632	951,500
1923年	1,136,089	620,737	443,532	1,579,621	1,153,400
1924年	1,295,858	751,797	473,630	1,769,488	1,397,100
1925年	1,562,959	759,432	606,925	2,169,884	1,580,300
1926年	1,670,340	1,035,033	829,324	2,499,664	1,831,800
1927年	1,791,918	1,031,694	895,891	2,687,809	2,090,400
1928年	1,887,016	1,121,915	1,087,470	2,974,486	2,343,800
1929年	2,061,077	1,038,290	1,127,375	3,188,452	2,512,600
1930年	2,271,040	1,037,563	1,081,990	3,353,030	2,561,200
1931年	2,368,420	1,210,846	1,084,961	3,453,381	2,734,600
1932年	3,013,728	1,311,544	1,261,471	4,275,199	3,073,400

出所：逓信省電気局［1933a］、12頁
　　　──［1933b］、1272～1275頁より筆者作成。

　該年の落成供給力と次年の電力需要実績の差は1925年以降30万KWを超え、1929年には60万KWに達し、未落成供給力も1926年には100万KWを超えて以後漸増している。しかも電源開発が水力を中心としている以上、豊水期には供給力は十分となるのに対して、電力需要は約2割低下するためにこれ以上の余剰電力が生まれる可能性があった。電力過剰状態が「構造化」しつつあったのである。そこで、電力会社は料金を低下させてでも、この余剰電力を消化しようとした。特に、京浜、中京、京阪神の工業地帯においては東京電灯、東邦電力、宇治川電気、大同電力、日本電力の五大電力（なお、以下では、この五社を東電、東邦、宇治電、大同、日電と略す）の間で、「電力戦」と呼ばれる電力販売競争が繰り広げられるのである[5]（渡［1981］、90頁、橋本［1978］、144～145頁）。そして、その主な「仕掛け人」は大同、日電の卸売電気事業であった。

2　電力戦と各地の電力供給体制の再編・強化

　卸売電気事業が「仕掛け人」となった理由は、第1に、大規模な水力開発に

よってコストの安い電力を生産したものの、電気という商品がストック不可能で生産即消費を必要とする以上、電力小売市場を持たない卸売電気事業にとって電力販売のために積極的に既存小売電気事業の供給区域に販売攻勢をかけざるを得なかったこと、第2に、両社は1925年から26年にかけて設備が完成し、投資にかけた資金回収のために利潤追求に邁進しなければならなかったこと[6]、第3に、1920年代において逓信省は競争による料金低下によって工業の一層の発展を助けるために、50馬力、100馬力以上の大口供給の重複供給を認めていたことである[7]。そして、第4に、卸売電気事業が独立して経営されるために特定の一地域だけではなく複数の地域への卸売が不可欠だったことである。というのは、特定の一地域だけでは、買い手市場となってその地域の小売電気事業に従属せざるを得なくなるからだった（渡［1996］、107頁）。なお、宇治電の子会社として設立された日電が、宇治電との関係を清算して独立会社として運営されることになったことも重要である。というのは、後述のように大同だけでは各地で電力戦が生じたとは考えにくい。大同と日電の卸売二社が競い合って既存小売電力会社の営業区域に攻勢をかけ、3すくみの状態を作ったからこそ、五大電力が絡み合う電力戦に発展したと考えられるのである。

　各地の電力戦に簡単に触れよう。まず、京阪神において。第1ラウンドとして、大同対宇治電（1923年12月から24年2月）、日電対宇治電（1925年8月から32年10月）、第2ラウンドとして大同対宇治電（1932年12月から33年8月）とされるように（電気事業再編成史刊行会［1952］、40頁）、宇治電の大口電力市場への参入というものだった。

　第1ラウンドの大同対宇治電とは、宇治電が自社供給力確保のために本州中央部の水力開発を目的に日電を設立するものの、その大阪送電線完成が1924年1月で、わずかに早く大同の大阪送電線が23年12月に完成したため、結局、宇治電は京阪神での大同による電力卸売を制限しようと、大同から不利な条件で大量の電力購入に踏み切った（林［1942］、196頁、関西電力［1987］、236〜237頁）。

　この結果、宇治電は当初予定していた日電からの購入量を減らした。また、

そもそも宇治電と日電の受給契約には以下の不備があったため両社の関係はこじれ、取引は終了し、販売競争が開始された（宇治電対日電）。つまり、日電から宇治電への供給料金率が、宇治電の販売料金を基準としてスライディングスケール制で算定されること、その際の電力量の算定地点を変電所とするのか、需要家とするのかが明確にされていなかったことである（日電［1933］、354頁）。

第2ラウンドの大同対宇治電は、日電と宇治電が再び取引関係を再開したため、宇治電が大同からの電力購入を減らそうとしたことから生じた。結局、電気委員会の裁定、金融関係者による調停で収まった。

このように京阪神の2つの電力戦は、宇治電をはさんで大同、日電が絡み合う、相互に関連しあうものだった。この結果、京阪神の電力供給体制は大同と日電を加えて再編成され、強化された[8]。こうして大同と日電は、京阪神の電力供給体制のなかにしっかりと食い込んだが（関西電力［1987］、226～227頁）、逆にその地域の供給体制に組み込まれたために過剰電力を保持したまま、それ以上の発展を見込めなくなった。そこで、この卸売電力2社は、一層の発展を期して、勇躍、工業発展著しい京浜地域への進出を開始するのである。

京浜地域では、大同、日電の他に、東邦の姉妹会社であった東京電力（以下、東力と略す、ただし、第二次大戦前まで）も加わっての電力戦が展開された。まず、東力対東電の電力戦が起こった。1924年12月に早川電力と群馬電力の合併で誕生した東力は、東京湾電気の設立、鶴見地区における火力発電所の建設等で、京浜地域進出の機会をうかがい、26年5月に東京府下南葛飾、北豊島、南足立において50馬力以上の電力供給の許可を得て、27年1月営業を開始した（東邦［1962］、194～195頁）。

なお、東力は名古屋地方の東邦の過剰電力処理を目的としたものではなく、東電に圧力をかけて本州中央部を再編成したいという当時の東邦電力社長松永安左エ門の強い執念から生まれたものだった（橘川［1995］、355頁）。

この電力戦は、料金の激しい引き下げを伴い（東洋経済新報［1927］、23頁）、国家による介入を模索させるほど激しいものだったが、三井銀行等金融

関係者などの幹旋で1927年10月に最終的に東電によって東力は合併されて収まった。

　東電と大同、日電それぞれとの電力戦はほぼ同時期に起こった。東電対大同は、1929年10月に両社の電力受給契約の改定時に生じた（大同［1939］、249～264頁）。元々大同は1925年5月時点で、天竜川電力、東京送電線、東京変電所を建設し、東京市、横浜市、神奈川県下川崎町の大口電力供給権を得て東京進出に備えたが、東電が大同から一定量の電力を購入することで、両社により相互不可侵協定を成立させ協調していた。しかし、料金単価の改定と大同側からの受給点変更の要求をめぐって対立し、1929年10月に大同が需要家への直接供給を示唆したのである。最終的には財閥関係者、電力連盟の幹旋で1936年11月に解決した。

　日電は1925年5月に豊多摩郡において50馬力以上の電力供給権と、送電線、変電所の建設が認められたものの、その地域は住宅地帯のために送電量の消化は困難だったことから、再度、京浜進出をめざしたため、東電対日電が生じた。つまり、日電は小田原電鉄、相武電力を買収して、1929年9月に南葛飾、北豊島、南足立、横浜市鶴見区において50馬力以上の電力供給権を得て営業を開始した。積極的な営業展開によって瞬く間に多くの顧客を得たが、東電対東力の電力戦に劣らないくらい激しい販売競争だったことから、財閥関係者、電力連盟の幹旋で1932年9月に東電との間で協定が結ばれ収まった。

　以上のように、京浜地域で争われた電力戦は、京阪神のように関連性には乏しく、東力、大同、日電が東電に挑む「一騎打ち」的な形をとった。

　その理由は、第一に、東京府下南葛飾、北豊島、横浜市鶴見区等は電力需要の伸びが期待できる京浜工業地帯の中心地で、いずれも大口電力供給が許可されていたこと、第二に、この当時は京浜地域が関東大震災の壊滅からめざましく復興しようとしていたことである。

　そして、第三に、京浜を含む関東地方は東電による一社独占体制が成立していたものの、その東電は以下のように経営的に苦しいため、高い電気料金を設けざるを得なかったことである。つまり、東電は関東大震災の壊滅からの復旧

費負担と1920年代の相次ぐ合併による不健全な資産膨張を抱え（東洋経済新報［1930］、14～20頁）、また東電自身、水力に偏した供給力体制をとっている上に、多くの子会社も水力に偏しており、そこからの大量の電力購入を行うという非効率な給電体制をしていたからだった。

　第四に、この地域への新規参入を伺っていたものにとっては、絶好のチャンスと映ったことである（東邦［1962］、194頁、日電［1933］、301～302頁）。京阪神と同様に、以上の京浜地域での電力戦は、大同、日電の卸売2社を同地域の電力供給主体として組み込み、電力供給体制を再編成しただけでなく、強化をもした。というのは、日電、東電、東信電気の3社による東西融通が開始されることになったり（電気経済研究所［1933］、65～67頁）、日電、東電、鬼怒川電気の3社で関東地方における火力連携をも生み出して、同地域の水火併用給電体制の充実に向かったからである（栗原［1964a］、232～233頁）。

　なお、こうした京浜地域における激しい電力戦の展開を目にした三井銀行等の金融関係者は電力戦を収めるために斡旋に乗り出す一方で、電気事業の「統制」方法をも模索し始めた。そして場合によっては上述したように、それら電力会社の経営内容にまで立ち入り、例えば東力と東電の合併の手はずや、大同と東電、日電と東電の間の協定を斡旋したりしたのである。

　以上のような京阪神、京浜の電力戦に対して、中京地域における電力戦は、上述した二地域での電力戦への対抗措置として起こったといえるものだった。同地域では、日電対東邦（1923年8月から24年3月）、東電対東邦（1927年12月から30年10月）という電力戦が起こったが、前者は前述の大同対宇治電、後者は東力対東電、大同対東電が引き起こしたのである。

　日電対東邦について。主要電源の一つが東海地方にあった日電は中京地域への大口電力供給を予定していたが、大同対宇治電の影響で、京阪神での電力販売を限られた日電が当初予定以上に発足間もない東邦（前身の一つが名古屋電灯）へ攻勢をかけ、宇治電との「絶縁」後に一層中京地域へ振り向けた。その結果、瞬く間に服部商店、豊田紡織、小野田セメント等の供給先を獲得したことから、それ以上の日電の営業展開を恐れ、また京浜進出を控えた東邦は多く

の電力を日電から購入した（日電［1933］、386〜387頁、渡［1996］、52頁）。

東電対東邦については、東力による京浜地域への攻勢、大同による攻勢に対する報復として、東電が中京地域に進出した結果起こった。東邦は、日電との電力戦については前述のように多くの電力購入によって収め、また東電との電力戦については、中京進出を決意した当時の東電社長若尾璋八の退陣後に東邦と東電の間で協定が結ばれ、同地方の設備をすべて東邦に譲渡することで決した。その結果、東邦は中京地域の電力供給体制を再編、整備して地域的独占体制を再確立した（渡［1996］、36〜37頁）。

以上のように、唯一自由競争市場として残されていた大口電力市場も各地域での協定によって漸次競争が「休止」されてひとまず落ち着き始め、各地域の電力供給体制は再編、強化された。ただし、過剰電力の処理という問題は残されたことから、それまでの電気事業体制を見直すこと、電気事業に関わる政策の転換が求められたのである。

3　届出料金制度から認可料金制度への転換

電力戦が繰り広げられている一方で、1927年末に富山県で「電灯争議」が起こった。三日市、滑川町、東岩瀬町を中心とする「値下げ期成同盟」は富山電気に対して、3割5分の値下げを申し入れたが拒絶されるや、整然とした料金不払い運動を展開したのである。翌年8月に富山県知事、逓信省当局の調停によってようやく和解が成立したものの、一般需要家の要求によって電力会社の電灯料金が値下げされたことは社会に大きな反響を呼んだ。全国各地に電灯料金値下げ運動が広がり、また先手を打って料金を値下げする電力会社まで現れたのである[9]。

こうした料金値下げ運動は社会運動化し、恒常化する気配すらうかがえた。しかも民間会社の利益源泉たる料金の値下げが経営的要請とは無関係に直接、一般需要家との間で行われたことは、電気事業関係者に危機感を抱かせた（東洋経済新報［1929b］、16〜18頁）。届出料金制度では以上のような一般需要家との料金交渉が実行可能であることを示したために、届出料金制度の転換の必

要を感じた電気事業関係者は、逓信省に認可料金制度の採用を要請するのである[10]。

なお、逓信省は電灯、小口電力の両市場だけではなく、大口電力市場においても自由競争を通じた企業等産業需要家の保護・育成政策に行き詰まりを感じ始め、電力会社の経営的基盤を整備して、健全化させることによって、電力の安定供給を行うという方向に転換しようとしていた。例えば、逓信省は1927年の電気事業法の改正によって、商法第200条の社債発行制限を超えて、つまり払込資本金額の2倍まで社債発行を認める一方、事業監督規定を設けて、千分の十以上の償却を行うように電力会社を指導することにしていた[11]。

第2節 小売と卸売の併存を認める国家的レベルでの電気事業経営規制の意味

1 官民両者による新たな事業体制の模索

電気事業における公益規制は、どちらかといえば国よりも地方公共団体による民間電気事業者との報償契約の締結や公営化によって行われてきたといえる。それが、前章の東力と東電の電力戦をきっかけに電気事業に対する国レベルでの統制が問題とされるようになった（電気経済研究所［1933］、3〜7頁）。まず、1926年6月貴族院公正会によって電力統制案が発表され、続いて同年7月には政友会、民政党、政友本党が統制案を発表した。また逓信省は将来の統制のために、調査すべき数項目の方針を決定していた[12]。

以上の動きに対して、電気事業者側も反応し、1927年4月に電気協会から統制案が発表された。各統制案についてはここではこれ以上立ち入らないが、いずれもそれまでの自由競争を奨励する政策を改め、何らかの国家的レベルでの統制を行う必要を主張していた。

ただし、特に議論となったのは、国家自身による電気事業経営への介入の是非だった。それまでは国鉄向けの鉄道省経営の電気事業、大阪市を始めとする地方公共団体による電気事業もあったが、あくまでも中心は民間電気事業者だ

った以上、その中心的な部分を国営に移すのか、その場合どの範囲まで国営に移すのか、ということが問題となったのである。結果的には、この時点ではいずれの統制案も実施されなかったが、以上のような統制案の発表は1927年3月の逓信省電気局内における臨時電気事業調査部の設置につながった（電力政策研究会［1965］、108頁）。

同調査部は、「低廉な電気を豊富且公正に配給する」一方で、「事業の円滑なる発達を助成し公益事業たる実を挙げ」る方法を探ることを目的とし、その諮問内容は、「電気事業統制上必要なる法令の制定改正並に行政方針の更新、電気統制上適当なる企業形態」に関するものとされた（ダイヤモンド［1929］、18頁）。具体的には、全国主要電気事業者83社を選び出し、それらの資産状態、収支状況、負荷状態、出力、余剰電力、将来の発電計画に関する資料提出を依頼して、主に企業形態、電力需給調整、供給区域、料金、水利使用、送電線路施設、事業資金に関する事項について調査した。

また、その陣容は、逓信省電気局長を部長として、渋沢元治東京帝大教授、増永元也鉄道省電気局長のほか、東電2名（太刀川平治、赤沢政五郎）、東邦1名（若麻績安治）、京都電灯1名（石川芳次郎）、宇治電1名（永井専三）、大同1名（有村慎之助）、日電1名（福中佐太郎）と民間事業者から7名が加わった（ダイヤモンド［1929］、13頁）。公営電気事業者の代表者はいなかったが逓信省、鉄道省、五大電力、地方大電力と当時の中心的な電気事業者の代表者が集合したといえる。

議論について詳しいことはわからないが、先決問題とされた企業形態問題については官民の意見が衝突したため、送電、料金、水利使用、水火併用に関して部会を開き、そこでの議論の結果に基づいて総会で審議するという方法をとった（電力政策研究会［1965］、108頁）。とりあえず、「凡て現状の侭として、そこにどういふ不備欠陥があるか、この不備欠陥を補ふに、いかなる施設を加へるといふ事」（ダイヤモンド［1929］、19頁）を審議することにしたのである。上述したことは、逓信省という一官庁だけで、将来の電気事業の統制方法を考えるのではなく、官民の既存電気事業関係者全員によって模索するものであり、

電気事業法の全面的改正に備えて事前に意見交換を行い、法的再編成の「たたき台」を作るものだった（関西電力［1987］、309頁）。それゆえ、こうした議論の結果生まれる統制方法は、企業形態の変更を含むような電気事業体制の抜本的な再編成とはなりえず、むしろ既存体制の修正に終わらざるを得なかった。

結局、決議された事項は、電力需給調整、供給区域、料金、水利使用、送電線路使用、委員会に関するもの、事業資金に関する希望事項であった（ダイヤモンド［1929］、18～22頁、電力政策研究会［1965］、112～118頁）。やはり企業形態問題は決着せず、複数案（出身団体ごとに7案）が記されるにとどまった。大きく分けて、一地域一会社主義に基づく民営案、卸売国営・小売民営の併設案、半官半民形態の卸売・小売併設案であり、純粋な国営案はなかった。そのことから、「この時点で電力国営という形で電力統制を行うという方向は捨て去られたことを意味した」（関西電力［1987］、309頁）。

2　臨時電気事業調査会の開催

1928年9月に臨時電気事業調査部の業務は終了し、この決議事項を受けて逓信省は、1929年1月から、いよいよ「逓信大臣ノ監督ニ属シ其ノ諮問ニ応ジテ電気事業ノ統制ニ関スル事項ヲ調査審議ス」ることを目的として、臨時電気事業調査会（第一次調査会、1929年1月から6月）を開催した。諮問事項は表1－2の第壱号第一から第四、第六を事務当局が取り上げ、第壱号第五、第七及び第弐号は当時の逓信大臣久原房之助によって追加された。結局、前述の臨時電気事業調査部の決議事項と同じものになった。

しかし、満州某重大事件の処理に失敗した政友会が政権を追われ、民政党が政権を握ったために、一時審議は中断され、1929年11月に改めて招集され直して審議は再開された（第二次調査会、逓信大臣は民政党小泉又次郎）。このため、委員のうち、事業者を代表する委員、各省事務次官が担う臨時委員に関してはほぼ顔ぶれは変わらなかったが、当然政党関係者が担う各省政務次官の委員はすべて交代した（電力政策研究会［1965］、120～122頁、通産省［1979］、90～91頁）。また、表1－2にあるとおり、若干、諮問事項も変更された。電気

表1-2 第一次及び第二次の臨時電気事業調査会の諮問内容

第一次（政友会内閣）	第二次（民政党内閣）
第壱号 第一 発電所及送電線路ノ建設ニ関スル許否ハ主務大臣ノ定ムル発電及送電予定計画ニ依リテ之ヲ決定スルト共ニ、主務大臣ハ統制上必要アリト認ムルトキハ電気事業者ニ対シ左ノ命令ヲ発シ得ルモノトスルコト 一、電気工作物ノ施設及変更 二、電気工作物ノ共用 三、電気ノ流用 四、工事ニ関スル期間ノ伸縮	諮問第一 （左に同じ）
第二 電気供給区域ハ之ヲ独占トスルコト	諮問第二 電気供給区域ハ原則トシテ之ヲ独占トスルコト
第三 電気供給其ノ他供給条件ノ設定変更ニ付テハ大臣ノ認可ヲ受ケシムルコト	諮問第三 （左に同じ）
第四 電気事業ニ電気ヲ供給スル事業ヲ電気事業ト見倣スコト	諮問第四 （左に同じ）
第五 官民合同ノ会社ヲ設立スルコト	（左の諮問事項はなし）
第六 発電水力ニ関スル法律ヲ制定スルコト	諮問第五 （左に同じ）
第七 電気事業ノ統制ニ関スル重要事項ニ付、主務大臣ノ諮問ニ応ズル為電気委員会ヲ設置スルコト	諮問第六 （左に同じ）
第弐号 電気事業資金ノ調達ヲ一層容易ナラシムル方法如何	（左の諮問事項はなし）

出所：通産省［1979］、89、91～93頁から筆者作成。

事業の問題は、金解禁を実行する民政党内閣によって具体化されることとなったのである。

　審議内容のうち、重要なものを挙げてみよう。第一に、「統一的発送電予定計画」の審議について、当該計画の作成自体は全会一致で賛成されたが、将来の電力需給の想定とそれを実行する逓信省の権限については議論となった。まずは、電力需給の想定に関して、第一次調査会では、逓信省側と民間電気事業者側の間で著しく開きがでたのである（小竹［1980］、404〜406頁、栗原［1964a］、213〜216頁）。つまり、1937年段階における需要電力を、逓信省は383万KW、年12％の伸びだと予想して、この需要増加に応じた電源開発のために、この際官民合同会社を設立して、将来の電力統制に役立たせたいとしたのである。これに対して、民間電気事業者側は1937年段階の需要電力とは299万KW、年8％の伸び率にすぎず、まして官民合同会社を設立するなどとは現在課題となっている電力過剰問題とは無関係だと反論した。結局、第二次調査会においては、官民合同会社案は当時の経済事情、財政状態を理由に、事務当局によって準備段階で諮問事項からはずされた[13]。民間電気事業者側から強く反対され、また当時の民政党内閣は一大目標であった金解禁を実現するために産業合理化、緊縮財政を進めている以上、とても官民合同会社案を実施することなど考えられなかったのではないだろうか。

　次に、統一的発送電予定計画に関する逓信省の権限に関しては、河川行政を管掌してきた内務省、農業水利を管掌している農林省が、自省の権限を無視されていると感じて反発し、議論となった（小竹［1980］、413〜415頁）。特に、内務省は、逓信省による河川内電気工作物施設の変更命令が河川に対する自省の権限を侵すきっかけになるのではないか、と警戒した。結局、逓信省側が河川に関する命令を発する際には内務、農林両省と十分に協議すると明言して、何とかその場を乗り切り、多数の賛成で諮問どおり決定した。

　第二に、供給独占と認可料金制度については、相互補完的で重要なものだと委員全員に認識され、議論となった。この点は前述のように、電力戦の「休止」によって事実上電気事業が「独占状態」にある現状で、「基礎工業」[14]とし

ての発展を保護、育成するために供給区域内の供給独占を認める一方で、事業経営の合理化による料金の公正化の必要性を認めていたからである[15]。ただし、完全な供給独占を実施するにはいまだその時期にはないとして、「原則トシテ一地域一事業者タラシメ、需給ノ調整ヲ計ル為特定供給ノ範囲標準ニ関シテハ電気委員会ニ於テ決定スルコトトスルヲ妥当トス」(通産省［1979］、95頁) とした。供給独占の考え方を原則としつつも、すぐには達成できないとして、特定供給として重複供給を認めるというものだった。その点で第二次世界大戦後の9電力体制とは明らかに異なる。

また、一般供給料金以外の卸売料金に関しても、認可制度を採用するか否かで議論となったが、逓信省側は重複供給や特定供給を運用している段階であることから、電気事業者への卸売料金にまで認可制度を導入することについては消極的だった。というのは、電源開発を競わせる事によって電力を豊富で低廉に供給することをこの時期でもねらっていたからである (小竹［1980］、409〜410頁、通産省［1979］、96頁)。

第三に、発電水力法に関して、第一の河川内電気工作物施設の変更命令のとき以上に、逓信省、電気事業者の側と、内務、農林省との間で議論となった。特に、逓信省と内務省との「激突」は治水、水利問題をめぐる権限争いであり、古くは憲政会加藤内閣の行政調査会以来の懸案事項だった (御厨［1985］、142〜147頁)。逓信省は、「発電水力利用ノ統制ハ電気事業ノ核心ヲ成スモノ」と認識し、「河川法其ノ他現行法令ハ其ノ制定古クシテ発電水力ノ利用ニ関シ考量スル所少カリシ憾ミアルノミナラス、其ノ許否ハ地方庁ノ権限ニ属スルカ為、発電水力カ国家全般ノ利害ヲ考慮シテ統制セラレルヲ要スル趣旨完ウスルコトヲ能ワサルニ因リ、発電水力法ヲ制定シ全国的ニ統一シテ之ヲ処理ヲナサント」することを望んだ (通産省［1979］、91〜93頁)。これに対して、内務省はあくまでも河川行政の統一的把握という観点から反対した (小竹［1980］、416〜418頁)。水利問題において内務、農林の両省はこのままでは逓信省が発電水利をたてに河川行政の主導権を握ることを警戒したのである。結局、発電水利を扱う際には内務、農林両省との協議を必ず行うこととして、両省の反対

を押し切って採決した（御厨［1985］、157～159頁）[16]。

　第四に、電気委員会の設置についてである。前出の臨時電気事業調査部の議論のなかでその必要が認められて決議事項に加えられ（ダイヤモンド［1929］、19頁）、第一次調査会の諮問事項に久原逓信大臣によって加えられたものだった。第二次調査会でも諮問事項に加えられ、具体的な権限を議論され、「政治に無関係な権威ある機関として紛議の裁断を行う調停機関」（小竹［1980］、406頁）という役割を期待された。

3　電気事業法改正とその意義

　以上の臨時電気事業調査会答申を元にして、逓信省は電気事業法改正原案を作成し、電気協会の求めに応じて1930年12月にこれを示した。改正原案には、第一に、設備の合理化を目的として樹立した発送電予定計画に準拠して電気工作物の施設及び変更や共用等の統制命令を行うこと、第二に、それまで自家用工作物扱いだった卸売電気事業を電気事業一般に含めて政策対象とすること、第三に、統制命令を発する前に諮問する電気委員会を設置すること、第四に、電気料金認可制度の採用、電気供給義務の明示、事業経営の基礎を堅実にするための措置として会計規則等をも定めて、これらを通じて逓信省の業務監督力を拡充強化すること、とされた（電気協会［1931］、214～224頁）。なお、供給区域独占の原則は、「行政の運用」によって行われるとされて法案には明示されなかった。また、前述の答申内容に沿ったとは思えないものも含まれていた。例えば、経営許可の有効期間を50年以内とする条項や、国または地方公共団体による強制買収条項、契約期間終了後の工作物買収の条項などである。おそらくこれらは内務省当たりからの圧力と考えられる。

　以上の改正原案に対して、電気協会は翌年1月に同協会内の電気事業法調査委員会からの報告をもとに二度にわたって陳情書を作成し、逓信省に提出した（電気協会［1931］、227～232頁）。そのなかで特に重要なものは、第一に、原則として供給独占を認めることであり、需給調整を行うために特定供給を許可することを条文中に明記すること、第二に、電気事業者間で電力受給に関して

料金その他条件で協議がととのわないときには逓信大臣が裁定すると明記すること、第三に、国または地方公共団体による強制買収条項や経営許可有効期間の条項、期間満了時の買収条項のいずれについても削除を求めることであった。

電気協会からの陳情に対して、逓信省側は、第一の要望については、法技術上、条文中に明示できないものの議会答弁か法案理由書に記載すると回答し、第二の要望については、受給両者の契約書に明記すれば事足りる事項であると退け、第三の要望については、希望どおり削除すると回答した（電気協会［1931］、232頁）。

しかし、内務省、鉄道省等から法務局に対する圧力によって、上述の電気協会の要望どおりに削除する旨回答した第三の部分は残されただけでなく（例えば、国または地方公共団体による強制買収条項は第29条として記された）、改正原案に第26条として記された水力資源に対する逓信省の監督権も削除され、逓信省、電気事業者がもっとも期待した発電水力法案の作成も阻まれた。そして、修正された案は1931年3月に衆議院に改正電気事業法として上程された。同年4月、ほぼ議会提出案どおり可決成立し、同年末に公布施行されることになった。

最後に議会提出用に作成された議会提出理由書（電気協会［1931］、232～233頁）の「業務監督力の拡充」という項目において、電気事業を「基礎産業」として逓信省が考えていることを伺わせる箇所があるので、この点を取り上げて同省の考えを確認しておこう。

「電気料金に付在来の届出制を改めて認可制（第47条）の下に立たしめ一層料金の適正を期するとともに供給区域独占に関する行政方針とも対応せしめ、電気供給責任其他公共事業としての供給義務に関する取締規定（第15条）並に事業経営の基礎を堅実ならしめる為事業の経営及事業の会計に関する規定（第21条、第22条）に関し何れも其根拠を法律に置」いた。事業の合併、譲渡は主務大臣の認可を必要とし、「電気事業者が社会公共の期待に反し公共事業担当者として有るまじき行為ありたる場合の事業許可の取消及会社の重役の改任に

関する規定を為し進んで公益違反の事実を排除すべき必要に基づき事業の代執行に強制管理の方法をも新たに設けた」という。

　以上のように、逓信省を筆頭に国としては、電気事業者の経営を堅実あるものにする一方で、電気事業者が安定した電力供給を行う「供給責任」を十分に果たす「公共事業」、すなわち「基礎工業」として確立されるべきことを明確に示した。

　なお、ここまでみてきた臨時電気事業調査会から電気事業法改正に至る経緯は、政党内閣が各種利害の調整（官僚、事業者、需要家）を行って政策へとまとめ上げてきたものであり、電気事業政策に関する政策の優先順位の決定というべきものだった（日本現代史研究会［1984］、80頁）。

　それでは以上の電気事業法改正を中心とする事業体制の再編成と、当時の一大政策だった金解禁とはどのような関係にあるのだろうか。前述したように、一方での過剰電力の存在、他方での電力戦の休止と京浜、京阪神、中京3地域の電力供給体制の再編・強化という現状に対して、政友会は官民合同会社の成立という企業形態問題にまで踏み込んだ合理化案を提案した。それに対して民政党は金解禁断行という政策を背景としていた以上、現状を基礎とした徹底的な合理化、緊縮策を行わざるを得ない案を提案した。つまり、こうした事業体制の再編成は第一次世界大戦後に進められた「基礎的経済条件改善策」（橋本［1987］、93頁）という流れのなかでとらえられる一方で、1920年代の過剰電力の処理という電気事業特有の課題の解決が金解禁を準備する産業合理化運動のなかで進められたものと理解できるのである。

　ただし、民政党は以上の法的整備のみでは十分に電気事業の合理化が達成されるとは考えていなかった。やはりどうしても電気事業者の自主統制が必要だと考えていたのである。1931年から逓信省が盛んに金融関係者とともに五大電力の大合同案を慫慂したのはこのためだった（関西電力［1987］、331〜333頁）。ところが同年9月満州事変が勃発し、民政党内閣は瓦解し、五大電力合同案も消滅した。

　その後政権は政友会に移るが、1932年5月、五・一五事件が起こって政党内

閣が崩壊し、挙国一致内閣が成立するという政変の発生、施行に関する他省庁との調整の結果[17]、改正電気事業法の施行は遅れた。改正電気事業法の施行は1932年12月のことであり[18]、同時に電気委員会が開催されてその審議の過程で電気事業政策が具体化された。この間に金輸出再禁止のため為替が暴落し、大量の外債を所有する五大電力は多大の差損を被った。そこでようやく自主統制をめざす機運となって電力連盟が成立したのである。次節では、電気委員会の審議のなかで、いかにして電気事業法改正が具体化されたのかをみよう。

第3節　電気事業政策の具体化としての電気委員会での議論

1　電気委員会の設置と時期区分

　電気委員会は前述のように臨時電気事業調査部の審議においてその必要性が認められて決議事項に加えられた。また、当時の逓信大臣久原房之助の指示で臨時電気事業調査会の諮問内容に加えられ、審議の末に、「電気事業ニ関スル重要事項ニ付主務大臣ノ諮問ニ応ズル」ために設置されるものとして電気事業法に記された。当初、電気事業者にとっては事業者間の紛争の調停を行う第三者的な機関として期待され、また電気委員会の設置を決定した政党内閣にとっては電気事業政策へのチェック機能を果たすものとして期待された。しかし、現実には五・一五事件の結果、政党内閣は崩壊し、後者の機能は果たしえないものとなった[19]。それは逓信省にとって、一方では政党内閣からの干渉を排除することを意味したものの、他方では政党内閣による政策の優先順位の決定という機能をも失われることを意味した。つまり、前述のように、電気事業法改正当時に、逓信省、電気事業者側がもっとも期待を寄せた発電水力法の制定を不可能にさせ、逆に電気事業法施行令権限に関する規程によって河川行政に関する内務省の権限を再度確認し、その上内務省による土木会議の開催（1933年）をも許したのである。電気事業法改正当時には強められつつあった河川行政における逓信省の政治力は弱まり、弱められつつあった内務省の権限は回復

された。

　電気委員会の評価について、これまでの研究史では、坂本は、電気委員会とは政府と財閥双方が目的とする重化学工業化を共同で進めていくための電力統制を体現するものとした（坂本［1974］、197～199頁）。その理由として、第一に、電気委員会の構成員が逓信、大蔵、内務、農林、商工各省事務次官と、三井の池田成彬、三菱の各務謙吉という財閥代表、その他からなること、第二に、電気委員会では「独占を形骸化する条項が規定され、料金も値下げが強制され、電力会社の利益率も低い水準に引き下げることが規定された」（坂本［1974］、197頁）ことをあげる。しかし、すでに橘川が指摘しているように（橘川［1995］、214頁）、電気委員会は政府と財閥による共同統制機関とは考えがたいこと、電力資本の利害をむしろ守る方向を示しており、前述のように電力資本側も電気委員会の出現を期待していたし、「基礎工業」としての確立を受け入れていた。戦時期の電力国家管理とは明らかに異なる政策の流れとして位置づけられよう。

　ただし、橘川の問題意識が電力資本と財閥との関係を軸としているために電気委員会それ自体の評価は若干物足りない。後述するように、電気委員会の審議内容は電気事業の技術的な専門事項に関わるものであったことから、その場の議論は監督官庁の逓信省にリードされていた。とはいえ、電気料金認可基準や県営電気事業の認可については必ずしも逓信省の思惑通りとは行かない場面があった。つまり、あくまでも官民の代表者である委員の間で、日本の電気事業をこれからどのように「基礎工業」たらしめていくのか、を議論しあう場だったといえるのである。

　さて、以下では、電気事業政策の具体化を検討した第一回から第七回までの電気委員会の審議内容をみる。というのも、この時期にひと通り電気事業法改正の際に考慮された課題が具体化され、また現実に生じた問題（電気事業者間の紛争の裁定、兼営電気事業の是非）をその政策体系から判断し、処理したからである。なお、電気委員会の審議内容は表1-3に記したとおりである。

　さて、この時期の電気委員会の役割については、逓信省は第一回の会議の冒

表1-3 電気委員会の開催日程と審議内容

	年　月	審　議　内　容
第1回	1932年12月	電気委員会議事規則
第2回	1933年1月	特定供給許可基準
第3回	1933年7月	電気料金認可基準
第4回	1933年7月	電気料金認可基準
第5回	1933年8月	大同・宇治電気料金等裁定
第6回	1934年1月	1934年から38年度発電及び送電予定計画（関東、中部、近畿）
第7回	1934年2月	青森県営電気事業問題
第8回	1935年1月	1935年から39年度発電及び送電予定計画（関東、中部、近畿、中国、四国、九州）
第9回	1935年9月	東北振興電力設立
第10回	1935年12月	1936年から40年度発電及び送電予定計画（東北、北海道、信越、北陸）
第11回	1936年11月	1936年から40年度発電及び送電予定計画（関東、中部、近畿、中国、四国、九州）
第12回	1937年7月	1938年から42年度発電及び送電予定計画（関東、中部、近畿、中国、四国、九州、東北、北海道、信越、北陸）

出所：電気委員会［1932］、［1933a］、［1933b］、［1933c］、［1934a］、［1934b］、［1935a］より筆者作成。

頭で、「将来電力需要ノ躍進的増加ヲ見ル場合ニ、之ニ応ズベキ事業拡張資金ノ獲得ニモ困難ヲ生ズルヤウノコトナキヤヲ憂ヘラレテ居ル次第デア」るが、「尤モ唯今ノ所ハ京浜、中京、京阪神等ノ主要需用地帯ニ於キマシテハ、水火力併用等ニ依リ、既設設備ヲ完全ニ利用シマスレバ、当面必ズシモ多額ノ拡張資金ヲ要シナイヤウニ考エラルルノデアリマスガ、此様ナ事情ニアル間ニ、事業ノ整理ヲ行ヒマシテ、後日設備ノ拡張ヲ必要トスル時運ニ際会致シマシテモ、適当ナル処置ガ採ラレ得ル様措置セネバナラヌコトト存ゼラレマス」と発言していた（電気委員会［1932］、7～8頁）。成案なった改正電気事業法のスタンスは、前述のように、議会で審議されていた、金解禁の基盤を作ろうとした産業合理化の時期とは明らかに異なっているといえる。

2 電気事業の保護・育成の必要

第二回電気委員会は、特定供給許可基準について審議した。ここでの議論は、供給区域独占の原則を採用したものの、「今直チニ絶対的独占ノ制度ヲ採用致シマスト、需用ト供給トノ間ニ色々ノ齟齬ヲ生ジルデアラウト思ヒマスノデ、其ノ需給上ノ齟齬ヲ調節スル為ニ特定供給ナル方法ヲ認メヤウトスルノデアッ」（電気委員会［1933a］、11頁）た。とはいえ、この前提には、新規、既存を含めて電気事業者による重複供給を認めないだけでなく[20]、この当時注目を

集めていたディーゼルエンジンによる発電を含めた自家用発電の設置をも極力抑えようとする方針があった[21]。

そして、上述の点と関わる問題として、電気委員会では、電気事業者の供給義務とともに、需要側の受電義務が生じるのか、という疑問が、商工省吉野信次委員より出された。つまり、「外カラ買フヨリモ自家発電ヲシテ使ッタ方ガ経済的デアルトイウヤウナ場合、ソウ云フコトヲ願ッテ来ル時ニ、電気ノ方ガ技術上ノ取締リノ見地カラ、ソレヲ許ストカ許サヌトカ云フコトハ無論アリマセウト思ヒマスガ、其方ノ技術上ノ要件ヲ充タシテアッタ場合ニ際シ尚且ツ、自分デ発電スルヨリモチャント供給区域ニハ立派ナ電気事業者ガアルノダカラ、其方カラ買フ義務ガアルノダ、ソレダカラオ前ハ自家発電ヲシナクテモ外カラ買フベキモノダト云フコトガ言ヘルモノカ言ヘナイモノカ」（電気委員会［1933a］、17〜18頁）という疑問だった。

これ以前であれば、自家用発電設備に関しては技術上の問題を超えていれば例外なく認めてきたという経過があった。逓信省側は、受電に関して法律上の義務は生じないと断っておきながらも、「電気事業ノ発達ト其ノ工業ノ発達ト両方ノ調和ヲ計ッテイカナケレバナリマセン」（電気委員会［1933a］、18頁）し、「ソレガ果シテ算盤ヲ取ッテ長イ間ニ償却ナリ能率ナリヲ見テスルノナラバ宜イガ、差向キ油ガ安イ時ニハ初メノ間ハ非常ニ宜イガ、此ノ機械ガ果シテ世間カラ唱ヘラレルヤウニ有利カドウカ、余程議論ニナルト思ヒマス」（電気委員会［1933a］、34頁）と答えて、なぜ自家用発電をあまり積極的に許可しないのかを説明した[22]。

以上の方針は各委員に賛同され、将来的にみて自家発電を行うよりも電気事業者から電気を購入するほうが安くなるように統制を行うことを確認した。

3　電気料金の認可基準

電気料金認可基準については、第三回、第四回の2回にもわたって電気委員会で審議された。そして、逓信省は、「電気供給業ノ経営ハ会社企業ニ依ルモノ多数ヲ占ムルモ供給ノ独占ヲ強度ニ保証セラルル実情ナルニ鑑ミ、事業ノ収

益ヲ妥当ナル限度ニ止メシムルト共ニ、供給責任ヲ果ス為事業資金調達ノ可能ナル限度ニ企業収益ヲ認ムベ」(電気委員会［1933b］、6頁) きものとして、重要なものと考えていた。

　それでは、逓信省は電気料金の算定方法について、どのように考えていたのか、をみよう。結論的には、第二次世界大戦後に採用される電気料金制度とほぼ同じ発想のものだった。「電気料金ハ、当該電気供給事業ノ総括原価額ヲ決定シ、之ヲ其ノ事業ノ総合負荷ニ基キ各種需用間ニ配分シ、其ノ需用ノ負フベキ料率ヲ算定スルコトニ依リ、定メラルベキモノ」(電気委員会［1933b］、4頁)と考えていた。この総括原価額とは、「事業財産ノ減価償却費、営業費並ニ、事業ノ利得ヲ総括シタルモノニ準拠スベキモノ」(電気委員会［1933b］、4頁)だという。

　個々について。まず「事業財産ノ減価償却費」とは、「事業財産ノ評価ハ真実且有効ナル投資額ヲ基礎トス」るが、「供給責任ニ対応シテ相当程度ノ余力ヲ擁スベキモノナルガ故ニ、設備ノ利用率ガ著シク高率ナルガ如キ場合ニ処シテハ、未働資産ト雖モ、需用ニ対スル準備ニ妥当ナル限度ニ於テ、之ヲ加算スベキモノト」(電気委員会［1933b］、8頁)考えており、これら減価償却費については、「堅実ナル経営ニハ各構成部分ニ対応シテ減価ニ相当スル償却ヲ成スヲ要スベキモノナルモ、料金算定ノ基礎トシテハ発電、送電及配電設備ニ大別シテ耐用年限残額価格ヲ推定シ、需用者ノ償却ヲ均等公平ナラシム様複利計算ニ依リ各年平分スル」(電気委員会［1933b］、8頁)ものとしていた。

　また、「営業費ハ事業運営ノ為必要且妥当ナル額ヲ基準ト」(電気委員会［1933b］、8頁)して算定するため、この場合の「妥当ナル額」は「凡ソ同一類型ノ事業間ニ於ケル過去ノ実績ニ基キ漸次之ヲ標準化スベキモノ」(電気委員会［1933b］、8〜9頁)という。そして、「事業ノ利得ハ事業財産ノ評価額ニ対シ、最モ安全ナル投資ノ利率ニ確実ナル企業ノ利潤率ヲ加味シタルモノニ依リ算出シタル額ヲ基準ト」(電気委員会［1933b］、9頁)し、「投資ノ利率」を「主要需用中心地ニ於テハ公債ノ利回程度ヲ承認スルヲ妥当トスベク、地方的事業ニ於テハ其ノ地方ニ於テ募集セラルル地方債ノ夫レヲ参酌」(電気委員

会［1933b］、9頁）し、利潤を一般的に「二分程度ト見積ルヲ可ト」（電気委員会［1933b］、9頁）した。当時利率は主要需用地で5分、地方で6分程度だったらしく、そのために逓信省側は利潤は7分から8分という見当をつけた。

次に、供給規程料金、供給規程外料金について。

まず、供給規程料金についてである。第一に、「当該事業者ノ所在地及其ノ付近デ甚ダシキ困難ナク電力ノ融通ガ出来ルト云フ地帯」（電気委員会［1933b］、40頁）という「所属地帯」[23]ごとに標準負荷率を設定するという。それは、「電気事業統制ノ目途ハ、全国ヲ適当ナル統制単位ニ別チ、一方電源ノ位置、送電線路ノ整頓等設備合理化ヲ達成セシムルト共ニ、他方電力融通ヲ円滑ニシテ該　帯（引用文中ではこうした記述となっているが、おそらく、ここには「地」が抜けているものと思われる、注：引用者）ノ負荷率ヲ漸次向上セシメントスル」ためであった。もちろんこの結果、「料金モ地帯毎ニ次第ニ標準化シテ参ルトイフ様ニ進メテ行カネバナラナイモノト考ヘテ」（電気委員会［1933b］、17頁）いた。さて、この「標準負荷率ヨリモ良キ実績ヲ有スル事業ニ就テハ稍々高キ量定ヲ為」し、「不良ノ実績ヲ有スルモノニ就テハ稍々低キ量定ヲ為」（電気委員会［1933b］、10～11頁）して、今後も営業努力を続けるように参酌して総合負荷を決定するという。第二に、以上のように決定した総合負荷に従い、電灯、電力、電熱等の負荷特性の異なる部門に前述の総括原価額を配分する。最後に、配分された原価額に応じて需要部門内の定額供給、従量供給等の供給種別ごとに料率を定めて供給規程料金の認可基準とする。

供給規程外料金を認可するのは「特殊ノ事由ニ依リ供給規程ヨリモ高キ料金ヲ定メントスル場合」、もしくは「低キ料金ヲ定メントスル場合」であるという[24]。

以上のようにして決定した料金について、逓信省側は、「電気事業発達ノ過程ニ於テハ、電燈料金ノ超過利潤ヲ以テ電力料金ヲ潤ホシ居レリト称セラルル時期極メテ長カラシガ、配電費、業務費等ヲ合理的ニ算定スレバ、斯ル事態ハ漸次其ノ跡ヲ絶ツモノノ如シ。特ニ、負荷特性ヲ異ニスル事情ニ照シ、設備ニ対スル最大負荷ニ応ジ、理論的ニ準備ノ関係ヲ考慮スルニ於テ、然リトス」

（電気委員会［1933b］、11頁）と自信をのぞかせた。以上のように、安定して電力を供給するという「供給責任」を果たすために電気事業経営の堅実化を目指した。

さて、以上の「電気料金認可基準」に対して、出席委員の多くにとって算定方法の理解は困難だったが、最大の関心事は上述した総括原価計算によって算定された料金は現行のものよりも値上げとならないか、ということだった。つまり、第一に、前述のとおり、総括原価額が減価償却費、営業費、事業利得を基礎とすることから、特に減価償却費が「真実且有効」なものかどうかという疑問だった。例えば、事業財産のなかに含まれている水利権が不当に評価されていないのか、小さい会社の吸収合併の際に過剰に資本が膨張されていないかどうかという疑問（電気委員会［1933b］、32～33頁）、電力会社新設時の投資額が不当に過大評価されていないかという疑問（電気委員会［1933b］、37～38頁）だった。第二に、会社によって初めて減価償却費を厳密に計上することになるため、従来の料金に比較して上がらないのかという疑問（電気委員会［1933b］、83～84頁）だった。

以上の疑問に対して、逓信省側はまず「現在ノ状態ハ過度的ニ、此ノ電気事業法ノ施行ノ時ノ財産ヲ先ヅ一応認メル、斯ウ云フ建前」（電気委員会［1933b］、33頁）であっても、同じものを5年後にも認めるかどうかはわからないとして、もう一方で、「本当ノモノデナイモノハ段々償却ヲ早クシテ行クヤウニ会計検査ニ依ッテ指導シヤウ」（電気委員会［1933b］、38～39頁）と考えていると答えた。

次に、逓信省側は、当時の電力会社の事業利得について、「電気事業ニ資本ヲ投下サレタ今迄ノ経過ヲ見マスト、一割一分、一割、九分、ト云フヤウナ変遷ヲ辿ッテ来マシテ、今日デハ七分カラ八分位ナ所ヲ動イテ居ルヤウデアリマシテ」（電気委員会［1933b］、57頁）とみており、「料金ノ低下ニ対スル望ミハ薄ク、寧ロ全力ヲ注イデ底値ニ届イタヤウナ、今日ノ料金デ、出来ルダケ長ク供給責任ヲ果シテ行クヤウニスルコトアガ最モ重要ナコトデハナイカ」（電気委員会［1933b］、60頁）と考えていた。表1-4は逓信省の以上のような説

表1-4　1920年代後半から30年代初めにかけての電気料金の推移

	料金指数	電気事業利益率	平均料金（円／千KWH）		
			総合	電灯	電力
1925年	162.2	8.6%	68.7	88.9	55.6
1926年	152.0	8.4%	64.7	87.5	51.9
1927年	137.7	7.6%	61.4	92.8	46.3
1928年	124.6	7.3%	57.0	95.3	41.2
1929年	125.4	7.3%	56.3	95.6	41.6
1930年	116.2	6.0%	53.6	98.8	38.0
1931年	113.6	5.2%	52.6	97.4	37.1
1932年	103.4	4.5%	47.2	98.4	33.3
1933年	102.6	3.9%	46.6	106.1	32.6

注：料金指数は1934年水準を100としている。電気事業利益率とは、総資本利益率のこと。
出所：南［1965］、222頁、栗原［1964b］、26頁より筆者作成。

明を裏づけている。

とはいえ、「供給料金其ノモノデハナク極度ノ付帯条件デ、過当ナル料金ガ貪ラレテ居ルコトハ地方的事業ニ比較的多イ」（電気委員会［1933b］、60頁）ので、こうした「料金ノ不当ナル貪リヲ整理シテ行カウトシテ居ル」（電気委員会［1933b］、61頁）と付け加えた。逓信省側は、水力開発がますます山奥で、資金のかかる地点の開発になることからコストの低下をもたらすようにダム利用を進めることや、個別事業者における設備合理化だけでなく、「所属地帯」内の電力融通によって負荷率を向上させることを通じて、「合理的ニ料金ヲ安ク出来ル方法ヲ講ジ度イ」（電気委員会［1933c］、24頁）と考えていた。

そして、各委員が懸念していた料金の上昇につながらないか、との点については、新しい総括原価計算に基づいて算出した配電費はとりあえず認めることとした当時の料金のそれとほぼ一致することを示唆した[25]。また、1932年11月に逓信省から地方長官当てに料金値下げの通牒を発して料金値上げにならないように努めている旨を加えた[26]。

以上のような逓信省からの答えに対して、電灯料金を犠牲にして電力料金を値下げするという方法は断固として反対する、との意見が出された（電気委員

会［1933c］、42～43頁）。

　その後、審議は、逓信省の原案に、「電気料金認可基準」において電力会社の利潤を2分と記載していたことから、それでいいのかどうかを議論したが、なかなかまとまらず、そこで速記録をとめて懇談とされた（電気委員会［1933c］、45頁）。結局、電気委員会の各委員は、以下の逓信省の声明を信頼することで決着した。つまり、「一ハ、相当期間実施ノ結果ニ徴シテ、本基準ノ再検討ヲシテ更ニ委員会ニ諮問スル、第二ノ点ハ、本基準ハ、現状ニ照ラシ急激ナ変化ヲ生ズルモノニ非ラズ」（電気委員会［1933c］、45頁）というものだった。電気料金という重要な案件だけに、柔軟な運用が確認されたのである。

　なお、電気協会、電力連盟から逓信省並びに電気委員会各委員に対して陳情が寄せられた（電力連盟［1933］、426～427頁）。逓信省側は、十分に審議を尽くして業界の意向を反映させてほしいとのそれは退けたが、行政の運用に関してはその意向を尊重する旨、回答した（電気委員会［1933c］、18～20頁）。

4　発電及び送電予定計画の作成

　第六回電気委員会は、1934年度から38年度までの発電及び送電予定計画について審議した。逓信省は、この発電及び送電予定計画の報告に先立って、「発電及送電予定計画要綱」（以下、「要綱」と略す）を示してその政策の意図するところを明らかにしている。そのなかで、逓信省は日本の現状について、優秀な水力地点は従来の方法によると数年間で開発し尽くされる恐れがあり、送電設備の建設も地理的制約を受けて困難になりつつあると考えていた。そこで、「発電及送電設備合理化ノ目途ハ、電気資源ノ経済的開発ト最モ合理的ナル送電網ニ依ル全国的供電組織トニ依リ、各地ノ需用ヲ総合シ、各地ノ発電ヲ合成シ、以テ常ニ需用ト供給トノ均衡ヲ得シメ設備ノ完備ナル利用ヲ期スルニ在リト云フベシ」（逓信省電気局［1930］、7頁）とする。

　この具体的な方法として、流量と需要の変化に応じるために貯水池や調整池の利用も考えられるが、「季節的ニ流量ノ調節ヲ為スベキ貯水池ハ其ノ施設ニ地理的制約ヲ受クルコト甚ダシク、又調整池ハ施設ノ可能性大ナルモ一日中ノ

流量ノ調節ヲ為シ得ルニ止マリ以テ全面的ニ水力利用ノ経済化ヲ企図シ難シ」（逓信省電気局［1930］、10頁）という。そこで、負荷の変動、河川流量の変化に応じて適当に配備した火力発電の併用こそが、電力原価を低下させ、ひいてはもっとも低廉な電力を供給する方法だと記した。そして、こうした設備合理化を通じて、「事業者ニ対シテハ其ノ事業経営上ノ不安ナカラシメ需用者ニ対シテハ其ノ生活上ノ必需トシテ将又産業ノ原動力トシテ常ニ低廉豊富ナル電気ヲ利用シ得ベカラシムルニ資セントスル」（逓信省電気局［1930］、7～8頁）ものだとした。以上のように、「需用地帯」全体での水火併用給電方法（ここでは自流式水力開発と火力開発の組合わせ）を提唱したのである。

　以上のような「要綱」に沿って作成された予定計画では、まず、「需用ト供給ノ均衡ヲ図リマシテ、事業設備ノ能率ヲ高メ一定ノ計画ニ基イテ設備ヲ統制スル方策ノ実行ガ事業ノ現勢ニ照ラシマシテ、効果最モ著シイモノデアラウト」（電気委員会［1934a］、13頁）ということから、「電源及需用地ノ関係ヲ考慮ニ入レマシテ、全国ヲ統制区画十単位ニ分チ、凡ソ五箇年ヲ標準ト致シマシテ、発電計画及送電計画ヲ樹テントスルモノデ」（電気委員会［1934a］、13頁）あった。

　具体的な作業としては、まず過去の需要電力、需要電力量から平均需要増加電力を算定し、そこから将来の想定需要電力を決定する。もう一方で、水力及び火力発電所の出力、送電損失を調査して各需要地における供給力を算出し、需要想定を比較することで不足する供給力をはじき出す。ただし、「常ニ相当ノ供給余力ヲ保有シテ居ルノ必要ガゴザイマス」（電気委員会［1934a］、17頁）ので、過大にならない程度の、「凡ソ五『パーセント』又ハ六『パーセント』位ノ供給余力ヲ有スル」（電気委員会［1934a］、18頁）ことも加味して決定するという。

　以上を受けて「発電計画」は需給均衡を達成するように各年度に増加すべき「発電力ノ目安トナル」（電気委員会［1934a］、18頁）「計画電力」を求め、他の地帯との融通によって得られる電力を考慮して増加すべき電力を求めるのである。次に、「供給力ノ充実ヲ図ル上ニ増加セラルベキ発電力ヲ如何ナル大キ

サトシ、其ノ水力、火力ノ振リ合ヲ如何ニスルカト云フコトヲ定メタ」（電気委員会［1934a］、19頁）「予定発電力」を決定する。

一方で「送電計画」では、「先ヅ既設線路ノ利用ヲ図ルコトヲ考慮致シマシテ、発電地点ノ選定上既設線路ノミニ依ルコトヲ適当トシナイモノニ就キマシテ、増設若クハ改造ノ計画ヲ樹テタ」（電気委員会［1934a］、21頁）のである。なお、新設されるべき送電線の容量を「計画送電容量」、それに応じた送電幹線の建設を「予定送電幹線」といった。もちろん、こうした「発電計画」、「送電計画」は毎年電力需要の実績によって更新されるものとされた。

さて、このような計画の作成について若干評価しておこう。以上の試みは初めて「国家的見地ニ於テ其ノ基準ヲ確立セントスルモノ」（電気委員会［1934a］、7頁）であり、企業レベルを超えた地域レベルでの水火併用給電体制の採用を明確にしている点で意義深い。しかし、自給自足の鉄道省の発送電計画を含め、「電気事業者ノ実行力ヲ基礎ト致シマシテ、其ノ上ニ計画ヲ樹ツルモノデアリマスル関係上、開発ノ地点、順位ノ如キヲ凡テ今日直ニ明定シ難イ」（電気委員会［1934a］、13～14頁）以上、民間事業者への「指針」にすぎなかった。

また、前述のように、「電気資源ノ経済的開発ト最モ合理的ナル送電網ニ依ル全国的供電組織」の形成をうたっているとはいえ、実際の計画は、特に本州中央部については前述の京浜、中京、京阪神の3地域の再編・強化された電力供給体制に基づく「需用地帯」ごとの需給均衡を図るものであり、各地帯間の積極的な電力融通の推進という点までは触れられていなかった。この点は以下の当時の今井田逓信次官の言葉が示唆的であろう。つまり、「これ（提案されている発送電予定計画のこと、注：引用者）を電気事業発達の段階に照らしてみますと、大都市を中心とする大送電網を統制の対象として重視した傾きがあり、未だ事業全般を鳥瞰致しましてはその発達の段階に応ずる統制の方途を指示するものたるに至らぬ憾みなしとしません」（通産省［1979］、90頁）と語ったのである。以上の点で、各地帯の水火併用給電体制に基づく電力需給の現状を認め、それを基礎に「統制」を図り、合理化をめざすという地域レベルに留

まるものだった。

上述した逓信省の提案は技術的な問題に関するものであるため、議論というよりも逓信省に対する質疑応答に終始した。その内容は、第一に、発送電予定計画を見直すことはあるのか、第二に、当該会社間に協定が存在しない時に電力融通の必要が生じた場合に、どのように対処するのか、第三に、自給自足を行っている鉄道省の計画を含んでいるのか、第四に、なぜ水火力の別に予定発電力を挙げているのか、というものだった。第一については毎年電力需要想定を行って修正を試みる、第二については送電線の共用を慫慂する、第三については鉄道省の計画をも含んでいる、第四については水力をもっとも有効に利用するために火力を併用するという水火併用給電方法を原則としているからである、と各々答えた（電気委員会［1934a］、24～37頁）。

5　公営電気事業の是非

第七回電気委員会で審議されたのは青森県から申請された民間電気事業の県営移管問題だった。この青森県の電気事業県営化には歴史的な経過があった。

まず、1931年6月に県参事会が知事に対して意見書を提出したことから始まり、1931年12月、1933年12月の通常県議会において県内電気事業のすべてを買収し、県営化することを決議し、ようやく1933年8月青森電灯、弘前電灯、八戸水力の電力会社三社との間で譲渡契約が結ばれ、9月に逓信省に申請してきたものだった（電気委員会［1934b］、4頁）。

逓信省は、単に青森県という一地方公共団体による電気事業県営化としてのみ扱うのではなく、地方公共団体一般による電気事業県営化の是非という企業形態の問題として扱おうとした。というのは、当時、地方公共団体による県営化の流れがみられ、それを止めたいとの意識があったからだった[27]。逓信省自身は、「発電ト送電トノ統制ノ見地カラ申セバ、一般的ニ言ッテ府県営事業ハ望マシキ企業形態トハ言ヘナイ様ニ考ヘ」（電気委員会［1934b］、8頁）ていた。というのは、「即チ、我国ニ於ケル電気事業ハ水力ヲ基礎ト致シマスル関係上、電源ト需用地トガ著シク離隔シテイルノデアリマシテ、ツマリハ山岳地

帯所在ノ電源ガ平地ニ存在スル大需用地ト結ビツカナケレバナラナイ関係ニ在ルノガ通常デアルノデアリマス」（電気委員会［1934b］、8頁）として、反対したのである。ただし、青森県に関しては、本州最北端に位置するという地理的事情、開発が予想される水力電源は県の南端に集中しているという状況から、「青森県ニ関スル限リニ於テハ例外トシテ統制上ノ支障ガ問題ニナラナイノデハナイカト存ジテ居ル次第」（電気委員会［1934b］、10頁）だった。

あくまでも逓信省が恐れていたのは、この青森県の電気事業県営化の例にならって、他の地方公共団体も改正電気事業法第29条の強制買収条項[28]によって電気事業を公営化しないか、ということだった。大方の委員は以上の逓信省の方針を支持したが、電気事業の公営がすべて経済的ではないとする説には慎重論が残った[29]。結局、逓信省の思惑どおり、青森県の場合にはこれまでの経過からして例外的に認めることとし、将来的には公営化の先例とはしないことを確認した。とはいえ、地方公共団体による電気事業公営化を原則的に否定しようとする点までは認められなかった[30]。

1930年代前半では、大阪市営電気事業等公営電力もあったが、電気事業の供給主体は五大電力、地方的大電力等民間電気事業者であり、供給方法としては、自流式水力発電と火力発電を組合わせた水火併用給電方法がめざされた。

1) 全国需要電力量実績は、1915年の1,688百万KWHから19年の3,456百万KWHと、倍以上に増加し、対前年比増加率は16年が22.0%、17年が23.8%、18年が17.7%、19年が15.0%だった（逓信省電気局［1933a］、5～6頁）。
2) 大同電力は、1921年2月に大阪送電、日本水力、木曽電気興業の合併によって誕生した。なお、木曽電気興業とは名古屋電灯によって自社供給区域の電力不足解消のために設立されたもので、大阪送電とはその木曽電気興業の余剰電力を京阪神に送電するために、京阪電鉄とともに設立された会社であった。日本水力とは、京都電灯と大阪電灯に電力供給するために設立された会社であった。第一次世界大戦後の反動恐慌のさなか、存続が危ぶまれたことから3社は合併したのである（関西電力［1987］、176～178頁）。
3) 日本電力は、1919年12月に前出の大阪送電、日本水力に対抗して宇治川電気

によって設立された会社だった（日電［1933］、24～28頁）。

4) 1920年、1921年の関東、中部、近畿3地帯の需要電力量は両年とも8.3%に過ぎず、前述の1915年から19年までの伸びに比べて著しく鈍化していた（逓信省電気局［1933a］、6頁）。

5) なお、渡は、東邦の生成・発展の分析を通じて、日電対宇治電という「電力戦」を第1期、東京電力（東邦によって設立された会社で、現在の東京電力とは別会社）対東電の「電力戦」以降の関東地方を中心とするものを第2期とし、第2期の「電力戦」を引き起こした要因として、「過剰電力」の存在を考えている（渡［1981］）。

6) 大同は、1921年上期の活動資本47.8%、未働資本52.2%を1926年上期にはそれぞれ91.2%、8.6%と激変させるくらい、活発に動いた（東洋経済新報［1926］、17頁）。大同は、1920年代後半以降、自社設備の建設を控えて卸売専門の関連会社からの買電で供給力を確保した（大同［1939］、193～195頁）。これに対して、日電は逆に1920年代後半以降も引き続き、自社設備中心の供給力確保を行った（渡［1996］、115～120頁）

7) ただし、電力会社と政党の密接な関係がそうさせた、との説もある（通産省［1979］、86～87頁）。なお、逓信省は自由競争を奨励するような政策を、競争制限的な政策へと漸次転換しつつもあった。この結果、前述のように大同が成立したり、1920年代に東電が相次いで他社を合併したり、東邦が成立したりした（通産省［1979］、53～54頁）。

8) 渡によると、京都電灯は卸売電力会社からの大量の買電によって、費用の上昇を防ぎ、事業規模を確立したという。それゆえ、京都電灯の小売企業化は、宇治電の登場から始まり、大同、日電の登場で完成したという（渡［1983］）。

9) 阪神電鉄、阪神急行電鉄、京都電灯等は真っ先に料金値下げを行った（東洋経済新報［1928］、21頁）。なお、白木沢は、この電気料金値下げ運動について、その運動の全国的展開と、1930年代の社会運動のなかでの位置づけという視点から研究し、この運動とは、商工業者という旧中間層が不況下で生き残るために電灯、電力料金の地域間格差を是正するものだったことを明らかにした。ただし、この運動を進めた旧中間層がそうした運動の限界を悟って公営化の推進に転換し、また国営化を進める主体へと変わる過程、その後の電力国家管理への国民的コンセンサスの形成に役立った点については残念ながら、指摘のみに終わっており、実証されていない（白木沢［1994］）。

10) 1928年8月に、事業者を代表して東電郷会長、東邦松永社長等が久原逓信大

臣を訪ねて、認可料金制度の採用を要請した（朝日経済年史［1929］、135頁）。
11) 東洋経済新報［1929a］、47頁には、電力会社は各社軒並み不十分な償却によってようやく1割前後の配当を行っており、今後の料金値下げの影響のために減配を余儀なくされるのではないか、との記述がみられる。
12) 公正会は国家的統制管理の必要を訴え、その政策を審議する官民合同の委員会の設置を提唱した。政友会は関係会社の共同出資による監理会社設立案と国営案の2案を併記した。民政党は公営案、特殊会社案をあげた（電気経済研究所［1933］、3～7頁）。
13) 当時の逓信次官今井田清徳は、第二次調査会の席上、「しかも事業運営に迄統一を与えるが為には電気事業の企業形態の上に国営の方途を講ずるとか、特殊会社の設立を計画するとかによらなければならないのでありますが、これも国民経済の実際、又国家財政の現状に鑑みますに、その実現を見ることは余程困難と思われます」（通産省［1979］、90頁）と、語った。
14) この「基礎工業」という用語は、商工省事務次官吉野信次が「或る特定の工業が確立することに依って他の多数の産業の自然の発達を促すと云う性質の工業」（吉野［1935］、46頁）と記したのと同じ意味で使っている。
15) 逓信省としては、「認可制度ハ必スシモ値下ノミヲ目的トセス、事業経営ノ合理化、従テ公正ナル料金ヲ期待スルニ外ナラヌ」と考えていた（通産省［1979］、96頁）。
16) なお、「臨時電気事業調査会答申」のうち、諮問第五の発電水力法制定については、「（一）発電ノタメ水力ヲ使用セントスルモノハ主務大臣ノ認可ヲ受ケルコト」、「（四）主務大臣ハ公益上必要アリト認ムルトキハ、発電水力事業ニ対シ水力使用方法ノ変更、水力工作物ノ共同施設、工事施行期間ノ伸縮其ノ他適当ナル措置ヲシ得ルコト」という2つの処分については、「主務大臣ハ内務大臣及農林大臣ニ協議スルモノトス」（通産省［1979］、96頁）とした。
17) 電気料金認可の際に内務省を加えて検討するのかどうかという問題だったが、結局、地方公共団体の電気事業の場合に限り、内務省を加えることに決定した（朝日経済年史［1933］、131頁）。
18) 電気事業法改正に伴って付属法規も制定された。このうち、もっとも重要なものと考えられるものは電気事業法施行令権限に関する規程と電気事業会計規程である。前者は後述のように、臨時電気事業調査部発足以来、逓信省は発電水利問題について他の治水、利水よりも優越するもの足るべく運動してきたが、この時点で発電水力法制定を断念し、また他の点でも内務省との協議を義務づ

けられることとなったものである。後者は、電気事業法第27条によって標準となる会計規律に関して定めたもので、この条文の結果、各電気事業者の電気事業報告書の書式は統一されることとなり、逓信省は各電気事業者の経営比較が容易に行えることになったのである。

19) なお、電気委員会委員に需要家代表が加えられていなかった。この点については、帝国議会の電気事業法案審議中に、倉元要一議員より質問された際、小泉逓信大臣は委員のなかに政務官、つまり民意を反映して選挙で選ばれた代議士が政務次官として加わることから、特別に需要家代表を選出しなくてもいい、と答弁した（電気協会 [1931]、128頁）。しかし、現実には政党内閣が崩壊したため、臨時電気事業調査会において各省政務次官が果たしたような役割を担う存在がいなくなってしまった。政党出身の政務次官が担うはずだった「各省高等官」は各省の事務次官が担うのである。

20) しかし、せっかく設けた特定許可供給の申請はあまりなかった（通産省 [1979]、130～131頁）。

21) 以上のような自家用発電の増加に対して、電気事業者側も脅威を感じていたのである（松永 [1932a]、31頁）。

22) とはいえ、余熱を発電に利用できるセメント工業のような特殊な自家用発電であれば許可する方針だと付け加えた（電気委員会 [1933a]、18頁）。

23) 後述の「発電及送電予定計画」では「需用地帯」と呼ばれる。

24) 「高キ料金」の設定とは、「供給上特別ナル設計施設ヲ必要トシ相当多額ノ費用ヲ要スルモノ、負荷変動著シキカ又ハ力率悪シキ等需用ノ性質ヨリ供給組織ニ過当ナル負担ヲ及ボスモノ」（電気委員会 [1933b]、12～13頁）について、負担の程度に応じて割増料金を認めるというものだった。ただし、「名ヲ特殊事由ニ藉リテ過当ノ追求ヲ為スガ如キコトナカラシムルヲ要スルモノ」（電気委員会 [1933b]、13頁）とその乱用を禁じていた。「低キ料金」の設定とは、「公益上ノ必要ニ因ルモノ、他種熱力又ハ自家用施設トノ関係ニ依ルモノ又ハ需用ノ性質有利ナルモノ等ニ就テハ低率ノ料金ヲ以テ供給スベキ理由アルニ依リ、事業者ハ努メテ此ノ方途ニ出デ基礎産業トシテノ使命ヲ全ウスベキモノ」（電気委員会 [1933b]、13頁）という理由から、割引料金を設けていた。ただし、この場合も「個別的原価計算ニ依ル額即チ実費ヲ下ラザルヲ要スルコト」（電気委員会 [1933b]、13頁）として、原価割れを禁じていた。

25) 逓信省がモデルと考えた中規模の電気事業の配電費を、この総括原価計算で算出すると、需要家の使用電力量1KWH当たりで、都市部で4銭1厘、農村

部で5銭9厘となるという。これに対して、実際の電灯及び小口電力の配電のみを行う事業者の配電費は平均1KWH当たり5銭8厘となり、大差がないとした（電気委員会［1933b］、65～74頁、電気委員会［1933c］、4～10頁）。

26) この通牒のなかで、特に重要と考えられる点を示しておこう。「二、事業経営ノ実情ニ徴スルニ往々配当偏重ノ嫌ナシトセズ。斯ノ如キハ事業ヲ堅実ニシ需用者ニ奉仕スル所以ニ否ザルヲ以テ、一層供給設備ヲ完全ナラシムルト共ニ、減価償却ヲ励行セシメ猶料金値下ノ余裕アリト認ムルモノニ対シテハ之ガ実行ヲ促ガス等其ノ宜シキニ従ハシムルコト／三、料金整理ノ方途ニ関シテハ、電燈料金ハ事実減燈減燭等ニ依リ設備ノ利用率低下シタルモノ少ナシトセザル依リ、寧ロ電力料金ノ値下ヲ先トシ、克ツ基礎産業トシテ使命ニ適応セシムルコト」（電気委員会［1933c］、36～37頁）。

27) 諮問内容には以下のように今回の論点が記されていた。「ソノ改正電気事業法実施後最初ノ重要ナル企業形態ノ問題ナルニ鑑ミ慎重ナル考慮ヲ要スルモノアルノミナラズ、公営計画ニ関スル現下ノ情勢ニ鑑ミ特ニ此ノ種ノ企図一般ニ関スル必要トスルモノアリ、又其ノ買収価格ニ関シテモ他ノ場合トノ関係ヲ考慮シ事業ノ安定ヲ害スルコトナキヲ期セザルベカラズ」（電気委員会［1934b］、4頁）。なお、逓信省は1932年11月にはすでに地方公共団体による民間電気事業の買収を牽制する通牒を発していた（通産省［1979］、140～141頁）。

28) 改正電気事業法第29条には以下のように記されていた。「国ハ公益上ノ必要ニ因リ第一条第一号又ハ第三号ノ事業（それぞれ小売電力、卸売電力のこと：注、筆者）ヲ買収スルコトヲ得　公共団体ハ公益上ノ必要ニ因リ主務大臣ノ認可ヲ受ケテ前項ノ事業ノ買収ヲ為スコトヲ得」。

29) 特に三井の池田成彬委員が、資金調達面で市町村発行債券や地方的小規模事業の社債よりも県債の方が有利ではないか、との例を引いて、一概に県営が良くないと結論するのは早計であり、一層の企業形態に関する研究を進めることを逓信省に要望した。

30) 答申案は「（答申案）青森県営計画ハ其ノ特殊ナル事情ニ鑑ミ統制監督上支障ナキモノト認ム　（付帯決議）電気事業ノ府県営ハ事業ノ統制上適当ナラザル場合多キガ故ニ、将来之ガ認否ニ関シテハ最モ慎重ニ考慮セラレムコトヲ望ム」（電気委員会［1934b］、54頁）となった。

第2章　地域レベルでの水火併用給電方法の実態

第1節　共同火力発電の構想と現実との乖離

1　1930年代半ばの電力生産状況

まずは、1930年代の全国の需要電力量実績、発電所出力の変遷を表2-1で確認すると、1930年代に入って水力、火力双方の出力が増加する一方で、水力の余剰電力の割合が減少している様子がわかる。しかも表2-2から明らかな

表2-1　水力余剰率と需要電力実績

	需要電力量実績	水力			発電所出力	
		年間可能発電量	余剰電力量	余剰率	水力	火力
1931年	14,295	18,102	5,104	28.2%	2,901	1,226
1932年	15,730	18,150	4,201	23.1%	2,984	1,322
1933年	18,023	17,851	2,852	16.0%	3,089	1,431
1934年	19,703	18,172	2,647	14.6%	3,171	1,568
1935年	22,155	19,822	2,108	10.6%	3,309	1,828
1936年	24,133	20,949	2,345	11.2%	3,652	2,142
1937年	26,583	22,898	2,214	9.7%	3,852	2,331
1938年	28,638	24,618	2,389	9.7%	4,166	2,454

注：ただし、水力余剰電力量、年間可能発電量は電気事業者及び主要自家用電気工作物施工者の所有する水力発電所の出力千KWH以上のものをまとめたもの。需要電力量実績、発電所出力は電気事業者だけのもの。なお、電力量、発電量の単位は百万KWH、発電所出力の単位は千KW。
出所：電気庁［1939c］、6、48～49、67～72頁より筆者作成。

表2-2 各年度の12月における関東、中部、近畿3地帯の供給力と需要電力の推移

	供給電力①	需要電力②	①/②
1932年度	1,985	1,735	114.4%
1933年度	2,060	1,890	109.0%
1934年度	2,180	2,060	105.8%
1935年度	2,310	2,205	104.8%
1936年度	2,540	2,345	108.3%

注：供給電力、需要電力の単位は千KW。
出所：逓信省［1934a］、［1935a］、［1935b］、［1936］、［1937］から筆者作成。

ように、第1章第3節第4項で述べたように、逓信省がめざした需要電力の5～6％程度の供給余力という目標は達成されている。つまり、電力拡充をするものの、余剰電力を減らしていることから、十分な供給余力を保持しながら需給均衡を達成しているのである[1]。

以下では、第1章で述べた政策がどの程度効果を発揮したのかを、地域レベルで検証するが、その際、官民双方から提案された共同火力発電を取り上げる必要がある。

これまで共同火力に関する研究については、桜井が「共同火力発電の発展は、新たな電力技術の発展段階における全国的な規模の発送電計画につながる過渡的な形態として捉えられなければならない」（桜井［1964］、277頁）として、地域レベルというよりも全国レベルのなかで捉えた。また、梅本は1930年代初めの電気事業政策の柱として、改正電気事業法、電力連盟と共に共同火力発電会社をも挙げ、「一国規模で資源の経済的利用を図る手段というよりむしろ、個別電力資本の資本蓄積の手段に転化した」（梅本［2000］、137頁）と評価した。しかし、両者ともにその評価に至る過程で、共同火力発電の具体的な経営にまで踏み込んだわけではなかった。それゆえ、取り上げるのである。

そこで、以下では、地域レベルでの、1930年代初めの政策の効果を評価するために、詳細に共同火力発電を分析しよう。

2　共同火力発電の構想

逓信省側では、1932年春に当時の逓信次官が共同火力発電会社試案を電力連盟に提案し（大橋［1932］、234～237頁）、1933年8月には逓信省電気局内でも共同火力発電会社案を構想していた（通産省［1979］、156～157頁）。これに対

して、民間事業者側では1933年8月に、東邦松永社長が電力連盟に対して火力統制会社案を提案していた（松永［1933］、479～480頁）。しかし、現実には1931年7月にはすでに関西共同火力発電会社（以下、関西共同火力と略す）が設立されており、松永は関西共同火力設立以降の共同火力発電会社の建設をどのように進めていくのか、を提案しようとしたのである。

共同火力発電に関する上述の案について、以下で検討してみよう。

まずは、大橋逓信次官が電力連盟に提案した共同火力発電会社案について。同案は、そもそも松永によって提案された「電力プール」による統制案[2]に反論するものだった。というのは、大橋次官は松永の「電力プール」案では各社の利害が絡むために電気事業統制には不十分であるとして、水力発電設備の全面的利用と火力発電設備の経済的運用を目的とする次のような統制案を提案したのである。「一、関係各会社の火力発電設備を全部一括して火力発電会社を設立すること／二、共同出資に依るものとし、関係各会社が其の開拓せる水力発電設備を十分に利用するに必要なる将来の火力発電設備を専ら本会社をして施設せしむること」（大橋［1932］、234頁）とした。

そして、こうした火力発電会社案とは、「各会社の要する発電水力の使用を尽くすことを各社各別の需用開拓に委し併用せらるべき火力に就て能率良き発電所より能率悪しき発電所へと運転の合理化を庶幾せんとするものにして即ち需用開拓に付きては各社の独立の営業努力に委し、火力併用に依り発電水力に火力の『パッキング』を為し事業の運営を合理化せんとするものなり」（大橋［1932］、235頁）として、水火併用の電源開発に沿ったものであることをはっきりと示した。

設置場所として、京阪神（すでに関西共同火力が設立済み）、京浜（「関東共同火力」）のそれぞれの地方を中心とするものであり、必要があれば名古屋地方にも「中部共同火力」を設置することも構わないとした。

その業務としては、各共同火力発電会社に共同出資した関係会社との融通電力を需給契約するものであり、その運営は関係会社を代表する重役会で経営方針を決め、「技術員会」にて運転方針を定めるとした。

なお、関東、関西両地帯間における電力需給調節は関東及び関西共同火力の運営の実績に徴して逓信省が電気事業法の統制条項に従って適宜流用を命令するものとしていた。

これに対して、1933年8月に逓信省電気局が打ち出したとされる共同火力発電会社案は、その内容はあまり明らかではないが、「国有国営的志向を持った統制構想」に立つもので、関係各会社の火力設備を主要需要地に関わりなく全部一括する火力発電会社の新設案であった（通産省［1979］、156～157頁）。

次に、松永の火力統制会社案について。この案は、前述した「電力プール」案をより具体化したものだったが、実は1933年8月に電力連盟において公認された水力発電所建設計画に対する抗議の意味を持っていた。というのは、電力連盟で承認された発電予定計画が、電力連盟加盟の電力会社一社につき一水力発電所のみの開発とする「一社一発電所主義」にたつものだったが、火力併用等他の問題を何ら考慮しないものだったからである。つまり、松永にすればその発電予定計画は「折角平静に還りつつある電力界をして再び連盟組織前の競争時代に引き戻す機運を醸成するのみであ」（松永［1933］、479頁）り、「電力界の永遠の禍根を徹底的に絶つ為め火力統制会社設立又は火力水力の新計画を包含する新組織を提唱」（松永［1933］、479頁）した。

松永のいうところをもう少し聞いてみよう。当時、冬季に最大負荷を記録したが、その最大負荷を目標とする水力開発は夏季において多くの余剰電力を生むだけではなく、設備過剰のために金利負担を重くして原価の高騰を招くことから極力排除すべきことを松永は主張する。夏季の余剰電力と冬季の渇水という問題解決に、電力連係、貯水池利用、火力発電の利用が考えられるという。しかし、貯水池利用は利用地点が少ないだけでなく庄川流木問題[3]にみられるように他の利水との関係の解決が困難であり、電力連係と火力発電の利用が有効だとする。火力発電は水力に比べて設備費がかからないこと、日満経済ブロックによって安価な石炭が購入可能であること、何より多くの火力発電が使用されないまま残されていること、以上から火力発電を合理的に使用して、水力の余剰電力を融通しあう電力連係と組み合わせる統制案を主張した（松永

［1933］、480頁）。

　ただし、「火力統制と云つても大阪の共同火力の如く新発電所を作る意味ではない。斯の如き事をしては混雑の上にさらに混雑を加へる許りである茲に云はんとする火力統制は鉄道省を始め諸官庁、各電力会社の火力発電所を全部合同して一つの新会社を設立し各社均等に株券を持つ余つたものは政府所有とする」（松永［1933］、480頁）もので、「電力需給の状態を見て現在火力発電所のある所例えば鶴見とか川崎とかの内に増設して成る可く全火力を集中することに依つて原価を低廉ならしむ」ものだという。「而して年々電力需要の増加するに従つて夏の剰余電力消化し冬の火力が不足する時に及んで初めて基礎的の水力開発を進める」（松永［1933］、480頁）という電源開発を提唱した。そして、電力資本間で「如何にしても蝸牛角上の争いを止めず自己の権利を主張して協調不可能の場合は国有、半官半民統制会社の何れたるを問はず、この方に一歩を踏み出すを勧め度い」（松永［1933］、480頁）とまで言い切った。

　最後の部分は必ずしも松永の本心とは考えにくいが、松永が提唱した火力統制会社構想は電力資本相互の協調を図り、各電力資本の効率性を最大限に追求した上で、電気事業全体の合理化をも考えるというものだった。徹底的な電気事業の合理化を追及しようとする松永は、この時期には以上の火力統制会社を通じての達成をめざした[4]。

　以上のように、逓信省側、民間事業者側双方共に、水火併用給電方法を進め、その具体的なあり方として火力統制会社の設立を提唱したのである。ただし、その内容は、全国を視野に入れたものか、地域レベルか、の違いはあった。

3　共同火力発電の設立

　前述のように、逓信省や松永は全火力設備を対象とした火力統制会社の設立を訴えた。しかし、関西共同火力以降の共同火力発電は、松永が批判した関西共同火力と同じ関係会社から共同出資され、新設された形態だった。また、東電が圧倒的な優位にたつ京浜地方では共同火力発電会社は設立されず、前述のように東電を中心として日電、鬼怒川電気3社の火力連係にとどまった。結局、

表2-3 設置された共同火力発電

会社名	設置場所	設立年月	出力	出資者	目的
関西共同火力	尼崎市	1931年7月	46万8,000KW	日電、大同、宇治電、京都電灯	近畿地方における火力発電の合理化
九州共同火力	大牟田市	1935年10月	8万7,000KW	三井鉱山、熊本電気、東邦、九州水力、九州電力、九州送電	東洋高圧への電力供給と九州60サイクル系火力発電の合理化
西部共同火力	戸畑市	1936年5月	5万5,000KW	日本製鉄、九州水力、九州電気軌道、九州送電、九州共同火力	日本製鉄への電力供給と九州50サイクル系火力発電の合理化
中部共同火力	名古屋市	1936年7月	5万KW	東邦、日電、大同、矢作水力、揖斐川電気	中部地方における火力発電の合理化

出所：通信省[1941]、157頁、栗原[1964a]、227頁、中部電力[1988]、56頁、関西共同火力[1939]、西部共同火力[1941]より筆者作成。

　第二次世界大戦前において、表2-3にあるとおり、関西に1社、中部に1社、九州に2社が設立された。また、各社の設立理由、設立時期は異なっていた。
　関西共同火力については後で詳しくみるとして、それ以外のものに触れよう。
　まず、九州の2社について。両社ともその地域に存在する大企業の動向が影響していた。九州共同火力は、三井鉱山が自社の不売炭の処理と、大牟田に新設予定の東洋高圧株式会社窒素工場への電力供給を行うために、熊本電気とともに共同火力の設置を計画したところから始まった。以上の計画に対して、熊本逓信局は九州60サイクル地域の電力統制上、共同火力設置には同地域で営業する東邦、九州水力電気株式会社（以下、九水と略す）の参加を不可欠と考えた。しかし、東邦、九水ともに1932年末の段階では、九州地域にはいまだ余剰電力が存在するとして共同火力設置には難色を示した。
　三井鉱山、熊本電気側からの懇請に東邦、九水は承諾し、これら4社に九州送電株式会社、九州電力株式会社（現在の九州電力とは別会社）も参加して九州共同火力株式会社（以下、九州共同火力と略す）が設立された（中野[1942]、207～218頁、九州送電[1942]、94～102頁、栗原[1964a]、227頁）。出資比率は、三井鉱山36％、熊本電気24％、東邦、九州水力、九州送電、九州電力はいずれも10％だった。こうして九州共同火力は九州60サイクル地域の共同火力としての性格を持ったのである。
　次に、西部共同火力についてだが、同社はもともといわゆる「九水ブロッ

ク」[5]内での供給拡充、つまり九州送電による建設予定の耳川水系塚原発電所の補給用電源として九州電気軌道株式会社所有の火力発電所増設計画を知った熊本逓信局が共同火力新設を慫慂したことから始まった。しかも、日本製鉄八幡製鉄所がそれまで自家用設備で電力をまかなってきた自給体制を改め、電気事業者から初めて電力を購入することを決意したのである。

そこで、九水、九州電気軌道、九州送電、九州共同火力、日本製鉄の5社による共同出資で西部共同火力発電株式会社を設立した（中野［1942］、218～236頁、西部共同火力［1941］、1～7頁）。西部共同火力は九州50サイクル地域の共同火力として、原則としてこれ以降のこの地域の火力発電の建設を独占的に行うこととされた（西部共同火力［1941］、6頁）。

以上の九州地方の2つの共同火力発電会社は、1930年代初めまでに九州送電、九州電力の設立によって進められてきた九州地方電気事業の協調体制（梅本［2000］、93～94頁）を一層強化するものだった。

中部地方における共同火力は4社のなかでもっとも遅かった。もともとこの地域には日電、矢作水力（大同系）、東邦がそれぞれで火力発電の新増設を計画していたが（中部電力［1988］、56頁）、このうち、日電による名古屋火力新設をめぐって日電、東邦は対立していた。逓信省は共同火力設置を慫慂したが、中部地方の一層の需要増加が予想されたので電力連盟の裁定でいったんは日電、東邦両社がそれぞれで火力発電を新増設することとなった。しかし、二・二六事件以降、逓信省電気局首脳部が「電力民営国営論者」である革新官僚に占められたため、急速に共同火力設立へと向かい、1936年7月に東邦、日電、大同、矢作水力、中部電力（現在の中部電力とは別会社）、合同電気、揖斐川電気の7社の共同出資で中部共同火力は設立された（関西電力［1987］、341～342頁）[6]。なお、営業開始までに合同電気、中部電力は東邦に吸収合併されたため、開業時には東邦、日電、大同、矢作水力、揖斐川電気の5社による共同出資となった。矢作水力は大同系、揖斐川電気は東邦系であることから、中部共同火力は東邦、日電、大同の3社が協調する「実体」となった。

さて、次節以降は関西共同火力を取り上げてその経営を分析し、また同社に

共同出資した日電、大同、宇治電にとっての意味、また、近畿地方にとっての同社の意味を検討して、水火併用給電体制の中での共同火力の役割を明らかにしよう[7]。

第2節　共同火力発電の経営展開

1　関西共同火力の設立

　関西共同火力発電株式会社は1931年7月に宇治電、日電、大同、京都電灯の4社による均等出資で、資本金1,000万円で設立された。同社の株式引受、代表重役の割当数においては出資した4社は同等とし、社長も1年交代制を採用するなど極力4社の公平を期すように配慮された。

　さて、4社の共同によって同社が設立されるまでの経過は以下の通りである。1930年に、宇治電、大同、日電がそれぞれで、需用の集中する大阪湾沿いに火力発電所の新増設を計画したところ、その各社の計画を耳にした逓信省は関係する電力会社を説き、京都電灯[8]にも声をかけて火力共同発電案を採用させ、大規模発電によるコストの低下をねらったのである。逓信省に提出された同社の「事業計画書」の「二、事業目的」には「一、電気事業者ノ特殊出力ノ補給用及尖頭負荷用電気ノ供給」（関西共同火力［1939］、8頁）と明記され、逓信省は「本火力発電設備ヲ許可シタル以上ハ将来近畿地方ニ於テ必要ナル火力設備ハ補給用タルト常用タルトヲ問ハズ総テ本会社ヲシテ施設経営セシムルモノトス」（関西共同火力［1939］、8頁）として、その独占的な火力供給を保証した。こうして、政府逓信省からの強い指導の下で、関西共同火力は宇治電、日電、大同、京都電灯4社の共同出資会社として設立され、その発電電力は4社に供給されることになった。京阪神の電力戦を競い合った宇治電、大同、日電は相互に定めた協定に加えて、関西共同火力という、初めて利害を共有しあう「実体」を持ったのである。

　さて、新設の関西共同火力発電は当初、大阪市住吉区の木津川河口に設置さ

れる予定だったが、その場所では将来の用炭関係に支障を来す、つまり港湾、陸揚等諸設備の点で将来的に十分な整備が難しいことから、当時工事が進められていた兵庫県武庫郡大庄村地先尼崎築港埋立地に変更された（関西共同火力［1939］、45頁）という。この埋立地を造成した尼崎築港株式会社は浅野総一郎、山下亀三郎によって1929年に設立されたもので、浅野にとっては前年の1928年に完成した京浜臨海地帯の埋立に次ぐ大事業であった。この埋立地は後に一大工業地帯を形成するに至るが、こうした大事業の埋立地に関西共同火力が建設される過程で非常に優遇された。1931年から40年までの埋立地合計契約分32万1,796坪のうち、同社はその設立時期が契約開始の直前であったにもかかわらず、最も広い7万8,000坪を契約することができたのである（尼崎市［1970］、558～559頁）。大阪財界が大きな期待を寄せる一大埋立地にこれだけの土地が与えられたということからも、財界をあげて同社を支援していこうとしたことが明らかとなる。

2　短期間における急速な関西共同火力の設備建設

以上のように、政府、財界の支援の下で設立された関西共同火力は、第一期前期の工事の終了で、1934年12月に総出力15万KWに、後期の工事の終了で、36年9月に総出力30万KWとなった（尼崎第一発電所の完成）。その建設費は送電線工事費込みで3,880万円、1KW当たり139円だった。

旺盛な電力需用の増加に応じるため、続いて第二期工事も開始され（尼崎第二発電所）、日本発送電に出資される直前の1939年3月には合計で45万KWを誇るに至った。第二発電所の建設費は1,340万円で、1KW当たり89円となり、第一、第二発電所建設費は合計で5,220万円、1KW当たり116円となり、非常に安かった。

その上、関西共同火力の建設はこれに止まらず、伸び続ける電力需要に応じようと、1940、41年末の供給力拡充をも計画し、大阪府下堺市の海岸に土地を購入して第三発電所建設に備えた（関西共同火力［1939］、46頁）。

以上の発電所建設の過程で、関西共同火力の位置づけは一層重要なものとな

った。というのは、前述のように、関西共同火力設立時には逓信省からの命令書ではその目的を補給用またはピーク時用として限定していたが、第二発電所建設前の命令書では、「特殊出力ノ補給用、尖頭負荷用（ピーク時用のこと、注：引用者）又ハ重負荷期電力ノ供給ニ充ツベシ」（関西共同火力［1939］、61頁）と、重負荷期と位置づけられた最大の電力負荷が生じる渇水期においては常時使用をも認めるものに修正されたのである。この点は、関西共同火力開業時に、前述のように近畿地方における火力開発は同社が独占的に行う旨決められたが、既存電気事業者の所有する火力設備を使用するよりも関西共同火力に任せたほうがコスト的にも有利である、との判断から行われたのではないだろうか。

このようにして設立された関西共同火力は、同社に出資した4社に対して以下のように電力を供給した。すなわち、1934年1月より日電に1万6,700KW、大同に2万5,000KW、宇治電に8,300KWの受給契約をそれぞれ結んで供給を開始した。その後、出力を増加する度に供給量を増加し、前述した尼崎第一火力の完成した1936年9月には日電には9万900KW、大同には5万5,000KWを、宇治電には7万3,400KWを、京都電灯には2万5,000KWを契約して、電力を供給した。わずかの期間に大出力設備は完成され、大量の電力を供給することになったのである。

なお、関西共同火力は技術水準の高い発電機や機器を徐々に国産メーカーに発注して、日本の火力発電機器の技術向上に貢献した[9]。

3　供給力拡充を支えた資金調達

次に、前述のような建設を支えた資金調達を検討しよう。当初、関西共同火力は建設資金を株金払込と社債によってまかない、急場しのぎに借入金を利用するという予定だった。そのため、第一期計画の30万KW建設に必要な4,000万円は、その半額の2,000万円を株式払込金でまかない、残りの2,000万円は借入金で一時的に調達しておいて、後に社債化することとされた。

しかし、当時は金融便塞状態のため設立までに予定された株金は払い込むことができそうになかった。そのためにとりあえず資本金を1,000万円に減額し

て、共同出資の4社に株式を割り振り、工事資金の不足分を日本興業銀行、第一銀行、三井銀行、三菱銀行、安田銀行、住友銀行、三和銀行の7行からなる共同融資団から借り入れた（関西共同火力［1939］、85頁）。融資額は1933年11月には500万円、34年9月には750万円（平均利率は年5分）というものだった。その後、以上の借入金は当初の計画どおり、最終的に株式払込、社債によって整理した。

1935年6月に第一期後期工事に着手する際に資本金を2,000万円に増額し、37年5月には全額を払い込んだ。日中戦争に入る前であったからこそ、ここまで順調に資金を調達でき、工事が進んだ。しかし、その後、第二発電所建設に際して工事資金の調達のため資本金を4,000万円に増資したものの、500万円しか払い込めず、再度、一時的にその場をしのぐため予定工事資金4,840万円のうち不足分の多くを、前述の共同融資団から借り入れた。結局、関西共同火力は日本発送電への出資までに共同融資団からの借入金をほとんど返済できなかった[10]。結局、第一発電所完成時には180万円にすぎなかった共同融資団からの借入金残高は日本発送電出資時には3,200万円にまで膨れあがったのである（借入金合計額は4,188万円に上った）。

社債に関しては、借入金返済のため、また工事資金のために2回発行され、合計で1,500万円に上った。第一回目は1935年4月で1,000万円、年利4分5厘、2年間据え置きで10年償却、第二回目は36年6月で500万円、年利4分2厘、2年間据え置きで8年償却であった。日本発送電出資までに100万円しか償還していなかったため1,400万円残された。2回の社債の受託会社はいずれも日本興業銀行だった。前述の共同融資団といい、この社債の受け入れといい、日本興業銀行は重要な役割を果たしており、国のレベルでも関西共同火力に対する支援が認められたといえよう。

4　関西共同火力の経営の変遷

(1)　発電コスト

上述のように、建設された関西共同火力の経営面はどのようなものだったの

表 2-4　関西共同火力の発電コストの推移

	1934年度	1935年度	1936年度	1937年度	1938年度	1939年度
発電費（円）	595,381	2,537,472	5,297,283	7,545,766	14,111,631	13,967,900
供給電力量（千KWH）	81,200	386,730	787,859	972,433	1,191,503	765,031
1 KWH 当たり発電費（厘）	7.3	6.6	6.7	7.8	11.8	18.3
石炭消費量（t）	59,372	257,637	519,269	648,586	824,312	526,354
1 KWH 当たり石炭消費量（kg）	0.731	0.666	0.659	0.667	0.692	0.688
平均発熱量（Kcal/kg）	6,221	6,333	6,550	6,521	6,244	6,000

出所：関西共同火力 [1939]、77頁。

だろうか。第一に、発電コストからみよう。表 2-4 で確認しておくと、1937年度までは 1 KWH 当たり発電費が 6 から 7 厘で収まっている。この発電コストは後述の日電と比較してその低さは明らかである。なぜこうした低コストが可能となったのだろうか。

　まずは、高能率の設備の使用である。関西共同火力の石炭消費量は、1936年度では 1 KWH 当たり 0.659 キログラムとなり、当時の最優秀な火力発電、例えば大同春日出火力 0.843 キログラム、日電尼崎火力 0.649 キログラム、東邦名古屋火力 0.761 キログラム、東電鶴見火力 0.613 キログラムと比較しても遜色がないからである（大同 [1937]、65頁、日電 [1937]、94頁、東邦 [1937]、123頁、東電 [1937]、204頁）。

　なお、以上の高能率性は微粉炭燃焼方式を採用していた結果熱効率が高かったからだった。とはいえ、この燃焼方式は煤煙量の増大、巨大な投下資本、石炭粉砕機の必要、爆発事故の危険性という欠点をも併せ持っていた。特に発電所の周辺住民に対しては必ず集塵装置を設置して煤煙対策を施すことは不可欠とされた。しかし、関西共同火力には集塵装置の存在が確認できない。この点は近畿地方における水火併用給電体制の中心的役割を担っていた関係上、コスト削減をもたらすための資本節約は必須とされたからではないかと考えられる。そして尼崎一帯に煤煙をまき散らした（加藤・木本 [1974]、216頁）。

　次に、規模の経済性を達成したことである。つまり、これほど大規模に発電したからこそ 1 KWH 当たりの発電費が安くなったのである。関西共同火力

表2-5 近畿の需用電力量と関西共同火力の供給電力量

		1935年(A)	1936年	1937年	1938年(B)	(B)−(A)
近畿全体	水力発電量	3,487	3,418	3,851	4,100	613
	火力発電量	1,827	2,220	2,241	2,249	422
	合計	5,314	5,638	6,092	6,349	1,035
関西共同火力		387	788	973	1,192	805
近畿の火力に占める共同火力の割合		21.2%	35.5%	43.4%	53.0%	—

注：単位百万KWH。
出所：電気庁［1939c］8頁、関西共同火力［1939］、77頁より筆者作成。

の発電量は表2-5にみられるとおり、1935年以来増加し続け38年には近畿地方の火力出力の53.0％、発電量全体でも2割弱を占めるまでになるのである。

最後に、良質な石炭を大量に調達できたことである。関西共同火力は日本国内の石炭にだけ依存することは危険だとして、積極的に撫順炭、開平炭の外地炭を調達し、1937年度には20万トンにまで増加した（関西共同火力［1939］、78頁）。表2-4には37年度に約65万トンの石炭を消費していることが明らかであるから、3割程度を外地炭に依存していたことになる。しかも平均発熱量6,500カロリーを維持し得たことが低コストでの発電につながった。

なお、逆に上述の外地炭への依存が日中戦争開始後には桎梏となる。そもそも石炭取引は以前からの一定期間の取引関係が必要とされる。日中戦争の影響で、外地炭は製鉄用等に優先的に回されて獲得できなくなり、日本国内の内地炭の調達を迫られることになったものの、急には内地炭の調達はうまく行かず、折からの炭価高騰の影響もあって発電コストは急速に悪化していった。

(2) 料金と収支の変遷

関西共同火力の電気料金は、一般的な電気事業とは異なり、負荷率を17％という低率で決定することとした。次に、電気料金を準備料と消費料に分け、準備料を契約KWに対して、1年分と計算し、建設費の利子、償却金に充て、消費料のうち基本額（なお、1年分の責任使用量を契約1KWについて1,000KWHだった）を運転維持費に、超過使用分を燃料費に充てるとした。そして、

表2-6 関西共同火力の電気料金の推移

	1934年度		1935年度	1936年度		1937年度		1938年度	
	9月～11月	12月～35年3月		4月～11月	12月～37年3月	4月～11月	12月～38年3月	4月～8月	9月～39年3月
準備料	17円60銭	16円50銭	16円50銭	16円50銭	16円50銭	16円50銭	15円	15円	15円
最低責任使用料金	16厘32	14厘13	14厘13	14厘13	14厘32	14厘32	16厘18	18厘6	20厘93
超過分	9厘32	7厘63	7厘63	7厘63	7厘82	7厘82	10厘18	12厘6	14厘93

出所：関西共同火力[1939]、77、80頁より筆者作成。

準備料と消費料基本額を給電の有無にかかわらず月割りし、消費料超過分を給電量に応じて徴収することとした。また購入炭価の変化に対応するため一定の基準炭価との差額の増減によって消費料を決定したのである（関西共同火力[1939]、79～81頁）。以上の料金決定方法は、関西共同火力を補給用または尖頭負荷用電源とする点から考えられたものであろう。

こうした料金決定方法に従って実際になされた料金の推移が表2-6である。日中戦争前には基本料金、平均販売単価は低位安定し、収支は好転していた。つまり、発電コストが安定していた第9期から第12期まで（1935年から37年2月）は順調な電力販売の結果、払込資本金利益率は1割以上を示し、余裕を持って7分配当を実施していた。

ところが、日中戦争後は、前述のように大きな割合を占めていた外地炭の調達難、石炭価格の高騰等により関西共同火力の発電コストが上昇して、同社の基本料金、平均販売価格は値上げせざるを得なくなった。とはいえ、「出来得る限り此影響を少くするため基本的料金をも検討し一定の期間を限り準備料並に消費料を夫々割引することとし、斯くて当社の負担を増加して料金の急激なる変化を来さざるやう考慮を払ふの止むなきに至」（関西共同火力[1939]、82頁）ったために、関西共同火力の収支は苦しいものとなった。また料金上昇を抑えるために修繕積立金を取り崩したり、後期繰越金をマイナス計上したりした。共同出資している関係会社の利益を図るために、石炭費の負担を料金に直接反映させないよう、配慮したのである。

第3節　関西共同火力が与えた地域の電力需要への影響

1　既存電気事業者との関係1──日本電力──

　前述のように、関西共同火力は、日中戦争前には安い料金で大量に関係会社に電力を供給し、日中戦争後には関係会社の利益を守るべく、石炭費の高騰等不利益を被った。次に、関西共同火力から電力を供給された側から、同社の役割を検討しよう。

　まずは、日電を例にとって、直接、関西共同火力から電力を供給された卸売電力会社にとっての意味である。前述のように、1934年1月関西共同火力が5万KWの供給を開始したときから、日電は常時1万6,700KWの受電契約を結び、関西共同火力の供給力の拡充に伴って受電電力を増やした。日中戦争前の1935年と日中戦争後の38年下期における、日電尼崎火力の運転状況と関西共同火力からの受電状況を示したものが表2-7である。当時は冬季渇水期にあたる下期は火力発電を運転して電力量を確保するのが常であった。それゆえ、日電は自社の尼崎火力発電所一箇所で、1935年においても38年においても大きな割合の発電量を確保している。以上に対して、関西共同火力からの受電量は1935年については日電自社火力には及ばないが、38年には日電自社火力による発電量をも上回る受電量を記録している。もちろん、関西共同火力からの日電受電量には京都電灯に供給される分も含まれ、その量は明らかではないが、その多さは驚きである。

　なお、日電は当時の電力需要の急激な伸びに対応しようと、1932から34年度にかけて示した電源開発に対する消極性を捨て、35年度から再び黒部川の電源開発を再開することとし、黒部第二（鐘釣）、黒部第三（猿飛）の建設に着手していた（関西電力［1987］、373〜374頁）。これに対して、自社の尼崎火力の増設を行っていない。ということは、関西共同火力からの受電量の増加とは、自社の尼崎火力が担ってきた補給用、ピーク時用電源を、一部肩代わりさせる

表2-7 関西地域の日電自社火力の運転状況と
関西共同火力からの受電状況

		1935年下期	1938年下期
日電 尼崎火力 運転状況	常時出力（KW）	25,000	25,000
	補給出力（KW）	115,000	115,000
	発電量（百万KWH）	255	217
	発受電電力量に占める割合	22.3%	14.1%
	平均燃料費（厘/KWH）	8.3	17.9
関西共同 火力からの 受電状況	常時出力（KW）	65,900	121,000
	補給出力（KW）	0	20,000
	受電量（百万KWH）	153	388
	発受電電力量に占める割合	13.4%	25.3%
	購入単価（厘/KWH）	12.6	18.6

出所：日電［1936a］、［1938］より筆者作成。
注：購入単価は、関西共同火力からの供給料金の規定に従って購入料を計算した後、受電量で割って算出した。

ものと考えることができよう。日電は自社の水火併用給電体制を、共同出資した関西共同火力にも担わせたといえる。

しかも、表2-7から、関西共同火力からの電力購入単価と日電自社火力の平均燃料費を比較すると、関西共同火力からの電力購入がどれほど有利なのかが明らかである。

従来の研究では、1934年から37年にかけて対米為替の回復、社債等負債の低利借換による支払利息の圧縮、販売電力量の増加が日電の経営が好転した最大要因だったことを明らかにしてきた（関西電力［1987］、374～375頁、渡［1996］、141～147頁）が、関西共同火力からの受電も日電の経営好転に役立ったといいうるだろう[11]。

2　既存電気事業者との関係2――大阪市電――

日電は、関西共同火力から供給された受電量に、自社の水火力設備を運転して得た発電量を加えて、直接、顧客に配電したり、卸売会社として小売電力会社に供給した。そこで、次に、小売電力会社として大阪市営電気事業（以下、大阪市電と略す）[12]を例にとってその意味を検討しよう。

まずは、大阪市電の供給力構成についてである。1930年代、大阪市電は自社火力として九条、安治川の発電所を有していた。しかし、これら火力発電所は常時使用ではなく、典型的な渇水期補給用、ピーク時用としてしか利用されず、多くを受電に頼っていた。1937年度で九条火力は4、8、9、11～翌年3月に運転され、最大発電量を記録した9月においても発電量は151万KWHで、その月の発受電量合計5,454万KWHの2.8％にすぎなかった。また、同発電所の発電量の年度合計は406万KWHで、発受電量合計7億1,573万KWHの0.6％にしかならなかった。そして、発受電量合計の68.3％を大同より、18.5％を宇治電より、12.7％を日電より購入するという受電に多くを依存する体制だった[13]。そこで、大量の受電を余儀なくされるなかで、大阪市電は電力購入先との、ねばり強い料金交渉を行い、前述のように1930年代初めの「電灯争議」の影響から始まった料金低下の社会的圧力を利用して受電料金の低下に努め、大阪市電にとって有利なものへと転化させた[14]。

以上のように、この時期の大阪市電は大量の電力購入という条件に対して、最大のコスト節約をはかる一方で、ベース負荷用供給力をほとんど大同、宇治電、日電からの受電に依存し、渇水期補給用、尖頭負荷用の供給力のわずかな部分だけを自社火力で補った。大量の買電契約を逆手にとって供給力を他社からの買電によって調達し、発電に関わる業務を縮小し、火力発電の運転に伴って対策を求められる公害問題との関わりをまねがれたのである。そして、以上のような供給力の確保はひとり大阪市電だけに限らず、電鉄兼営電気事業者、大阪市電以外の公営電気事業も同じあり方だった[15]。

以上のように、京阪神地方の電気事業は関西共同火力を頂点とする水火併用給電体制を確立したのである。この電力供給システムは異なる資本同士といえども電力受給を行うために送電線を媒介として相互に結びついたものであり、あたかも一社が発送配電を一貫して運営するかのごとき、疑似的な発送配電一貫システムであった[16]。

3 阪神工業地帯の重化学工業化との関係

(1) 重化学工業化の進展

表2-8は『大阪市統計書』より作成した、1930年代の大阪市行政区別の各工業生産額の比較である。戦時経済に移行する直前の大阪市工業の状況を検討するために示した。この表から以下のことが明らかとなる。まず、全体として重化学工業の生産額が激増した。行政区ごとでみても重化学工業化は進んだが、大阪市全体としては生産額合計に対して、金属、機械器具、化学の重化学工業の生産額の割合が55.2%から75.3%へと著しく高まった。

また、工業別にみると、金属工業、機械器具工業の生産額は1932年のそれに比べて、金属工業4.14倍、機械器具工業4.90倍と著しく伸びており、他の工業を寄せ付けない生産額を挙げていた。対照的に、大阪地方の代表的な工業であった紡織工業は1.75倍と振わなかった。しかもその工業中心地も工業生産額からみて移動しているといえた。つまり、1932年における紡織工業生産額は西淀川（2,203万円）、東淀川（1,784万円）、旭（1,570万円）、北（1,001万円）、大正（860万円）、此花（761万円）の順であったが、1937年は表のように、西淀川、東淀川、旭の上位は変わらないが以下、住吉、大正、西成と続いていた。生産額の増加率では住吉3.12倍、西成2.34倍、旭、大正1.94倍と大きく増加しているのに対して、従来の中心地であった北で1.41倍、此花で1.82倍と低い伸びだったのである。重化学工業自体の生産額そのものが増加しただけでなく、この過程でそれまでの主要工業であった紡織工業も生産中心地を移動させていた。

第二に、旧市域において生産額が伸びた上に、新市域部（新たに大阪市に編入された市域や分区された地域で、それまで工業発展していなかった地域）において重化学工業を中心に工業生産額が伸びていた。大正の増加率3.81倍、西淀川2.70倍、西成2.63倍等である。旧市域内においても工業生産額は伸びるものの、それ以上に新市域部での工業発展は著しく、新市域部へ外延的に拡大しているといえよう。

なお、こうした新しい地域への外延的拡大は大阪市域をも越えて、大阪市周

表2-8　1930年代の大阪市行政区別工業生産額一覧

	紡織	金属	機器	化学	合計	倍率B	割合B	1932年
大正	14,788	265,180	60,795	33,491	409,613	3.81	87.8%	66.0%
此花	13,867	94,188	149,560	64,985	347,506	3.15	88.8%	75.6%
西淀川	34,054	71,406	67,614	72,861	282,229	2.70	75.1%	56.9%
東淀川	30,561	32,309	39,279	34,609	157,840	2.39	67.3%	48.1%
北	14,107	57,164	13,246	11,448	142,078	1.88	57.6%	33.6%
港	333	74,213	33,384	10,540	131,454	3.79	89.9%	73.1%
西成	14,318	48,172	13,969	14,460	110,838	2.63	69.1%	57.6%
旭	30,391	24,706	15,857	17,272	106,286	1.53	54.4%	16.3%
浪速	1,686	32,967	12,941	22,668	103,476	2.13	66.3%	62.4%
東成	1,660	21,331	24,095	15,558	80,459	2.45	75.8%	72.4%
住吉	18,143	5,917	19,083	4,086	56,564	3.08	51.4%	47.4%
東	880	2,296	4,689	12,806	39,616	1.77	50.0%	60.7%
西	1,161	7,358	3,117	887	28,195	2.58	38.7%	33.2%
天王寺	140	1,885	1,993	2,184	13,045	3.73	46.5%	47.0%
南	7	1,273	1,515	1,927	11,722	1.40	40.2%	41.1%
総数	176,097	740,365	461,136	319,782	2,020,920	2.67	75.3%	55.2%
倍率A	1.75	4.14	4.90	2.22	2.67	—	—	—
割合A	8.7%	36.6%	22.8%	15.8%	100.0%	—	—	—

注：倍率A、Bは1932年の数値と比較しての倍率。割合Aは全工業生産額合計に占める当該産業の割合。割合Bは当該区の全工業生産額合計にしめる金属、機器、化学各工業生産額合計の割合で、「1932年」というのは1932年度におけるその割合。
出所：大阪市役所［1932］、［1937］より筆者作成。

辺の大阪府下、兵庫県下の市郡にまで広がっていた。西淀川区から西に続く尼崎市、武庫郡、川辺郡では1938年の工業生産額が各々、3億798万円、2億6,030万円、5,569万円に達していた。資料の関係上、1936年のものからしか比較できないが、そのわずか2年間において、紡織工業生産額は減少ないしわずかの増加にとどまったのと対照的に、金属、機械器具、化学の重化学工業生産額合計は各々1億1,989万円、1億2,407万円、1,256万円と大きく増加した。ちなみに、工業全体の生産増加額は1億2,188万円、1億3,755万円、1,532万円であったから、ほとんどが重化学工業の生産額の増加だった。また、南に続く堺市、東に続く中河内郡（ただし、比較のため布施市の数値も含めている）では1938年において工業生産額が各々、9,195万円、1億2,000万円に達していて、1932年からは生産額合計で4,474万円、9,031万円増加している。その増加

額にしめる重化学工業関係の生産額は3,298万円、7,129万円と、ここでも重化学工業の発展が確認できる。

このように、大阪地方は1930年代に大きく重化学工業化を進め、その過程で工業発展は大阪市内の旧市域から新市域部へと外延的に拡大した。

(2) 電力供給の実際

以上のような重化学工業化に対して、電気事業者は十分に供給を行った。大口電力供給においては宇治電、日電が突出していた。経済的合理性からも、できる限り送電ロスを減らそうとすれば、需用が集中し位置的に適当なところに変電所を設置するものと考えられる。それゆえ、両社の変電所の位置をみると、第一に、大口需要家の多い行政区にあることを再度確認できるだけでなく、特に需用の集中する地域として、①此花〜西淀川〜尼崎と続く大阪湾岸沿いの地域、②木津川沿い、木津川運河沿いの大正、西成の地域、③新淀川南岸沿いの、東淀川から旭に連なる地域、を挙げることができること、第二に両社が供給する上位20位までの供給量が、阪神地方全体への供給量においてともに非常に高い割合を示している[17]。なお、①〜③の地域は前節で述べた、新市域部に位置するものであり、阪神工業地帯の中核地とでもいうべきところである。ちなみに、電力を大量に必要とした企業名を挙げると、製鋼業では住友金属工業製鋼所（此花区島屋町）、中山製鋼所（大正区船町）、尼崎製鋼所（尼崎市大高洲）など、伸銅業では住友金属工業伸銅所（此花区島屋町、尼崎市向島）など、兵器製造業では陸軍造兵廠大阪工廠（東区杉山町）、金属材料品製造業では古河電気工業（武庫郡大庄村）、帝国鋳鋼所（西淀川区姫島町）など、鋳物製造業では栗本鉄工所（大正区新炭屋町）、久保田鉄工所（大正区南恩加島町）などであり、阪神工業地帯を代表する巨大企業であった。

また、これら地域において宇治電、日電両社の大口電力需用家向け供給の用途別供給先については、製鋼業向けが最大で、1億1,885万KWHとなっており、阪神地方全体の供給量の2割弱を占めていた。この他、伸銅業向けが一割程度を占め、その他金属材料品製造業、鋳物業等が多く、金属工業を中心とし

た重化学工業向けが多かった。

　このように宇治電、日電は阪神工業地帯の中核地に立地する、重化学工業を中心とした巨大企業の大口電力需用家向けに多くの供給をしていた。つまり、特に両社がこうした大企業に対して過不足なく電力を供給する役割を果たしていた。

　次に、中小工場という小口電力需用家への電気供給の状況についてである。但し、小口電力需用家の場合、前項のようにその企業名まではわからないため、重化学工業が発展していた代表的な行政区域の電力供給状況を検討することにする。

　大阪地方全体の小口電力供給では宇治電は最大の供給者となっているものの（中瀬［1997］、60頁）、個々の供給区域では必ずしも大口電力供給でみせたような圧倒的な供給量を誇るわけではない。むしろ、当該供給区域を主要な供給区域とする電気事業者の供給量が宇治電のそれと拮抗するか、大きく上回る場合すらあった。例えば、大阪市においては、宇治電（1938年下期）が契約口数1万5,586、契約KW数7万3,220、本期間供給量4,959万KWHであったのに対して、大阪市電（1937年度下期）は契約口数2万5,857、契約KW数5万4,772KW、本期間供給量4,085万KWHを供給して拮抗していた（宇治電［1939］、大阪市電［1938］）。また、電鉄兼営電気事業者6社のうち、南海電鉄、阪神急行、京阪電鉄も沿線を中心として小口電力供給において一定の供給を行っていたと考えられる。しかも、それら電鉄兼営電気事業者は大阪市に隣接した、都市化しつつあった地域、例えば、中河内郡においては関西急行（旧大阪軌道）が、三島郡においては京阪電鉄が、豊能郡、川辺郡、武庫郡においては阪神急行が何れも契約KW数、供給電力量では突出しており、宇治電はこれらの地域では全くかなわなかった。前述したように、新市域部の沿線沿いや大阪市域を越えて外延的に広がった大阪府下、兵庫県下の市郡で、電軌道の沿線があった地域においてはこれら兼営電気事業者は強かったのである。

　以上のことは宇治電が前述のように阪神工業地帯の中核地に立地する大企業への供給を重視していたことから、その反面、大阪市以外ではその電力供給が

手薄になり、もともとそれらの地域に電灯供給を行い、配電設備を敷設していたことから強みを持っていた電気事業者が供給の余地を与えられたためだったろう。つまり、当時において、電気事業者は自社の電力供給を増やそうとしており、中小工場は十分な電力供給を受けることができる環境にあったといえよう。こうした状況は電力供給における、「競争と棲み分け」といえるもので、前項の大口電力供給で確認したのと同様に、重化学工業関係の中小工場が立地する場合、たとえ新市域部においても、電力供給は十分に行われていたといえるのである。

このように、関西共同火力を核とした水火併用給電体制が1930年代の大阪地方の重化学工業を中心とする工業発展を支えたといえるのである。逆に、十分な電力供給力を備えた電気事業者は供給区域内の重化学工業化による電力需要の増加があったからこそ、「共存」が可能となり、電気事業者のあり方が維持されたといいうるのである。

まとめると、1930年代の電気事業は、近畿という地域を例にみた場合、十分に機能したといえよう。そして、この時期の電気事業の供給主体は民間電気事業者であり、供給方法は共同火力発電形態を含んだ自流式水力発電と火力発電とからなる水火併用給電方法だった。第1章で述べた電気事業政策は効果を発揮していた。

1) 梅本は、そもそも「5～6％」の供給余力自体が「電力会社の立場を配慮した妥協的なもの」（梅本［2000］、242頁）であり、この結果電力需給が逼迫し、自家発電の増大につながったと論じている（梅本［2000］、223頁）。しかし、自家発電そのものは、梅本も認めるように、それを進める電力多消費産業企業内のコスト問題が中心であり、そのことだけから電力需給が逼迫したとするのは早計ではないだろうか。もう一方で、橘川は「この時期の電力資本は、むしろ電源開発に積極的な姿勢をとった。電力資本が火力に重点をおいた電源開発を行ったのは事実であるが、水力についても発電所建設計画がほぼ達成されたことは見落とされるべきではなかろう」（橘川［1995］、193頁）とする橘川の議論も、具体的な水火併用給電体制、そして共同火力の分析がなされていない以上、

2) 松永の「電力プール案」とは、第一に、合同を促進助成すること、第二に、既許可競争区域について整理を行うこと、第三に、地方別プール、東西の連係プールを設定することで余剰電力の活用を第一に考えること、第四に、特殊用途のない新設水力開発は中止すること、第五に、政府は特殊銀行を通じて電気金融の道を開くこと等を内容とするものだった（松永 [1932b]、238～239頁）。
3) この問題は、岐阜県に水源を持ち、富山県に流れる庄川に日本電力系庄川電力と大同電力系昭和電力が水利権を得て、ダム式発電所の建設にあたり、飛州木材会社がこのダムのために木材の運搬ができないとして、1926年5月に水利権を許可した富山県知事を相手取って「小牧堰提工事実施設計認可取消請求」訴訟を裁判所に提起したことから始まった。結局、1933年8月、事実上、飛州木材会社の敗北で決着した。この問題は、流木権だけでなく、漁業権、ダムによって水没する土地への補償問題をも含んでいた（北陸電力 [1999]、143～146、305～307頁）。
4) 橘川は一連の著作で、松永を「強固な電力民営論者」と評価している。その評価を否定はしない。しかし、渡がすでに明らかにしたように、松永自身は地域別発送配電一貫経営、民有民営形態を理想としつつも、時期によって現状に合わせた電力統制方法を提案している（渡 [1981]）。それゆえ、松永を「強固な電力民営論者」として評価するよりも、「徹底的な電気事業合理化論者」と評価した方が、彼の所作を理解しやすいのではないだろうか。
5) 九水と、当時九水の支配下にあった九州送電、九州電気軌道の3社の営業基盤である九州50サイクル地域のことである（西部共同火力 [1941]、1～7頁）。
6) 同書では、共同火力設立の否決、日電、東邦両社の火力新増設の承認という電力連盟の裁定については電力の国家統制の前提になりうること、関東地方における前例にもなる恐れがあることをその理由に挙げている。しかし、前述のように、東邦側は社長の松永が、内容は異なるとはいえ、共同火力設置を訴えていたし、日電側は関西共同火力の成功で共同火力設置には前向きであったことから（内藤 [1936]、70頁）、なぜ以上の理由で電力連盟が反対したのか理解に苦しむ。なお、東邦は中部共同火力には参加するものの、1935年6月、36年12月にそれぞれ3万5,000KWずつ同社の名古屋火力の増設を行っている。
7) 関西共同火力を取り上げるのは、単に共同火力のなかで最大規模を誇ったこと、もっとも古いことだけが理由ではない。近畿地方の火力出力は全国の半分近くを占め、その近畿地方において関西共同火力の出力が最盛期（1938年）に

は4割近くまで占めたからである。
8) 京都電灯はもともと日電、大同から電力を購入していることから、上述の2社を経由して供給されることとされた。というのは、関西共同火力から個別に直接供給すると、「ループ運転」、つまり、すでに各社の間には送電系統が環状を描いているため、どこかで故障が起きると、その系統すべてに影響が及んでしまう状態となってしまうからである。
9) 第一発電所では6台の発電機のうち、国産（三菱電機製、芝浦製作所製）5台、イギリス製（メトロポリタン・ヴィッカーズ社）1台としたが、第二発電所では2台の発電機はともに国産機（三菱電機製、石川島芝浦タービン製）とした。しかし、汽缶についてはすべて国産機とすることは難しかった（第一発電所では12缶のうち、国産の三菱神戸造船所製6缶、東洋バブコック社6缶で、第二発電所では6缶のうち、国産の三菱重工業製3缶、東洋バブコック社3缶であった）（関西共同火力［1939］、54頁）。
10) 当時はすでに日中戦争が開始されており、電源開発用資金の調達難が電源開発の最大の隘路と認識されていた（東洋経済新報［1937］、15頁）。
11) 以上の点は、特に日中戦争後に顕著である。前述したように、日中戦争後に、日電は自社火力の運転を差し控えて関西共同火力からの受電を増やしたのには出来る限りコストを引き下げる意味があった。ちなみに、1938年下期に関西共同火力から受電した電力量3億8,800万KWHを日電の自社火力でまかなわなければいけなかったならば、発電設備や石炭購入代金もかさみ、関西共同火力からの購入単価以上の負担を背負ったのではないだろうか。それゆえ、関西共同火力の存在は日電にとってはとても重要であった。なお、関西共同火力から直接電力供給を受けた同じ卸売電力会社である大同にとっても、日電と同様に、大きな存在だった（中瀬［1993］21、23～24頁）。
12) 大阪市電は1923年7月に大阪電灯株式会社（以下、大阪電灯と略す）を買収して、大阪市及び大阪府東成郡、西成郡の電灯及び電力販売の権利を引き継いだ（大阪市電［1935］、6頁）。なお、梅本は、①大阪電灯の電力の高料金と電力不足、②動力停電問題と電灯光力減退問題、③大阪電灯の安治川発電所の煤煙問題、の3点に対する大阪市の対応が大阪電灯の買収になったとする（梅本［2000］、61～62頁）。
13) なお、大阪市電気局によると、供給力の大半をこうした受電電力に頼ることになったのは、大阪電灯買収の際、当時同社が大同から大量の電力を購入していただけでなく、その後も多くの電力を購入するという契約を結んでいたから

だとした。つまり、大阪市電自らが選んだ方法ではなく、買収した大阪電灯が保有していた受給契約を引き継がざるを得なかった結果、生まれたものだった（大阪市電［1935］、39～40頁）。

14）　大阪電灯買収当時に引き継いだ大同との電力受給契約では責任負荷率（受給契約上、必ず受電しなければならない最低レベルの率のことで、受電側にすれば電力需用に応じて受電する方が無駄にならないため、あまり高くない方が裁量度が広がって有利となる）で70％、1 KWH当たり2銭3厘であったものが、1926年には責任負荷率65％、1 KWH当たり2銭2厘8毛、29年には責任負荷率60％、1 KWH当たり2銭8毛、32年には責任負荷率50％（ただし、標準料金は負荷率60％を想定）、1 KWH当たり2銭にまで下げさせた（大阪市電［1935］、39～46頁）。

15）　前章で触れたように、電力戦を経過するなかで、宇治電も大阪市電と同じように、多くの受電をしていた。例えば、1938年11月における同社の受電量は日電より2,080万KWH、大同より6,925万KWH、そして関西共同火力から4,667万KWHとなって発受電量合計の3分の2以上を占めており、自社では6,612万KWHしか発電していなかった（宇治電［1939］、193～196頁）。

16）　なお、関西共同火力の2つの火力発電所完成は、大阪地方の火力発電の基地を完全に尼崎に移した。すなわち、実際の発電量実績ではすでに尼崎地域の方が大きかったものの、認可最大出力においても完全に逆転したのである。それまでは大阪地域（南海堺火力、宇治電木津川、福崎、大同毛馬、春日出第一、同第二、安治川東、大阪市電九条、安治川西）で28万500KW、尼崎地域（日電尼崎、阪神東浜）で15万9,600KWとなっていたものが、1939年3月の時点では大阪側32万5,500KW、尼崎側61万2,600KWとなった。しかも、大阪地方における火力発電基地というよりも、近畿地方というレベルでも尼崎地域は火力発電基地となった。ただし、重要なことは尼崎に火力発電基地が移ったことではない。というのは、この尼崎に火力発電基地が移動しようとも、その発電量の多くがこの大阪地方全体で消費されたからである。それよりも、表2-5に明らかなように関西共同火力発電の1935年から38年までの増加発電量が近畿地方全体の水力、火力の各々よりも多いことが重要である。つまり、水力発電量の増加よりも同社の発電量のそれの方が多いということは、水力開発よりも同社の発電増加を優先したということであり、火力発電量全体の増加よりも同社の発電量のそれの方が多いということは同社の火力発電に集中化したことを意味するからである。そして、この表が近畿地方全体に及ぶものである以上、大阪

地方にとって、同社の持つ意味ははるかに大きくなるだろう。

17) 宇治電については、最大の供給量を誇るのは尼崎変電所（西淀川区佃町）で7,417万KWH、次いで島屋町変電所（此花区島屋町）で4,876万KWHで、上位20位までで3億8,483万KWHとなり、阪神地方全体4億3,132万KWHの9割弱となる。日電については、最大の供給量は木津川変電所（大正区南恩加島町）で5,440万KWH、次いで伝法町変電所（西淀川区伝法町）で3,701万KWHで、上位20位までで2億2,118万KWHとなり、阪神地方全体2億3,117万KWHの95%となる（宇治電［1939］、日電［1939］）。

第3章　第一次電力国家管理の成立と総動員体制の構築

第1節　電力民有方式の提唱

1　革新官僚と民有国営構想

　日本発送電株式会社（以下、日本発送電と略す）を設立することになる第一次電力国家管理（以下、第一次国管と略す）は、内閣調査局調査官で、革新官僚といわれた逓信省出身の奥村喜和男の私案から始まった。その奥村私案は、配電事業を民間会社または地方公共団体に任せておき、発送電事業のみを対象としてその所有を民間に残したまま、その運営を国家に移行するという民有国営案で、とりあえずは五大電力を中心にその設備を現物出資させるものだった（吉田［1938］、49～50頁）。

　発送電部門のみを民有国営としたのは、第一に、政府に財政負担をかけないで、しかも民間資本の自由かつ豊富な調達を可能とするためであり、第二に、電気資源の経済的開発と合理的な送電網の形成による全国的供電組織とによって、各地の需要を総合し、各地の発電を合成して、需給均衡を図りつつ、設備の完全な利用を行うためであるという（吉田［1938］、46～47頁）。

　配電部門を切り離したのは、第一に、再編成によって生じる摩擦を最小限にとどめ、最小の経費で実行するためであり、第二に、その業務が直接大衆の日常生活に接触するために複雑で、需要者の勧誘、集金等商業的性質を帯びることから迅速な処理が求められるからだとされた（吉田［1938］、47頁）。なお、国防問題には特に触れられていなかった。

しかし、奥村私案が生まれ出る背景には、当時の政治的、経済的な諸条件が関係していたという。奥村によると、当時、日本は満州事変、国際連盟脱退という事態によって、ようやく自由主義的、功利主義的、イギリス秩序から脱して対外進出が可能となり、国家的発展が図りうる状況に至った。そして、電力国家管理の目的については、「豊富で低廉な電力供給」は「勿論国策を実行した瞬間から手品ではないのでありますから、なり様がないのでありまして、国家永遠の体系からして今のやうな会社では小規模で駄目なんである、総合して大きく遣ればそこに低廉になるといふことを言つたのでありまして、それは目的の一つであつて、他の主眼点は、日本は発展過程として行手には戦争がある、戦争のためには戦争準備をしなければならぬ、戦争準備を怠つて居つて大戦争になれば国力は疲弊する。そこで戦争準備の体制として電力のやうなものから、国家的に再編成しなければならぬといふことを主張したのであります」（奥村［1940］、227頁）と語った[1]。

また、この案の具体化には同じ内閣調査局調査官で、陸軍省出身の鈴木貞一の協力が不可欠だった（電気庁［1940］、9頁）。なお、鈴木は陸軍省時代には、後に『国防の本義と其強化の提唱』等陸軍パンフレットを発行する軍務局新聞班班長を務めていた。

以上のように、民有国営構想は日本の対外的な国家的発展を支えるための戦争準備の体制、つまり後の総動員体制の構築を強く意識したものだった。この考え方は二・二六事件以降軍部が中心となった国家政策、すなわち「国防国策大綱」、「国策の基準」、「帝国外交方針」と一致するものであり、鈴木を通じて奥村は感化されたものと考えられる。

以上のような背景を持つ奥村私案だったが、戦争準備のために当時の電気事業体制を転換させるだけの積極的な根拠を示すことが出来なかった。というのは、前章までに述べたように、当時の民間電気事業者を中心とする体制は良好に機能しており、単に主体を国家にすげかえるだけにすぎない奥村私案では説得力に乏しかったからである。おそらく、これは奥村が逓信省時代に直接電気行政に携わったことがなかったために、当時の電気事業体制の「現実」を省み

ず、奥村が逓信省無線課長時代に手がけた日本無線電信会社という国策会社設立の経験を生かして（吉田［1938］、43～44頁）、自らの理想とするものを思い描いて案を作ったからであろう。

2　内閣調査局案と「頼母木案」

　1936年4月に内閣調査局が広田弘毅内閣に上程した「緊急実施ヲ要スト認ムラル重要国策」（国立公文書館［1936］）のなかで、「電力国策ニ関スル件」として、発送電部門民有国営案は取り上げられていたが、同年6月に新聞紙上に内閣調査局案としてスクープされるや一大センセーションを巻き起こした。

　内閣調査局案の目的、内容は奥村私案とほぼ同じものであり、奥村が内閣調査局調査官だったことから、おそらく前述の奥村私案を精緻化したものといえよう。相違点は、現物出資の範囲を、出力2,000KW以上の水火力発電設備、3万3,000ボルト以上の送電線、主要変電所等と具体的に示し（電気庁［1940a］、22頁）、また電力国家管理機関や若干国防との関連にも触れられていたことである。

　以上の現物出資の範囲が当時においてどの程度の規模だったのかを検討するために、1936年12月に逓信省電気局の資料（逓信省電気局［1936］）で確認しておこう。発電設備に関しては資料の関係上、出力3,000KW以上とすると、水力では発電所数257箇所で全体の19.2％、最大尖頭出力で292万6,139KWで全体の80.1％を占め、火力では同じく発電所数81カ所、37.3％、最大出力207万7,900KW、97.0％であった。送電設備に関しては、この電圧規模であれば各地の主要送電線はすべて含まれると考えられる。以上の発送電設備の出資範囲から、内閣調査局案は主要発送電設備の運営を握って全体の運用を見通したものといえる。

　電力管理機関として電気庁を新設し、その電気庁が発送電予定計画を樹立し、卸売料金を決定する等電力管理に関する重要事項や、新設予定の「日本電力設備株式会社」の監督に関する事項をつかさどるとされていた（電気庁［1940］、21～22頁）。そして、以上の電力国家管理を遂行する上で必要な法律は、電力

管理法、日本電力設備株式会社法、電気事業法、電力特別会計法とされた。

なお、戦争準備との関連では、有事の際に円滑な動力動員を可能とするため国営方式が有効であるとしか記されていなかった。ここでも戦争準備のために新たに着手すべき内容を示し得なかった。

以上に対して、逓信省において「民有国営案」が浮上してくるのは、広田弘毅内閣の逓信大臣に民政党頼母木桂吉が就任し、同内閣の政治課題である「庶政一新」を体現するものとして模索され始めてからであった。頼母木逓相は、まず1936年3月の逓信省の省内人事で、新しい電気局長に前経理局長で管船局育ちの大和田悌二を抜擢し、次に同年4月逓信省内に電気事業調査会を発足させるという体制づくりを行って電力国営案の立案を命じた（吉田［1938］、92～98頁）。その調査結果が同年7月に「電力国策要綱」としてまとまり、頼母木逓相はその案をいわゆる「国策閣議」に提出した。

発送電部門の民有国営形態という点、その国営形態採用の理由については内閣調査局案と同じ内容であり、総動員体制の構築という点についても若干進展したとしか理解できないものであった。大きな相違点は現物出資の範囲と電力国家管理の合理性を示す数値的根拠の提示だった（電気庁［1940］、51～54頁）。

より詳しくこの案をみよう。相違点の一つである現物出資の範囲については、本州、九州では電圧5万ボルト以上、中国、四国、北海道は3万ボルト以上の送電系統を中心とする発送電設備、10万ボルト以上の送電線に接続する変電所等であった。なお、東北地方については東北振興電力株式会社[2]に別に統制させるという。

次にもう一つの相違点である数値的根拠とは図3-1に示したもので、1936年8月から開催された電力国策に関する四相会議[3]のための参考資料として逓信省によって作成された。

図3-1に記された3,000万円は五大電力の総合原価1億7,600万円の約1割7分に当たることから電気料金も同じ程度の引き下げが可能で、「即ち五大電力の電力原価1キロ時1.92銭（年キロ100.9円）は国家管理に依り1.59銭（年

図3-1　四相会議に提出された電力民有国営案の数値的根拠

A．現在設備をそのまま国家統一下におき技術上の合理化により得られるべき利益…1,180万円
(1) 余剰水力の利用…230万円
(2) 高能率火力発電所の長時間負荷使用による燃料の節約…90万円
(3) 発送電系統の総合合理化…245万円
内訳：予備火力の節約…50万円、所要供給力の節約…125万円、送電損失の減少…70万円
(4) 湖水の積極的利用…315万円
(5) 水力発電所における調整池の有効利用及び渇水期の総合運転…300万円
B．その他の利益…1820万円
(1) 諸経費の軽減…160万円
(2) 資金コストの軽減…415万円
(3) 電力受授の撤廃による費用低減…1,245万円
内訳：傍系会社からの購入電力料に関連するもの…775万円、五社相互間の購入電力料…470万円
総計：3,000万円

出所：電気庁［1940a］、51〜52頁。

キロ83.57円）にまで低下する」（電気庁［1940a］、51〜52頁）という。以上の方法を電気事業全体に拡大すると、現在の平均料金1KWH当たり1.99銭、責任負荷率56.8％（年キロ102.89円）は1.59銭、負荷率60％にまで低下させることができて、約2割の料金引き下げになるとした（電気庁［1940a］、52頁）。しかも、将来電力国家管理の進展で、平均料金は1KWHで1.36銭（年キロ71.48円、負荷率60％）となり、現在の平均料金に対して約3割1分の値下げに当たるという。しかし、前述の奥村の発言にもあったように、国家管理になったからといってすぐに値下げが実現するとは考えられず、電気協会に即座に反論された（電気協会［1936］、559〜561頁）。

以上のように逓信原案（「電力国策要綱」）は、漠然と発送電設備全般を対象とするものだった内閣調査局案よりも、具体的な設備運用を考慮して、送電系統を基点とする統制案である点を明確にしたものだった。つまり、全国的規模で豊富で低廉な電力を卸売りする体制である点を明確にしたのである。

戦争準備との関係では、内閣調査局案で記された有事の際の円滑な動力動員の必要性に加えて、平時における軍需諸工業への安定的な電力供給を通じての育成の必要を記されたに留まっていた。

逓信省が提出した「民有国営案」は三相会議において若干修正され、その修正点を考慮して、再度同省は「電力国家管理要綱」を作成して閣議に提出し、了承された（電気庁［1940a］、54～55頁）。この案は「頼母木案」と名づけられた。

前述の修正の際に配慮されたのは社会的な影響だった。そこで、出資財産に対する補償を明確にしたり、電気事業の権威者を集めて発送電計画、電気料金その他重要事項を諮問する電力審議会を設置することで官民一体の体制であることを印象づけようとした。ただし、あくまでも「電力民有国営案」であるという本質は変わらなかった。

その後、逓信省はこの「頼母木案」を骨子として電力管理法案、日本電力設備株式会社法案[4]、電力特別会計法案、社債処理に関する法律案、電気事業法改正法案を用意して、電力資本のみならず財界の猛反対のなか、1937年1月第70回帝国議会に提出した。しかし、浜田国松議員と陸軍大臣との「腹切り問答」をきっかけに広田内閣は総辞職し、議会は休会となるに及んで、電力国家管理関係法案等一連の法案は審議中止となった。しかも、次の林銑十郎内閣はこの国家管理法案を撤回したため、法案提出までこぎ着けた電力国家管理問題は振り出しに戻った。

3 「頼母木案」挫折の要因

現実には、上述のような政変によって、「頼母木案」は実現しなかったが、成立すべき経済的、もしくは軍事的な要因はあったといいうるだろうか。松島は「頼母木案」の挫折の根拠として、電力資本側の反対運動の巧みさと、以上の民有国営形態という統制形態が全産業に拡大されるかもしれないとの恐れを財界に抱かせたこと、を挙げており、必ずしも上述のような要因の分析にまで立ち至っていない（松島［1976］、177頁）。

第2章で明らかにしたように、近畿地方においては、関西共同火力の発電によって同地方の重化学工業化の進展によって増加した需要電力に対応できただけではなく、そこから電力を供給されていた民間電気事業者にとってはコスト

の削減に大いに役立ち経営好転の一要因となるなど、関西共同火力を中心とした地域レベルの水火併用給電体制が「良好」に機能していた。関東地方においては、共同火力形態は生まれなかったが、東電を中心に火力連係が開始され、この地方でも電気事業体制は「良好」に機能していた。そして、前述のように、東西融通[5]すら開始されていた（栗原［1964a］、231〜233頁）。

　以上のような現実に対処して説得力を強めるためか、逓信省は二・二六事件以後の発送電予定計画では、急増していた電力需要に対応しようと大幅な供給力拡充を計画した[6]。しかし、当時は民間電気事業者を中心とする水火併用給電体制は有効に機能しており、近い将来にもこの状態が維持されそうな見込みだった。

　もう一方で、「頼母木案」は従来から危惧されていた水力資源の有限性への視点が希薄だったためか、そうした視点に即した新たな電源開発方法や具体的な給電方法を示しえていない。しかも、民有国営構想誕生時の重要な視点であり、当時の電気事業体制の転換にとって重要な要因になりうると考えられる戦争準備への体制の具体的な方法をも示し得なかった[7]。あるいは「庶政一新」という政治的アピールのために戦争準備体制という課題そのものを前面に押し出せる時期にはなかったのかもしれない。いずれにしても、前述の奥村私案と同様に「頼母木案」もまた当時の電気事業体制とは、単にその主体が国に移行する点しか違わないものだったのである。それゆえ、わざわざ「頼母木案」でいうところの産業再編成を行うだけの政治的、経済的、軍事的な積極的要因はなかったといってよく、その点でまさに「イデオロギー」的な案だった。電力会社の経営者が疑問視したのはこの点だったのである（電気庁［1940a］、84〜86頁）。

　翻って、議会をはじめとする政治関係者から必ずしも好感を抱かれていなかった超然主義的な広田内閣では、とてもこうした統制案を成立させるだけの政治力を持ち合わせていなかったであろう。

　なお、二・二六事件以降に決定された製鉄国策に従って重化学工業化は一層進展したため、急増する石炭需要に応じられず、石炭価格は高騰し続けていた

(東洋経済新報［1936a］、37～38頁)。将来の石炭需給に一抹の不安が生まれていた（東洋経済新報［1936b］、30～31頁)。

第2節 「永井案」の成立

1 国策研究会案の登場

　振り出しに戻った電力国家管理問題は1937年6月成立の近衛文磨内閣の永井柳太郎逓信大臣によって再度取り上げられた。永井逓相は私案を持参した大和田電気局長に対して、5項目からなる「電力政策指標」を示して電力国策に取り組むように指示した。この「指標」には、「一、国家総動員計画並ニ準戦時体制ノ産業5ヵ年計画ノ目的ニ対応スルニ適当ナル内容ヲ具備セシムル事」、「三、国家統制ノ大目的ニ影響ナキ限リ可成議会其他ノ摩擦ヲ少ナカラシムル方法ヲ講ズルベキ事」（電気庁［1940a］、97頁）と記されており、電力国家管理問題と国家総動員計画、生産力拡充計画につながる重要産業5カ年計画とが深く関連していること、昨年の「頼母木案」の失敗を反省して政治的な配慮が必要であることを、永井逓相が強く意識していることがうかがえる。

　なお、大和田が持参した私案は、火力発電所のみの収用とし、既設、新規問わず水力発電所、送電線の収用は行わず、水力発電所の発生電力すべての買い上げだけに留めて電力卸売を行うというものだった。「頼母木案」よりも後退していた（電気庁［1940a］、97頁）。

　電気局内では協議を進めた結果、1937年8月初めに、上述の大和田私案を局案として決定したが、児玉逓相時代に逓信次官を務めた平沢要との間で意見の食い違いが生じ、なかなか大和田私案を省議とすることができなかった[8]。

　ところが、以上のような閉塞状態の時期に、近衛内閣成立後から検討していた国策研究会電力特別委員会は、1937年9月初めに電力統制案を発表した。その統制案は、できるだけ実際的で、しかも日中戦争下であるという状況に鑑みて早急に実施可能であることを前提としつつ、第一に、合理的な電源開発の推

進、第二に、電源開発用資金の調達、第三に、水火併用給電方法の実施、第四に、国家意図の反映、第五に、官民協力体制の構築という要請に適合することを考えて作成された（電気庁［1940a］、100〜101頁）。その内容は、「既存の水力発電設備は原則として之を除外し主要送電設備、主要火力発電設備及び新規水力発電設備をその範囲とする特殊会社を設けて電源の開発等に当たらしめ、国に於て適当に之を管理することに依つて発送電設備の効果を挙ぐるを妥当なりとすることに意見の一致を見たのである」（電気庁［1940a］、102頁）。

ただし、開発会社からその設備を提供させて、国自らが発電と電力の卸売を行う国営案と、強力な国家の統制命令の下でその特殊会社に発電、卸売を行わせる民営案の2案を併記した（電気庁［1940a］、103頁）。

そして、以上の体制によって平時には最高需要の約1割ほどの供給余力を用意しておき、いざという有事の際にはその供給余力を予備火力発電設備、自家用発電設備と共に動員するというように、総動員体制の構築との関連をはっきりと示した。

国策研究会が以上のような統制案を考え出せたのは、その研究会に参加していた電力行政経験者、政党関係者ら[9]が民間電気事業者に配慮する一方で、生産力拡充という政策課題を掲げた近衛内閣のために具体的な電源開発方法を提示しようとしたからであろう。

以上の国策研究会案に刺激された大和田電気局長は、ほぼこの国策研究会案に沿った形の統制案を作成した。つまり、出資範囲を主要送電線、主要火力発電設備、新規水力発電設備（ただし、水力資源の合理的開発及び利用上不可欠な既設水力発電設備も含む）に限り、その運営を国営とするものだった。そしてこの案を永井遞相に示して、その有効性を強調した（電気庁［1940a］、109頁）。

なお、その案の第一項には「一、主要送電線ヲ収メ送電網ヲ完成シ動力動員ヲ可能ナラシム」（電気庁［1940a］、109頁）と特に記して、有事の際の動力動員を明確に示した。

そして、この案が後述する臨時電力調査会において逓信省が提案した「幹事

試案」だった[10]。

2　臨時電力調査会の設置と官民の統制案

　永井遞相は、「頼母木案」のときの失敗を反省し、また国策研究会からの指摘をも考慮して、電力国家管理が名実ともに官民協力によって生まれることをめざし、また民間電気事業者側も官民合同の審議会設置を強く望んでもいたので（内藤［1937］、24～25頁）、官制に基づいた臨時電力調査会を設置し、その答申案に従って統制案を決定することとした（電気庁［1940a］、115頁）。その調査会は、「支那事変」が勃発し、しかも「日中戦争」化していた1937年10月より開催された。

　なお、臨時電力調査会の諮問内容を説明する際に、遞信省側は、特に日中戦争下の総動員計画、生産力拡充計画への対応の必要性を力説し、調査会の意義を明確に示した（遞信省電気局［1937a］、8～9頁）。

　民間電気事業者として出席している五大電力の代表者は、再三にわたって、遞信省が前年の「頼母木案」のような統制案を捨て去り、本調査会を、当時の非常時における電力統制方法について官民一体となって模索する場だと考えているのか、と発言した（遞信省電気局［1937a］、13頁）。そして、「頼母木案」流産後に電力連盟において研究してきた統制案を、第2回臨時電力調査会総会に披露した[11]。

　民間側が示したのは表3-1の「五大電力電力統制要綱（案）」で、それにあるとおり、各地方ブロックごとに発送電設備の建設計画を審議し、配給指令を一元化して、当時の電気事業体制を維持したままで、より円滑な地帯間電力融通を可能とするような自治的統制形態を作ろうとするものだった（遞信省電気局［1937a］、132頁）。そして、以上の統制形態とは、すでに自らが行っている電力融通を一層進めるものであることを付け加えた（遞信省電気局［1937a］、137～138頁）。第2章で取り上げた電気事業体制を一層強めるものと考えられよう[12]。

　また、同時に配布した「電力統制ニ関スル意見書」では、2項目を挙げて民

表3-1 臨時電力調査会の審議に関連した統制案

	出 資 形 態	企業形態	備 考
五大電力電力統制要綱（案）	現物出資による新たな会社は設立せずに、各地方ブロック地域内で設けた地方統制委員会、それを統括する中央統制委員会の指示に従った運営（発送電設備の建設計画の審議、配給指令の一元化）	民有民営	各地域は、北海道、東北、関東、中部、関西、中国、四国、九州の8地域
幹事試案	新規水力発電所（但し、貯水池、調整池等の補給用電源の既設水力発電所は含む）主要火力発電所、主要送電設備	民有国営	既設水力発電所からの発生電力すべての買い上げ
小委員会案	新規水力発電所（電力統制上必要な既設水力発電所を含む→但し、幹事試案と同じかどうかは不明）主要火力発電所、主要送電設備	民有民営電力国家管理	同上

出所：電気庁［1940a］、127～130頁、逓信省電気局［1937b］、51～52、229～232頁より筆者作成。

間電気事業者の所見を明らかにした。第一に、「一、国家非常時ニハ企業形態ノ変更論ヲ為ス必要ナク寧ロ軍国動員ノ主要資源トシテ電力ノ拡充ヲ動員調整ヲ為スベシ」（電気庁［1940a］、125頁）とし、「頼母木案」的でない統制案を作成するように要請した。第二に、「二、日鮮満ノ水火動力ノ総合的開発ト調整トガ日本ノ新ナル電力統制ノ大方針タラザルベカラズ」（電気庁［1940a］、126頁）として、付属説明文では日本国内の電源開発よりも、中国、朝鮮の水火力の一層の利用を提案した（電気庁［1940a］、126頁）。以上の提案は漠然としたものではなく、朝鮮興南地方における朝鮮窒素株式会社の鴨緑江等の水力開発の成果や、実際に電力連盟が主体的にかかわった朝鮮寧越における朝鮮電力株式会社の火力発電、中国天津における北支電力興業の火力発電の存在を踏まえたものだった[13]。

このように、民間電気事業者側の統制案は、日本国内における電気事業体制の現状を可能な限り留めた上で、前述の「頼母木案」で考慮されたような送電連係を最大限利用してコストを低めるという自治的な統制形態だった。なお、低廉均一な料金で全国的規模で電力を豊富に供給するという点は述べていなかった[14]。

調査会当時、日電社長だった池尾芳蔵委員は、提案した統制案は決して議論の引き延ばしを狙ったものではなく、五大電力の真剣な研究の結果生まれたものであることを強調し、それゆえこの案に相当の自信をもっていた（逓信省電

気局［1937a］、132頁)15)。しかし、上述のように、電源開発においては日本国内よりはむしろ中国、朝鮮に期待するものである以上、臨時電力調査会が求める生産力拡充計画や戦時動員に対応した供給力拡充計画には応えられなかった。いわば、ある程度の日本国内における供給力を拡充するとはいえ、そもそもが限界づけられた日本の国内供給力をいかにして効果的に運用するのかといった案だった。だからこそ、この時点ではもはや民間側が提案した統制案の成立する余地はありえなかった。

次に、逓信省側が準備した統制案についてである。臨時電力調査会発足時には、前述したように、逓信省が前年の「頼母木案」のような民有国営案を撤回して、最初からこの非常時における電力統制のあり方を、官民一体となって審議する場であると言明した以上、逓信省側は統制に関する案を持っていないと発言していた（逓信省電気局［1937b］、16頁）。しかし、小委員会に出席していた委員からの再三の要請に応じて、前述したような大和田が中心となって作成したものを「ホンノ覚エト言ツタヤウナ積デ、骨ダケヲ書抜イ」（逓信省電気局［1937b］、53頁）たものだとして、「幹事試案」として遠慮がちに、第2回小委員会に提出した。

逓信省が提出した「幹事試案」は、前述のように電気事業者から新規水力発電設備（ただし、水力資源の合理的開発及び利用上不可欠なものとして既設水力発電設備のうち、貯水池、調整池という補給用電源として利用可能なものは含む）（逓信省電気局［1937b］、72頁）、主要火力発電設備、主要送電設備を新設の設備会社に出資させ、官民双方の委員からなる電力審議会の参与を仰ぎつつも、設備会社から提供させた設備を利用して電気庁が一切の国家管理業務をつかさどるというものだった（逓信省電気局［1937b］、51～52頁）。

そして、この案を考え出した理由について以下のように説明した。まず、限りある水力資源を有効に利用するために新規水力発電設備は大規模に行う必要があるとした（逓信省電気局［1937b］、95～96頁）。そして、電源開発方法として、臨時電力調査会の少し前に行われた第三次水力調査の成果を踏まえて、これまで採用されてきた6カ月の水量を目途とする平水量水準での水力開発を、

年間でもっとも水量が豊富な2、3月の水量をめどとする豊水量水準での水力開発に転換することを提案した[16]。

なお、そうなると1年間にすると、その電力関係設備は豊水期の3カ月のみの利用に留まり、およそ9カ月間未使用で無駄になる。そこで、「ソレラヲ火力トカ或ハ水ヲ貯メテ置イテ補給水力デ以テ九箇月ノ遊ビノ出来ル設備ヲ一年間動カスヨウナ事ガ出来レバ、是ハ即チ『フル』ニ水ヲ活用スル事ニナル訳デアリマスカラ、ソレラノ事ヲ水ト火トノ両方ヲ非常ニ巧ク組合セテ、所謂水主火従、寧口或ハ水火併用ト云フヤウナ感ジデ以テ今後進ンデ行クト云フ事」（逓信省電気局［1937b］、97頁）が重要であるとした。

とはいえ、水火併用給電方法を採用するとしても、今までと違ってなるべく火力発電を抑えることで石炭の節約を考えていた（逓信省電気局［1937b］、151頁）[17]。なお、この石炭節約という観点は、特に前年からの製鉄国策、この年から進められた石炭液化工業等の人造石油工業育成という燃料国策を反映したものだったと考えられる[18]。

以上の方法で通常の最高需要の1割程度に当たる電力余剰を確保しておき、有事の際に予備火力発電設備や自家用発電設備とともに動員するという計画だった。

このような逓信省が構想する大規模な水力開発を裏づける資料がある（日発記念文庫［1938］）。そのなかで、本州中央部における主要なものをまとめたのが表3-2である。それによると、特殊会社は設立後10年間に103地点、発電力243万6,700KW、発電電力量93億200万KWHを開発し、しかもその開発地点のうち、31カ所が貯水池か調整池であった。また、利根川、阿賀野川水系13カ所の総合開発だけで、発電力114万4,200KW、発電電力量35億5,500万KWHを占めるものだった。後の帝国議会の電力管理法案の審議において、逓信省は盛んに電力国家管理によって尾瀬沼の開発を大規模に実行できると宣伝した。以上の事実から、逓信省は電力国家管理によって未開発のまま残されていた有望な利根川、阿賀野川水系の電源開発を、貯水池式または調整池式で、大規模かつ有効に行い、日本全体の将来の電力需要に生かすことを考えていたと理解

表 3-2　電力国家管理後に建設予定されている主要大規模水力発電所

地点名	河川名	開発方法	堰堤の高さ(m)	有効容量(千m³)	最大出力(KW)	予定発電量(百万KWH)	総工事費(百万円)
野沢	阿賀野川系只見川	調整池	40	1,240	203,000	1106	60
尾瀬第一	同上	貯水池	85	324,000	262,000	287	56
尾瀬第二	同上	調整池	15	100	262,000	287	45
東谷	黒部川系黒部川	貯水池	110	34,000	198,000	876	71
栗尾	大井川系大井川	貯水池	90	113,000	60,000	175	31
大谷	天竜川系天竜川	貯水池	60	12,000	154,000	594	42

出所：日発記念文庫［1938］より筆者作成。

できよう。

そして、国家管理の必要性について以下のように説明した。第一に、このような電源開発を進めるためには多額の資金を必要とするが、当時は日中戦争下で臨時資金調整法が機能しており、とても思うような資金調達ができなくなっているが、国家管理下の特殊会社であれば、政府からの資金供給を保証されるために資金調達の心配はないとした（逓信省電気局［1937b］、109頁）。第二に、民間電気事業者ではどうしても建設費のかさむ水力発電よりも当時の国家的な見地からは容認しがたい石炭使用を増加させる火力開発を優先してしまう（逓信省電気局［1937b］、151頁）が、特殊会社であれば大規模な水力開発が実行できる上に石炭節約にもつながるとしたのである。

送電線収用の理由として、有事の際の動力動員の必要性だけではなく、全国的に豊富で低廉均一な電力供給を行って、「頼母木案」で挙げたように関東地方の余剰水力を関西地方、中国地方に送電して石炭節約に役立てることができるという電力融通を目的していること[19]、またこれまでコスト的な問題で民間電気事業者が避けてきた農家や家庭方面への電力供給を実施して工業化を助け、有事の際にすばやく軍需工業へ転換できるように軍需工業の地方分散化を可能とすることを目的として挙げた（逓信省電気局［1937b］、57～60頁）。

なお、既設水力発電設備を出資させず、その発生した電力をすべて買い上げることを構想していたが、その形態としては当時東電が行っていた子会社の発電会社に対して行っていた給電指令を全国的に行うことをイメージしていた（逓信省電気局［1937b］、103頁）。

以上のように、逓信省の「幹事試案」とは、水力資源の効率的利用と石炭資源の節約を図りつつ、膨大な電力需要を要する生産力拡充計画や戦時動員計画に対応して飛躍的に日本国内の電力供給力を拡充するために、平時状態ではコスト問題で着手しがたかった貯水池、調整池を新たに大規模に開発し、全国に送電網を張りめぐらせてどこでも低廉均一な電力を豊富に供給しえる体制を作り上げることを目的とするものだった[20]。

　それゆえ、供給主体としては、民間事業者の存続を認めつつも、新規水力開発、主要火力、主要送電設備を新設の民有国営会社を中心とするものに変更し、供給方法としては、水力と火力を組み合わせる水火併用供電方法は変えないものの、水力開発の内容を以前の自流式から貯水池式、調整池式に変更することをめざすものだった。

3　国家管理案「永井案」の成立

　逓信省が提出した前述の統制案は体系的で、これまで電気事業体制を担ってきた民間電気事業者の存在そのものを否定するものだったことから、五大電力の代表者は激しく反発した。例えば、東邦社長の松永委員は「ドウモ必要ハナイガ何ダカ官営デナケレバナラヌトカ、オ前達ハ統制ガ出来ヌトカ言ハレルトドウモ得心ハ出来ナイ」（逓信省電気局［1937b］、186頁）と不満をあらわにした。

　民間側、逓信省側の双方から統制案が提案されたところで、小委員会は盛んに議論された。電力国家管理を「平時対策」と捉える点では同じ民間電気事業者側と逓信省の間では、将来の電気事業の主体に関して議論された。これに対して、それ以外の委員は、当時現実に資金、建設資材、発電機等の機械類、労働力の不足のためにどうしても国家の力が必要であると感じる一方、平時だけではなく平戦両時の対策の必要をも感じていた。例えば、渋沢委員は日中戦争継続とその勝利のための戦時対策と、たとえこの戦争が日本側の勝利で終わったとしても日本をめぐる国際的緊張関係は変わらず、そのための対応として採用された生産力拡充計画が実行される運びとなっている以上、準戦時的な体制

の継続に応じるための平時対策という平戦両面からの対策が必要であると述べた（逓信省電気局［1937b］、37～38頁）。

結局、第4回小委員会の後半、第5回、第6回の小委員会はすべて懇談会として幹事を中心に、「此ノ小委員会ノ空気ヲ察知致シマシテ出来マシタ案」（逓信省電気局［1937b］、201頁）が第7回小委員会に提出された。この案の内容は、「幹事試案」のなかの「民有国営」であった経営形態の点のみを「民有民営」形態に改めたものだった。つまり、「（二）管理ノ方法」について、当初、「幹事試案」では「政府ハ電力庁ヲ設ケ国家管理業務ノ一切ヲ司掌セシム」となっていたものを、懇談会後の案では「電力ノ需給、発電及送電設備ノ建設計画、電力料金並ニ電力ノ配給等重要ナル事項ガ政府之ヲ決定スルモノトス」るが、「前項政府ノ決定ニ従ヒ設備ノ建設並ニ業務ノ運営ハ特殊会社ヲシテ之ヲ為サシムルモノトス」というように改まっていたのである。ただし、あくまでも国家管理を前提とした「民有民営案」だった。

懇談会の内容が議事録に収録されていない以上、どのような議論を経てこうしたものとなったのかはわからない。おそらく、逓信省が主張した貯水池等を中心とする電源開発方法、水火併用ではあるものの火力を抑え気味に利用する給電方法、全国的な規模で豊富で低廉均一な電力を卸売すること、以上の必要性が認められた反面、官僚独善の弊に陥ることを防いで、官民一致をめざしたからではないだろうか[21]。

なお、逓信省は出資される設備の具体的な範囲は電力国家管理成立後に設けられる管理準備局の官民合同の専門委員会や電力審議会で決定されると発言し、あくまでも官民合同で進めてゆくという姿勢を強調した（逓信省電気局［1937b］、217～218頁）。

この「小委員会案」に対して、臨時電力調査会総会においても国家管理移行の理由をめぐって疑問が出された。他には電力会社が所有する外債の処理、新設電力会社の資金調達や運営に関する不明確さ、現物出資に対する補償やその出資範囲の不明確さ、「豊富で低廉な電力供給」の実現可能性について疑問が出された。しかし、結局は、臨時電力調査会の審議があくまでも逓信省による

法案作成のための意見聴取の場であるとして、議論は中断され、多数決すら行われずに、この「小委員会案」が臨時電力調査会の答申と決定された（逓信省電気局［1937b］、317〜319頁）。この答申が「永井案」と呼ばれ、この案を元にして電力管理関係法案（電力管理法案、日本発送電株式会社法案、電力管理ニ伴フ社債処理ニ関スル法律案、電気事業法改正法案、）が作成され、第73回帝国議会に上程されるのである（電気庁［1940a］、224〜238頁）。

4 「豊富で低廉な電力供給」という目的の法文化

　電力国家管理に関するこれまでの研究では、その目的、つまり「豊富で低廉な電力の供給」という点に特に注目されてきた。それは、電力管理法第1条に「電気ノ価格ヲ低廉ニシ其ノ量ヲ豊富ニシテ之ガ普及ヲ円滑ナラシムル為政府ハ本法ニ依リ発電及送電ヲ管理ス」と明示されていたからである[22]。しかし、逓信省が作成した電力管理法案原案の第1条には、当初、「発電及送電ハ政府之ヲ管掌ス」としか記されておらず、その目的とされた上述の「豊富で低廉な電力の供給」という文言は「電力管理法案理由書」に記されているにすぎなかった。そして、原案を修正して、電力管理法の条文にその文言を挿入したのは、実は衆議院での政党側だったのである。それではなぜこうした修正が行われたのかを検討しよう。

　第73回帝国議会は1938年1月25日から、この電力管理関係法案の審議に入ったが、当初から政府逓信省側は妥協の余地のない、断固たる姿勢で臨んだ。これに対して、政党側も政友会、民政党とも政党の面目をかけて応じた。国家管理自体が合憲かどうか、という問題に始まって、政府の主張する外債の処理方法の是非[23]等、政府原案の内容が絶対的に正しいと考える政府の超然的な態度は政党側の反感を買って審議は紛糾した。

　しかし、何よりも問題とされたことは、政府側が国家管理採用の根拠として示した資料の信憑性と、その資料を根拠として国家管理成立を勝ち取ろうとする姿勢だった（衆議院［1938］）。図3-2に示したのがその資料だが、政党側からすると、その資料からは国家管理を採用しても本当にコストの低下になる

図3-2　第73回帝国議会に提案された電力国家管理案の数値的根拠

原価額＝2億9,000万円
（内訳）
水力発電費…0円
火力発電費…7,390万円
送変電費…430万円
減価償却費…2,600万円
総経費…550万円
購入電力料…1億1,880万円
日本発送電の利得…6分7厘
（供給力）
火力設備…230万KW
購入電力…250万KW
→需要地換算で渇水時供給力350万KW、12月最高需要時で330万KW
供給電力量…19億800万KWH
（供給単価）
2億9,000万円/19億800万KWH＝1銭5厘2毛→負荷率66％で、常時1銭6厘程度

注1：火力発電費の算出に当たり、石炭価格は1936年度の全国平均の約5割値上げされたものと考えて燃料単価14円/tとし、その他運転費、維持費を1KWH当たり5円にして230万KWの設備から算出したという。
注2：減価償却費の算出に当たり、火力設備は耐用年限17年、4分5厘複利で、送変電設備は耐用年限23年、4分5厘複利で算出したという。
注3：総経費は各社の実績より算出したという。
注4：購入電力料の算出に当たり、民間電気事業者の固定資産額は1938年度までの固定資産額を基礎として、それに利得率7分5厘を考慮した。また、その設備の維持運転費は、水力発電所の実績を基礎として、減価償却費は水力設備の耐用年限30年、送電その他設備23年で、4分5厘複利で算出し、総経費は実績を考慮したという。
出所：衆議院［1938］、181～182頁。

のかどうか疑わしかったにもかかわらず、政府逓信省側はその資料の数値が絶対的だとして、国家管理の正当性を主張したのである。

　図3-2を詳しくみよう。そこでなされている計算は、発電部分から順にコストを算出して積み重ね、それに基づいてどれくらいの料金となるかを示そうとしたものだった。その点では、前出の「頼母木案」の時の数値的根拠が統制によって減少するコストをはじき出したものと比べれば優れているとは評価できよう。しかし、石炭価格や建設費用に用いられている数値が、当時としては考えられないくらい低いものだったのである。つまり、例えば、採用した石炭価格は1936年当時のものを約5割増しにしたトン当たり14円だったが、当時ではすでにトン当たり20円を超えていたのである。議員からは現状の数値を使っ

て再度計算し直すようにと、再三要請されたが、逓信省側は現状の価格こそが「アブノーマル」であって、採用した数値こそが妥当だ、すぐにその数値に収まると答えて、はねつけたのである（衆議院［1938］、381頁）。政府逓信省側は、政府原案の正当性を主張して譲らず、妥協の姿勢をみせなかった。

以上の政府逓信省側の姿勢に激しく反発していた政党側は事態の収拾に乗り出し、結局廃案に持ち込むのではなく、政府原案の修正によって事態の打開を図った。以上のような政党側の行動は、すでに政党内閣時代が終焉しているという政治力低下の時期であったことに加え、戦時経済の進展につれてますます窮屈になる電力生産の状況が存在する一方、「豊富で低廉な電力供給」が社会的には期待されている以上（白木沢［1994］）、政府側の主張に疑問を抱きながらも受け入れざるを得ないと判断したからではないだろうか。ここで、前出の臨時電力調査会委員にも加わり、常に逓信省の主宰した審議会には電気事業の専門家、学識経験者として参加した渋沢元治が、電力国家管理成立は政府から多額の資金を融通してもらって、補給用火力発電の代わりに大貯水池を建設することだったと、のちに回顧していることが参考となろう（渋沢［1953］、74～75頁）。

ただし、前述のように政府逓信省側が提出した資料に対する疑問があるため、政友会、民政党の政党側は政府の行政を厳しく監視する意味を込めて、「豊富で低廉な電力供給」という文言をわざわざ電力管理法案に挿入する修正を共同で行ったのである[24]。

以上に対して、貴族院では、特に国家管理が「豊富で低廉な電力供給」を目的とするだけではなく、平戦両時の電力統制や資源開発なとの他の目的をも含む以上、衆議院における修正では国家管理の目的が狭くなってしまうことから反対とした（貴族院［1938］、345頁）。しかし、両院協議会において、衆議院側から国家管理の重要な目標として、「豊富で低廉な電力供給」が考えられる以上、挿入すべきであると強く主張されて、衆議院の主張どおりに決定され、電力管理法の第1条の条文は衆議院の修正どおりとなった（貴族院［1938］、347頁）。そして、この条文の挿入は次章で述べるように、新設された日本発送

電にとって、そして電力国家管理にとっては大きな足かせとなったのである。

　以上のように、結果的には電力国家管理は政府逓信省のみが準備したものではなく、帝国議会での政党側による修正をも含んだものとして成立した。つまり、政府逓信省と政党の「意図せざる合作」だった。とはいえ、あくまでも逓信省側が意図した総動員体制の構築への対応という本質は変わらなかった。

　こうして、電力国家管理によって、供給主体は民間電気事業者から国管下の特殊会社に移り、供給方法は自流式から貯水池式、調整池式による水力開発を中心とするものに変更され、それに火力を組み合わせる水火併用給電方法とすることが決められたのである。

1) なお、逓信省電気局長として第一次国管成立に尽力する大和田悌二も後述する臨時電力調査会の席上、奥村と同趣旨の意味で電力問題を捉えている旨発言した（逓信省電気局［1937b］、60頁）。
2) 東北振興電力株式会社については、中瀬［1992b］を参照のこと。
3) 四相会議とは、1936年8月から10月まで電力国策を審議するために設けられた関係大臣の会議のことで、頼母木逓相、馬場蔵相、小川商相、前田鉄相から構成された。また、4大臣のうち、頼母木逓相を除いた三相会議もその前後に4回開かれて、電力国策を議論した。
4) 「電力管理法案理由書」には、「電気ノ価格ヲ低廉ニシ其ノ量ヲ豊富ニシ之ガ普及ヲ円滑ナラシムル為天然資源タル水力ノ完全ナル利用ヲ為スノ必要アルヲ以テ発電及送電ノ事業ハ之ヲ国家ノ管掌ニ帰セシムルコト現下内外ノ状勢ニ鑑ミ極メテ緊要ナリタル」と記されており、電力管理法第1条には「発電及送電ハ政府之ヲ管掌ス」とのみ記されていた（電気庁［1940a］、66～67頁）。
5) なお、簡単に東西融通に触れておくと、日電は富山県黒部川に京阪神だけでなく京浜方面にも送電可能な水力発電を所有していた。日電は東電との間で東西融通の契約を結んだ後は、その融通契約（1936年現在で8万5,000KW）に基づき、例えば第34期（1936年4月から同年9月）の36年8月には2,104万KWHもの大量の受電をした際には（同期間の最低受電量は6月の269万KWH)、東京送電量を874万KWHに抑え（同期間の最大送電量は5月の2,195万KWH）、その分を京阪神送電量として2,654万KWHに増加し（最低送電量は5月の1,490万KWH）、同社尼崎火力の発電量を1,874万KWHに抑えた（最大発電

量は9月の3,062万KWH）（日電［1936b］）。
6) 1935年度から39年度の発送電予定計画において関東、中部、近畿の5年間の計画電力合計は78万KWだったが、36年度から40年度の計画では上記3地帯の5年間の合計を87.5万KWに増加して、電力需要の急増に対応しようとした（電気委員会［1935a］、［1935b］、［1937］）。
7)「軍事的要請」が最優先課題となって鉄鋼政策が転換されていく過程については安井［1994］を参照のこと。
8) 平沢は、議会対策のため、国家において未開発水力卸売会社、火力統制会社を別々に設けるのみで、送電線に関しては火力発電所との連絡線のみとし、また既設水力発電所からの電力買上げをも行わないという統制案を考えていた（電気庁［1940a］、212～215頁）。
9) 大橋八郎、今井田清徳という逓信省次官経験者、出悌二郎という民間電力会社出身者（東邦）、渋沢元治東大教授という電気事業専門の学識経験者、有田喜一、大和田悌二という現役逓信官僚に、貴族院議員大蔵公望、民政党町田辰次郎、政友会増永元也らが加わっていた（電気庁［1940a］、98～99頁）。
10) 吉田によると、大橋八郎、今井田清徳のとりなしで、平沢と大和田は、第一に、現物出資の範囲を主要送電線、主要火力発電設備、新規水力発電設備とすること、第二に、既設水力発電設備は収用対象とはしないが、その発生電力を買い上げるものとすること、第三に、以上の電力買上げ、卸売の業務を新設設備会社に行わせる民有民営案とすること、以上を内容とする妥協案を作成したという（吉田［1938］、226～228頁）。ただし、以上のことが真実だとしても、これだけで国家管理案の内容が決まったかのように理解するのは早計である。後述する臨時電力調査会での審議を経て原案が生まれるのである。
11) 当時の東邦の松永社長は電力連盟の委員会に自らの試案を発表していたようで（松永［1937］、131頁）、おそらく松永の試案を中心に議論が進められたと考えられる。
12)「五大電力電力統制要綱（案）」の「事業ノ統制強化」には「政府ハ国内一般電気事業者ヲシテ左記事項ヲ徹底実行セシム　（一）発電、送電、変電設備ノ総合的建設計画、（二）電力配給ノ合理化並ニ設備ノ経済的運用、（三）電力ノ需給、融通、託送等ニ関スル統制、（四）発電、送電、配電設備ノ整理並ニ予備設備ノ充実、（五）供給料金ノ衡平、低廉化」（電気庁［1940a］、127頁）。
13) 朝鮮電力に関しては中央日韓協会［1981］、233～241頁を、北支電力興業については東洋経済新報［1937a］、34～35頁を参照のこと。

14) 日電社長の池尾委員は、第3回総会の席上、多くの電力を必要とする電気化学工業は電力の安い電源地帯に興すべきであると発言していた（逓信省電気局 ［1937a］、124〜125頁）。

15) これまでに述べてきたように、当時は池尾が社長を勤める日電のような卸売電力が存在する一方で、地域別発送配電一貫経営の民有民営形態を強調してともすれば卸売電力の存在を否定するかのような発言を行う東邦社長松永がいたわけで、その意味では民間側の提案した統制案は卸売電力と小売電力の双方がぎりぎりまで妥協しあって生まれた案だったといえよう。だからこその「自信」のあるものだっただろう。

16) 前の2回の水力調査では日本国内の全水力は約900万KWと推定され、このうち1936年末における開発済み水力は約400万KW、当時工事中のもの約100万KWであり、このままではその後およそ10年くらいで開発し尽くされるという。しかし、豊水量水準に基づく調査で利用可能な水力は約1,800万KWにまで上ることが判明したため今後は貯水池、調整池による徹底的な利用が必要であるという（野口［1937］、42〜43頁）。

17) なお、最近の著作で橘川は、「電力国家管理下では『潮流主義』が採用され、水力中心の電源開発・電源運用方針がとられた点をあげることができる」（橘川［2004］、178頁）としているが、本論の記述どおり、国家管理の理念としては誤っているし、第4章で述べるとおり、実態的にも「水火併用」給電方式を採用しており、誤っている。

18) 商工省は1937年6月に燃料局を設置し、同年8月に人造石油製造事業法、帝国燃料興業株式会社法を成立させ、この2法に基づいて人造石油製造事業振興7カ年計画が樹立された。それによると、その計画期間中に、人造石油693万5,000klの生産を見込み、1943年度には揮発油の国内需要61.5％、重油の国内需要約45％をまかなうことが予定された（井口［1963］、293〜295頁）。

19) ここで言及している電力融通とは、現行電気事業法の電気の流用命令という小規模な、臨時的なものではなく、給電システム自体の再編成を必要とするような大規模で、恒久的なものを考えていると発言していた（逓信省電気局［1937b］、66〜67頁）。

20) 渡はすでに電力国家管理期の配電企業の分析から、第一次電力国管が電力業の生産力拡充計画だったことを明らかにしている（渡［1996］、166〜168頁）。

21) 例えば、増永委員は前述の官民一致を理想として、国策研究会案のうち民有民営案を支持していた（逓信省電気局［1937a］、116〜117頁）。またこの案を

「小委員会案」として決定する際、若宮委員は「希望事項」として付け加えた第3項に、「政府ノ管理組織中ニハ相当程度実地経験ヲ有スル有能者ヲ参加セシムルコト」を挙げた（逓信省電気局［1937b］、240頁）。
22) 例えば、桜井は軍事工業、特に電解・電炉工業育成のためにその産業へ優先的に豊富低廉な電力供給を行うことが国家管理の目的だったとしている（桜井［1964］、342頁）。橘川は戦時の電力国家管理と戦後の電気事業再編成とを比較して、両者の目的がともに豊富で低廉な電力供給であるという点から議論を展開し、両者をどのように整合させるのかとの問題意識で捉えている（橘川［1995］、214～216頁）。
23) 政府逓信省側は、社債処理に関する法律を整備し、その外債に対して日本政府の保証さえあれば外債所有者である債権者は納得するものだと答弁していた（電気庁［1941］）。
24) 逓信省出身で、政友会所属の牧野良三委員は、政友会、民政党を代表して、電力管理法案第一条に「豊富で低廉な電力の供給」という国家管理の「目的」を挿入することを提案し、もしも「豊富で低廉な電力の供給」という「目的」が達成されないならば即座に国家管理を解消すべきである、と発言した（衆議院［1938］、534～544頁）。この点以外にも、政党側は多くの修正を行った。例えば、現物出資を行う電力会社の利益を考慮して、出資設備の価格がなるべく高くなるような算出方法に改めさせたり、出資の代わりに交付される株券の買い入れについて、当初は単なる日本発送電の社債だったところを日本政府の保証に変更させたりした。また日本発送電の新たな株主となるものの利益については、原案には配当の「4分補給」とあったものを「4分保証」と変更したことなどである。

第4章　戦時経済の深化と第二次電力国家管理

第1節　電力拡充計画と現実の乖離

1　新規発送電計画の作成

　本章では、第3章で述べた第一次電力国管が、なぜ発送電強化と配電管理を内容とする第二次へと進まざるを得なかったのか、を検討する。そこで、まずは第一次電力国管の内容がどのように具体化されたのかをみよう。1938年10月21日に開催された第2回電力審議会[1]において逓信省が準備した「発電及送電予定計画要綱案」が提案され、「自昭和14年度至昭和18年度発電及送電予定計画」が審議された。その要綱案には「発電及送電予定計画」の目的として、「電気資源ヲ合理的且完全ニ開発利用シ、供電組織ヲ完成シ、電力設備ノ効率ヲ最大ナラシメ仍テ豊富低廉ナル電力ノ供給ト併セテ電力需給ノ均衡ヲ整ヘ以テ国民経済ニ於ケル電気事業ノ基礎的使命ヲ達成セントス」（電力管理準備局［1938］、5頁）という点が挙げられていた。そしてその計画の方針として、第一に、水主火従を原則とした大規模で高能率な発電設備を建設すること、第二に、大送電幹線の建設や送電網の完備によって余剰水力を利用したり、予備設備を共用するなど送電の経済化を図ること、第三に、軍需、国家的に重要な産業その他特殊需要に対して遺憾のない電力供給を実現すること、第四に、上述した二番目の達成により、有事の際に必要とされる電力を確保すること、第五に、発送電設備において機器の規格を統一するなど施設の経済化を図ること、が挙げられていた（電力管理準備局［1938］、5〜6頁）。この要綱案は電力国

家管理成立に当たって課題とされた点を、改めて明らかにしたものといえよう。

　以上の新たな発送電予定計画はそれ以前のもの、つまり第1章で取り上げた「発電及送電予定計画」と比べてどのような点が異なっているのだろうか。逓信省によると、第一に、以前のものが「発電及送電予定計画案」のみだったのに対して、今回からは総合計画案と呼ばれる「発電及送電予定計画案」と、会社計画案と呼ばれる「日本発送電株式会社発電及送電予定計画案」の二本立てとなったことである（以下、総合計画案、会社計画案と略す）。二本立てとなったのは、会社計画案から、地域的には東北、北海道を、設備としては工事中のものも含む既設水力発電設備を、その対象から外したため、日本発送電以外の電気事業者をも対象とした総合計画案が必要となったからだった（電力管理準備局［1938］、69～70頁）。

　第二に、以前のものは官民の電気事業者の建設計画を調整するという「指導要綱」的なものにすぎなかったが、新設特殊会社が新規水力開発を行うことになったため、今回からは政府による設備建設計画そのものをさすものとなった（電力管理準備局［1938］、70頁）。

　第三に、需要増加の想定について、以前のものは現実の需給状況を主な基準としていたが、今回からは、現実の需給状況に、生産力拡充計画や物資動員計画という国家的見地から増加が見込まれる部分をも加味することになった（電力管理準備局［1938］、71頁）。以上の点は第3章でも述べたように、電力国家管理が生産力拡充計画や物資動員計画への対応という役割を与えられていたからであった。

　第四に、これまで北海道、東北、関東、中部、近畿、信越、北陸、中国、四国、九州の10地帯だった地域分けを、今回からは関東、中部、近畿、信越、北陸の5地帯を本州中央部として一つにまとめ、合計で6地帯としたことであった。というのは、以前の地域分けが、電源所在地と需要中心地との関係を、五大電力を中心とした民間電気事業者の給電体制に従っていたものの、今回からは関東以下5地帯を本州中央部として一つにまとめて、電力国家管理による総合運営の効果をねらったからだった（電力管理準備局［1938］、69～72頁）。第

3章で述べたように、電力国家管理が成立すれば、特に本州中央部に存在する利根川、阿賀野川水系を大規模に開発して全国で利用することを考えていたことから、こうした措置は十分納得のいくものといえよう。

さて、以上のような新たな方針をもって発送電予定計画は作成され、電力審議会に提案された。次にその内容をみよう。1939年度から43年度の総合計画案（電力管理準備局［1938］、10～34頁）によると、1938年度の需要電力429万5,000KWに対して、43年度を613万5,000KWと想定し、5年間の需要増加電力は184万KWとなると考えた。そこで供給力は5年間に184万KWの増加が必要となり（38年度454万5,000KW→43年度638万5,000KW）、水力で185万KW、火力で92万5,000KW、合計277万5,000KW、年平均55万5,000KWの電源開発が予定される。なお、各年度は39年度60万KW、40年度50.5万KW、41、42年度とも54.5万KW、43年度58万KWとほぼ均等の数値としていた（電力管理準備局［1938］、33頁）。前回の発送電予定計画（1938年度から42年度）（電気委員会［1937］、31～32頁）では183万KWの開発を予定していたから大幅な増加を計画したといえる。

しかし、前回までの計画では約1年分の電力需要を見込んでいた供給余力は、物資需給の逼迫のために「必要且つ最小限」（電力管理準備局［1938］、74頁）に留められたことにみられるように、実は、すでにこの時点で前述した「発電及送電予定計画要綱案」に盛られた大規模な貯水池、調整池の電源開発は危ういものとなっていた。この点は、1939年度から43年度の会社計画案にも如実に反映していた（電力管理準備局［1938］、39～63頁）。例えば本州中央部の水力開発において、1942年度竣工分で大井川2万9,000KW、利根川2万5,000KW、43年度竣工分で利根川5万3,000KW、九頭竜川4万6,000KW、他未定約14万KWで合計29万3,000KWと、期待されたほど個々の発電設備は大規模ではなく、また開発地点数も多いとはいいがたかった。火力開発については、5年間に尼崎第二、名港、鶴見の各発電所の増設34万6,000KW、神戸、堺港の新設火力11万5,000KWで合計46万1,000KWと水力開発の規模を上回っていた。一方、既存電気事業者による新増設で増加する受電力については、信濃川外丸、

黒部川猿飛、阿賀野川秋元、常願寺川有峰等で合計65万8,000KW であった。

このように、本州中央部では日本発送電の火力開発、既存事業者の新増設水力発電からの受電が中心だったが、それ以外の九州、中国等の地域では、日本発送電の新規水力開発が供給力拡充に占める割合が大きいものの、その開発は大規模とはいえなかった。例えば、中国地方の太田川1万9,000KW、江の川3万KW、四国地方の渡川1万6,000KW、九州地方の耳川1万1,000KW、北海道地方の石狩川1万7,000KW等であった。

以上の発電設備の乏しい整備に対して、送電設備の建設は建設期間が短く、費用も少なくてすむことから盛んに計画された。第一に、送電幹線では、本州中央部における上越方面と京浜方面を結ぶ15.4万ボルト線[2]、北陸方面と京阪神方面とを結ぶ15.4万ボルト線（なお、この2線は将来の昇圧に備えて25万ボルト線設計とされた）、中国地方における太田川、高津川方面と徳山方面を結ぶ11万ボルト線、九州地方における小丸川、耳川方面と大牟田、福岡方面を結ぶ11万ボルト線等の新設だった。第二に、送電連絡線では、本州中央部において近傍でありながら会社が異なったために結ばれていなかった南向と泰阜の間、大井と笠置の間、木津と大阪の間等が予定された。

2　発送電計画の第一次改定

発送電予定計画の第一次改定、つまり1940年度から44年度の総合計画案（電気庁 [1939b]、5～32頁）、会社計画案（電気庁 [1939b]、37～66頁）は、第二次世界大戦勃発によって機械類の輸入等が満足にいかず、また1939年の夏から秋にかけて電力制限の影響さめやらぬ1939年12月に開催された第4回電力審議会において審議され、決定された。今回の改定のポイントは、第一に、日中戦争の進展に伴い、生産力拡充計画、物資動員計画等が「相当ノ変更」を余儀なくされ、「将来ニ於ケル電力需給関係ノ飛躍的発展」を想定したこと、第二に、後に詳述するが、この年の電力不足に鑑み、送電連係の拡充強化を考えたことだった（電気庁 [1939b]、67頁）。

総合計画案によると、需要電力の想定に関しては生産力拡充計画の影響を受

けて合金鉄、特殊鋼等金属工業の需要急増の予想を反映して、1939年度の需要電力を469万5,000KW、44年度を716万5,000KW として、5年間の需要増加電力は247万KW と予想した。これに対して、44年度の供給力を39年度の482万KW から272万KW 増加させた754万KW とするため、水力280万5,000KW、火力134万5,000KW、合計415万KW、年平均83万KW を開発するものとした。

以上のように、今回は前回の5年間の増加電力277万5,000KW、年平均55万5,000KW に比べて1.5倍程度とかなりふくらませている。ただし、今回については各年度均等に供給力を拡充するのではなく、資材、労力等が好転すると電気庁が期待する1942年度以降に前述した増加電力415万KW の7割を開発するといういびつなものだった。つまり、1940年度59.5KW、41年度62万KW、42年度116万KW、43年度85.5万KW、44年度92万KW としていた（電気庁［1939b］、72頁）。前述した「将来ニ於ケル電力需給関係ノ飛躍的発展」とはこのことだったのである。

会社計画案については本州中央部のものを検討しよう。最大規模は1942年度の九頭竜川8万6,000KW、43年度の利根川8万2,000KW で、平均3万8,000KW となっており、やはり大規模なものとはいいがたかった（電気庁［1939b］、79～80頁）。また、開発地点の選定に当たってはできるだけ既設送電線の利用を考慮するとしていた（電気庁［1939b］、75頁）。

日本発送電増田次郎総裁は、以上のような電源開発は石炭節約につながらないと反対し、大規模な貯水池開発、例えば木曽川丸山、天竜川大谷という12、13万KW 級のものに重点的に資材、労力等を投入して進めることを主張した（電気庁［1939b］、78～80頁）。ここで増田総裁が挙げた石炭節約とは単に石炭の量的な不足への対応としてだけではなく、個々の火力発電機器の性能に対応した石炭の調達ができないという質的な不足によって思うような出力が得られないということを考慮しての発言だった[3]。

以上の日本発送電総裁からの発言に対して電気庁側はこうした電源開発を計画した理由として以下を挙げた。第一に、当座の電力需給を均衡させるために着工年度中での完成が見込める地点を選んだこと、第二に、あまりに大規模な

発電所だとそこに使用される発電機器も大規模なものとならざるを得ず、その
ため機械製造能力の多くをその発電機器に費やすこととなり、他の機械製造を
妨げることになること、しかも納期の遅れにつながる恐れもあること、であっ
た。ただし、1942年度から44年度にかけて挙げられている約100万KWの未定
水力分では、日本発送電側が主張する大規模な開発を充てる意向であると付け
加え（電気庁［1939b］、80～81頁）、また近いうちに尾瀬開発の調査にも取り
かかりたいとして、その場をしのいだ（電気庁［1939b］、85頁）。上述の箇所
から、国家の強力な介入という点がうかがわれ、第一次電力国家管理における
電気事業経営の本質が認識できよう。

さて、前述のように1942年度以降の大規模開発は資材、労力関係が好転する
という希望的観測に立つものである以上、上述のような電気庁の見通しはとて
も保証されるものとはいえなかった。

さらに、送電設備の建設は今回の改定のもう一つのポイントだったこともあ
って送電連絡強化のために前回以上の建設が意図されていた。本州中央部では、
日本軽金属アルミニウム工場への供給のために磐越方面から新潟方面への送電
幹線、茨城県下の重工業地帯に供給するために両毛方面や磐越方面から水戸方
面への送電幹線等の建設が新たに加えられた（電気庁［1939b］、75～76頁）。

以上のように、今回の発送電予定計画では、特に発電計画ではまず当座の電
力需給の均衡を目的とした応急的開発を中心とし、資材、労力等が好転すると
期待される1942年度以降に飛躍的に拡充を行うという希望的観測に立つもので
あった。とはいえ、全体としては前回以上の増強を見込んでおり、この時点で
は電気庁側は電力供給力の飛躍的拡充に意欲を失ってはいなかった。

3　発送電計画の第二次改定と飛躍的な供給力拡充計画の断念

1941年度から45年度までの総合計画案（電気庁［1940b］、7～36頁）、会社
計画案（電気庁［1940b］、41～72頁）は、1940年12月16日に開催された第五
回電力審議会において審議され、決定された。この時期には同年9月に日独伊
三国軍事同盟が締結され、企画院時局経済対策委員会では日本による蘭印進入

の際に対米開戦も辞さないとの議論が行われていた（中村・原［1970a］、166頁）。経済新体制の構築という動きは、以上の英米との経済関係断絶を前提とした物資動員計画の練り直し（中村・原［1970b］、536頁）、予定どおりに進捗しない生産力拡充計画の立て直し[4]を背景とするものであったが、以上のような事態の変化は発送電予定計画にも及んでいた。

　総合計画案をみると、需要電力の想定が相当「圧縮」されたのである。軍関係の需要は軍当局からの資料どおりで「聖域化」され、「圧縮」はされなかったが、生産力拡充計画は物資動員計画が縮小されたことに影響して、想定分の3分の2に「圧縮」され、電鉄部門は鉄道省の電化計画、最小限での自然増加のみを見込み、電灯部門においても最小限度の自然増加のみで想定分の4分の1に「圧縮」された。そのため、1940年度から45年度の5年間の想定需要増加電力は192万KW（494万KW→686万KW）と想定することとなり（電気庁［1940b］、77～78頁）、前回の「1939～44年度」5年間需要増加分272万KWの約7割ほどに減少すると想定した。

　他方、供給力の増強もますます厳しくなる経済的困難のため資材割当量は相当削減され、建設工事は遅れ、1944年度までは毎年度、需要電力に対して約1割程度供給力が不足し、最終の45年度にようやく供給力がその年度の需要電力を上回ると予想した（電気庁［1940b］、36頁）[5]。しかも以上の最終年度における「逆転」も、1944、45年度に相当量の資材が割り当てられて建設が進展することを前提とするものだった（電気庁［1940b］、81頁）。こうした需給想定をしたこと自体、電気庁側がこの時点で当初からめざしていた飛躍的電力拡充を断念したことを示すものだった。

　そして以上の原因として、電気庁は少ない資材割当量を有効に利用するとして、大規模で完成には時間のかかる発電所の建設ではなく、小規模で完成間近の発電所に重点的に投入し、優先させた結果であることを率直に認めた（電気庁［1940b］、80頁）。その点は今回の会社計画案にも反映している。例えば、本州中央部における1941年度から43年度の日本発送電の新規水力開発は、神通川東町1万8,000KW、木曽川兼山3万7,000KW、九頭竜川市荒川2万3,000

KW等合計で22万8,000KWと計画し、水力増設分は4万2,000KW、日本発送電の火力新増設23万4,000KW、既存電気事業者からの受電分19万9,000KWを合わせて70万3,000KW、年平均23万4,000KWの増加にすぎず、資材、労力等の調達が好転すると期待された1944、45年度に約160万KW近くを建設するというものだった。なお、尾瀬開発に関しては利根川開発の一貫と考えられるので奥利根開発の後に着手したい旨、発言した（電気庁［1940b］、116～117頁）。

なお、以上のような需給逼迫の緩和のためにタービンや発電機に余裕のある火力発電所へのボイラー増設、火力発電所の燃焼装置の改善、石炭の品質向上のための洗炭装置の設置等によって火力出力を回復させようと努力したり、遅ればせながら貯水池式、揚水式水力発電所の建設を計画しているとも、電気庁は付け加えた。つまり、発電所地点は全部で20カ所で、今回の発送電予定計画期間中では15地点を着工予定としており、その結果、貯水池による渇水期の出力増加は約65万KW、揚水式発電所によるそれは約23万KWになると述べた（電気庁［1940b］、82～83頁）。

前回でも拡充方向だった送電線建設も、今回は縮小された。例えば、本州中央部において、前回6本を数えた送電幹線の新設を3本に減らしたのである。ただし、京浜方面への送電力を整備することになる信濃川千手発電所と新潟変電所間の送電連絡線新設のような既設送電線の利用率向上につながる送電連絡線はむしろ増加される計画だった。というのは豊水期において、猪苗代方面の水力発電設備のように、発電力が貯水のために低下し、渇水期に増加するものと、逆に上越方面のそれのように、発電力が豊水期に増加し、渇水期に低下するものを送電連絡して、双方の送電幹線の利用率を高めようとしたのである（電気庁［1940b］、86頁）。

表4-1は1939年度から42年度における本州中央部での供給力拡充計画の推移と建設実績を比較したものである。その表から明らかなように、日本発送電の供給力拡充計画は当初の期待を大きく裏切っている。1939年度、41年度については建設実績が当該年度の計画の値をわずかに上回っている。1939年度につ

表4-1　1939年度から42年度における本州中央部
における供給力整備の計画と実績の推移

(単位KWH)

	1939～ 43年度計画	1940～ 44年度計画	1941～ 45年度計画	1942～ 46年度計画	実　績
1939年度	220,000	－	－	－	234,490
1940年度	291,000	341,000	－	－	173,920
1941年度	246,000	257,000	201,000	－	246,400
1942年度	330,000	660,000	165,000	330,000	204,000

出所：日本発送電［1939a］、［1939b］、［1940a］、［1940b］、［1941a］、［1941b］、［1942a］、
　　　［1942b］、［1954a］、電気庁［1939a］、［1939b］、［1940b］より筆者作成。

いては次の40年度竣工予定だった秋元水力の完成を繰り上げ、信濃川水力の予定以上の出力増加等のためだった。また、1941年度の実績については、このうち13万5,000KWまでもが尼崎第二火力の増設によるものだった。計画を上回る実績を示していても予定どおりとはいえないものだった。

　以上の推移から、もはや資金、資材、労働力等の資源獲得は好転する気配は感じられず、それら資源を有効に利用するためには、日本発送電発足時、東電、東邦等既存電気事業者に残された工事中の水力開発も含め、水力開発をすべて単一事業者、日本発送電に集中させるという発想が生まれるのである。電源開発面からの統制強化である。その点で、第一次電力国管成立時にめざされた供給方法は断念されたといえよう。そして、運用面からも、統制の強化が志向される。次節では、日本発送電の給電業務より運用面での統制強化の志向が生まれる過程を取り上げよう。

第2節　第一次国家管理下の給電業務の実態と配電統合

1　日本発送電発足直後の電力不足

　前述のように、貯水池式、調整池式の新規水力開発と火力を組み合わせるあり方が断念されただけではなく、現存供給力も予定どおり出力しなかった。渇水を引き金とした厳しい電力不足の過程は以下のように推移した。

日本発送電発足当時、同社が責任を持つ本州（東北を除く）、四国、九州の全供給力電力量は4月から9月の上期に水力71億7,000万KWH、火力19億5,900万KWH、合計91億2,900万KWH、10月から翌年3月の下期に水力66億5,800万KWH、火力37億4,000万KWH、合計101億2,800万KWHを予定した[6]。そして、所要石炭量については、標準発熱量6,000カロリー、1KWH当たり消費炭量を上期0.85キログラム、下期0.80キログラムとして、上期165万トン、下期300万トン、合計465万トンと予想した。なお1割渇水のときは上期224.5万トン、下期352.5万トン、合計580万トンに増加し、1割豊水のときは上期106万トン、下期246万トン、合計352万トンに減少するものとした（日本発送電工務部給電課［1951a］、12～13頁）。

　以上の予想の下で日本発送電は営業を開始したが、1939年6月ころより渇水が始まった。特に中国地方で渇水がひどく、過去10年平均の水力出力と比較して、6月には3割7分、7月には2割にまで低下し、関西地方においても（この場合、京阪神、名古屋、北陸、飾磨地方を含む）6月には過去10年平均の水力出力の8割ほどしか出水しなかった（日本発送電工務部給電課［1951a］、15頁）。そこで予想以上に早い時期から火力発電に依存することとなった。1939年上期の実績は、水力で62億6,100万KWHしか発電できず、火力で22億5,700万KWHを発電したものの、合計で85億2,200万KWHにしかならず、呉海軍工廠、東洋紡績岩国工場、帝国人絹三原工場、電気化学工業の自家用発電設備からも供給を受けたのである（日本発送電［1939a］）。同年下期には一層少なく、水力で52億2,900万KWHしか発電できず、火力でも31億3,000万KWHで、合計83億5,900万KWHで、やはり呉海軍工廠、東洋紡績岩国工場、帝国人絹三原工場、電気化学工業の自家用発電設備から供給を受けた（日本発送電［1939b］）。

　なお、火力出力は上期こそ、前述の予定発電量を上回ったが、特に下期は大きく予想を下回った。後述するように、思ったように石炭量を確保できず、また、調達した石炭の質が決められたものよりも低かったため、汽缶出力が規定どおり出なかったからだった[7]。

そして、上期から盛んに火力発電を運転したことは、渇水期であり、需要が高まる下期に備えて本来であれば修理するはずの火力発電機器をも運転させることになり、修理、点検の機会を失わせた上に、予備設備化予定の低能率火力をも総動員することになった。その結果、ますます火力出力は規定どおりの出力を出せなくなり、コストも高まるという悪循環に陥った。

1941年度の上期については、水力68億5,200万KWH、火力18億4,600万KWHで、合計86億9,800万KWHとなった。39年度よりも水力出力が出たおかげで、後述のように39年度上期は電力供給制限の懸念は前年度よりは少なかった。下期は前年度よりは水力出力が61億3,100万KWHと発電できたことから、火力では前年度ほど自家用火力発電設備からの供給を受けなくても30億3,100万KWHが発電でき、合計91億6,200万KWHとなった。以上のように、1940年度も、前述の日本発送電発足時の予想発電量を下回るのだが、上述した発電量も次項で述べるような給電業務の苦労をした上での成果だった。

2　給電の実際

(1)　1939年度

ここでは、関東、関西の両区域における給電をみる。まずは1939年度である。

前述のように、この「関西区域」には京阪神、名古屋、北陸、飾磨地方を含むが、そもそもこの区域には火力発電の占める割合が高く、常時出力で、水力34万9,822KWに対して、火力79万7,600KWとほぼ倍近くだった（なお、最大出力では、水力100万6,912KW、火力131万4,100KW）（日本発送電工務部給電課［1951a］、17頁）。

関西区域において、1939年度3月末の既存電気事業者からの石炭引継量は約21万トンで、4月から8月までの入炭量は70万トン近かったが、渇水の厳しくなる6月からの消費炭量は急増して8月末には3万トン程度しか残らないと推定された（日本発送電工務部給電課［1951a］、18頁）。つまり、同年8月20日当時の水力出力は63万2,000KW、このうち自流式で52万2,000KW、貯炭量5万9,400トンだった。発電電力量では、当時の関西区域は2500万以上の供給量

を必要とし、水力で1,200万から1,300万KWHを、火力では残りの1,200万から1,300万KWHをまかなっていたが、同区域における水力出力の減少は甚だしく、日々50万KW以上にも達していた。そのため、所要火力発電量は1,500万KWHにも達して、所要炭量は日々1万2,000から1万3,000トンと推定された。8月は例年、旧盆や台風のため、一日入炭量は従来の5,000〜6,000トンから2,000トン程度まで低下するため、数日中には石炭が使い尽くされると懸念されたのである（日本発送電工務部給電課［1951a］、24頁）。

そこで、日本発送電は関東区域の渇水期用として利用するために貯水され、ほぼ満水状態だった猪苗代湖を利用して、この時期の関東区域の電力需要に充て、本州中央部にあった常時50サイクル運転の水力発電所のうち、60サイクルに転換可能なものを関西への応援に使うこととして実行した。第1期として、8月13日から19日にかけて中央電気系、日電黒部川第二、日本発送電寝覚、矢作水力南向、長野電気平穏第一等を応援に充て、第2期として8月24日以降東信電気島河原、小諸等を追加応援に回すこととした（日本発送電工務部給電課［1951a］、24頁）。第3章で述べた、逓信省側が国家管理の利点としてあげた大規模な電力融通が行われたのである。

もう一方で、関西区域の火力発電は前述のように炭質不良のため出力を低下させただけではなく、何度も汽缶で事故を起こして発電不能に陥り、また周波数低下を来たしたため、急遽復旧までに臨時制限が必要となった[8]。こうして関西区域では各事業者に負荷制限を割り当てるという電力供給制限を、8月24日午前8時より行った[9]（日本発送電工務部給電課［1951a］、25頁）。しかし、以上の臨時制限は需要者の協力を得ることが困難で、その後も毎月数回の7〜8万KWの臨時制限を余儀なくされた（日本発送電工務部給電課［1951a］、28頁）。

それに対して、関東区域の最大負荷は1,700〜1,800万KWHで、前述のように使用した猪苗代湖の貯水は安積疎水との関係で水位を1.42メートル以下には使用できないことから、1,800万KWH以上は発電できず、200万KWHを火力でまかなっていた（日本発送電工務部給電課［1951a］、26頁）。そして、

8月末には猪苗代湖の湖水を利用することができず、関東区域でも電力供給制限が不可避となり、一層の制限強化が必要な関西同様、制限電力量の割り当てが検討され、実施された[10]（関西区域は8月30日より15万KWを17時間実施し、関東区域は8月31日より10万KWを17時間実施）（日本発送電工務部給電課［1951a］、26頁）。以上のように、関東区域における供給制限は同区域の電力不足が原因だったのではなく、関西区域の電力不足を緩和するために行った電力融通が原因だった。

　さて、例年からすると、秋以降はそれまでの時期以上に電力使用が予想された。そこで、「最低負荷ノ8月21日、22日、23日ノ負荷ヲ標準ニ取リ制限電力量ヲ指定シタ関係上、基本ノ負荷ガ増加スレバ供給電力量ハ増加スルコトトナルヲ以テ日々制限電力ヲ変更スル必要ヲ生ズル」（日本発送電工務部給電課［1951a］、34頁）ため、日本発送電は制限電力方式にかえて、日本発送電が東電、日電、東邦等各配電会社に対して一定の電力を供給するという通告電力量方式で対応しようとした。関東には9月10日より900万KWHを、関西には9月5日より1,882万8,000KWHを、そして最大電力をも制限して90万2,000KWとしたのである（日本発送電工務部給電課［1951a］、35頁）。しかし、「制限電力量ヲ各社ニ如何ニ按分スルカハ頗ル困難」であり、「配電会社ニハ残存水力並ニ火力等ガアルモノト無イモノトガアル」（日本発送電工務部給電課［1951a］、35頁）ため、難しかった。この後、何度か降雨にも恵まれたものの、常に石炭確保の不安がつきまとった[11]。

　そして、政府はかねてから総動員計画の一環として構想していた電力の重点主義的な供給体制を、この際法的に整備しようとして、1939年10月に電力調整令を制定して、公布した（電気庁［1939a］、7～8頁）。なかなか電力調整令に基づく制限は行われなかったが[12]、1年間に最大の電力負荷がかかる12月に至り、石炭入手ははかばかしくなく、特に供給力の中心を火力に依存する関西区域では、石炭不足のために、たとえば尼崎東火力では1月14日から、春日出第1、第2はともに1月17日からというように、翌年1月中旬には火力発電が不可能となる事態が予想されたため（日本発送電工務部給電課［1951a］、75

頁)、日本発送電は配電を担当する既存電気事業者に対して電力供給制限への協力を求め、官民双方に石炭獲得への協力要請を行い(日本発送電［1953］、106頁)、電気庁には電力調整令に基づく制限を早急に採用するように強く求めた。日本発送電の熱心な電力制限強化の要請に応じて、ついに政府は決意し、関東では1月16日より、関西では1月14日より電力調整令に基づく供給制限の強化を行った。今回の制限は、従来のものとは異なり、業種別に制限枠を設ける電力調整令に基づく制限で、第1種、第2種は1割、第3種の電鉄2割5分、一般工場3割、第4種10割の制限とし[13]、区域としては関東では2割、関西では2割8分であった。しかし、その制限の効果はあがらなかった。特に関西区域では計画された2割8分の制限にはほど遠く、1割にも満たなかった。異なる電力経済圏として発展してきた大阪地域と名古屋地域を一つにまとめてしまい、電力量の配分が決定できなかったことが大きな要因だった(日本発送電工務部給電課［1951a］、77頁)。

さて、その後も厳しい電力需給状況のため、1940年2月10日から、電力調整令に基づいて、平均で関東3割、関西3割5分の電力制限を行った。また、官民あげて石炭獲得運動が行われて、貯炭量が最低だった1月28日の2万トン台から2月13日は7万トンを越え、同月末には16万トンにまで迫った(日本発送電工務部給電課［1951a］、100頁)。3月には降雨もあって月末には長く続いた電力供給制限は解除された。

以上のように、電力不足が始まった当初は、給電が危機に陥ると予想されてから供給制限が検討され、需要者の自主的な消費制限に期待するという微温的、当座的な電力制限方法だった。しかし、そうした方法が功を奏さないことが明らかとなって、電力調整令が作られ、実施されてはじめて電力制限は実効を挙げた[14]。

さて、以上の1939年度の電力供給制限の結果、日本発送電に対する社会的な批判が巻き起こった。そして、電力国家管理が成立する際、主要火力発電設備、主要送電線、新規水力開発権を奪われた配電各社も日本発送電を批判し、「日本発送電失敗論」を展開した。それまで沈黙を守っていた日本発送電は配電会

社からの批判に対しては精力的に反論を行った[15]。つまり、本来ならば個々の配電会社への供給料金に反映されるべき石炭費の高騰分を日本発送電がすべて請け負ったからこそ、配電各社は日本発送電設立以前と同様の収益をあげられたのだとして、その負担分を各社ごとに示した。それによると、例えば、日電に対しては993万円、以下、宇治電には407万円、広島電気には490万円、東邦には278万円を日本発送電が負担したと述べた（電気庁［1940b］、97頁）。

(2) 1940年度

　1940年度の本州中央部は、上期から前年度に劣らないくらい渇水が生じ、6月の尼崎第一火力における火災事故によるサイクル低下となったときには関東区域からの応援を受けたものの[16]、それ以外は大事はなく電力供給制限は行われなかった。

　その後、9月末には本州中央部には降雨がなかったが、例年10月は降雨が期待できることから、電力調整令に基づく電力供給制限を行うと降雨が無駄になると考えられてその発令を見合わせた。確かに10月中は何度か降雨はあったがせっかくの増水もすぐになくなってしまい、結局、10月はじめから電力供給制限が模索された。なお、降雨があってもすぐに減水してしまう理由として、このころ、代替エネルギーとして木炭が大量に利用されたため、かなりの伐採が行われたからだと考えられた[17]。

　電力供給制限が模索されたが、工場種別の指定作業が終わっておらずすぐに電力調整令に基づく供給制限は実施できなかった。そこで、とりあえず11月5日時点での出力を標準として、同年10月10日から12日の電力、電力量の負荷実績の平均より1割を自粛制限するという自主的な電力使用制限を決定して、10月30日から実施された。しかし、その効果ははかばかしくなかった。そこで、11月12日から実施された電力調整令に基づく電力供給制限では5段階の制限率のうち、第4段の制限率から開始された。

　なお、今回は電力調整令に基づく制限を行うに際して、前年度のように供給制限開始に当たって生じた混乱を招かないように、前もって電気庁は供給制限

の周知徹底を期した。例えば、東京では、10月23日付けで東京逓信局長名で需要家に対して制限基準電力量の基本となる1940年8、9月の平均月使用電力量実績の調査を依頼し（「次期電力消費規正実施の場合に於ける制限基準電力量に関する件」）、同月30日付の電気庁長官名による各県知事、各逓信局長宛てに依命通牒（「電力調整令に依る消費規正実施に関する件」）を発して、「消費規正」を予告した（日本発送電工務部給電課［1950b］、46〜59頁）。

その後、12月以降、負荷がかかる時期の電力需給を予想したところ、当時の関東、関西両区域の可能発電量合計に比べて翌年1、2月の予想発電量は15%程度の減少が見込まれるという結論から（日本発送電工務部給電課［1950b］、86頁）、日本発送電は電気庁に対して、15%程度の制限強化を要請した[18]。こうして、1941年1月12日より公称15%、実質11.5%の第5段目の制限が行われた（日本発送電工務部給電課［1950b］、101頁）。

また、日本発送電は、電力供給制限の成果を挙げるために1940年11月9日に電気庁で開催された各地方逓信局電気部長会議において、日本発送電から配電各社への供給力の指定と、指定量超過の場合の高額な罰金の徴収という制裁方法の採用を求めたが、承認されなかった（日本発送電工務部給電課［1950b］、88〜90頁）。

さて、日本発送電総裁の交代があり、予想以上の入炭量をみたこともあって、電力供給制限の5%緩和が検討され、日本発送電は電気庁に対して供給制限の緩和を説き、実施した[19]（日本発送電工務部給電課［1950b］、109〜113頁）。そして、3月に入って制限は緩和された。

以上のように、1940年度は前年度以上に、電力調整令に基づく供給制限が長期間継続した。というのは、前述のように、夏以降、供給力の飛躍的拡充が断念される一方で、近い将来の対米開戦をも予想されたため、一層軍需向け電力を確保するという重点供給が要請されたからである（電気庁［1940b］、77頁）。

そして、電力供給制限のあり方として、実効を伴うとはいえ、電力不足が予想されるたびに電力調整令に基づく供給制限を決定して、日本発送電から各配

電会社に伝えるという「消費規正」の方法は恒久的なものとは考えにくかった。また、1939年度の供給制限の際に問題となったように、歴史的な形成の異なる電力経済圏を一緒にした地域では十分な制限は難しかった。歴史的に形成された個々の電力経済圏に根ざした地域での供給制限方法が必要だった。以上から、恒久的で、即応的な「消費規正」の方法を、戦時体制下の国土計画との関連もあって、当時の発送電設備の現状から分割された9地域での「配電管理」が検討された（電気庁［1940b］、12頁）。つまり、第二次世界大戦前の日本の電気事業が「到達」していた体制に依拠して配電統制を行うことになった。そして、以上のことは、国家管理前から志向していた供給独占の原則を現実に実施することを意味した。

3　豊水期における非合理な給電運用

もう一方で、日本発送電は、1940、41年度の豊水期に起こった電圧低下のために余剰水力があるにもかかわらず、電圧維持のために火力発電を運転するという非合理な給電を強いられた。なぜこうしたことが起こったのかを検討しよう。

そもそも日本発送電と管理水力所有の電力会社（以下、管理水力側と略す）との電力受給契約には、日、期間の両方で責任最大電力、責任発生電力量が定められており、決められた量を下回った時には割戻金という罰金が科せられ、上回ったときには割増金が支払われることになっていた。その割戻金の1KWH当たりの額は日不足罰金で3銭、期間不足罰金で豊水期に0.7銭、渇水期で1.8銭となっており、1銭以下であった日本発送電による購入電力単価に比べて高額といえるものだった（日本発送電［1954c］、192頁）。前述のような1939年度の渇水状態の影響を受け、多くの企業が割戻金を支払った。特に、日本発送電への発電量売却によって得た料金年額に対する割戻金の割合が大きかったのは宇治電と広島電気で、それぞれ26.8％、32.2％となっていた[20]（日発文庫［1939]）。

このため、管理水力側は決められた電力量を発電しようと努力した。豊水期

図4-1　関東地域、関西地域の電圧曲線の推移

関東地区主要変電所電圧曲線
(6月午前9時の実績)
川崎変電所

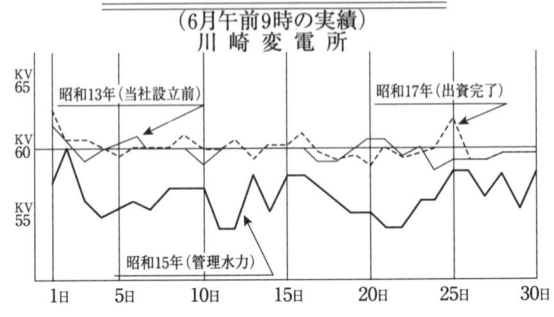

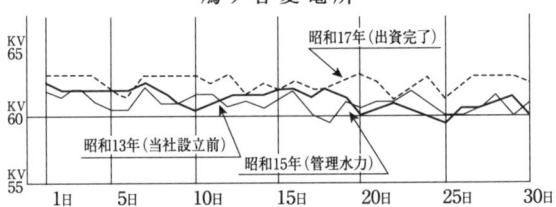

鳩ヶ谷変電所

関西地区主要変電所電圧曲線
(5月午前9時の実績)
八尾変電所

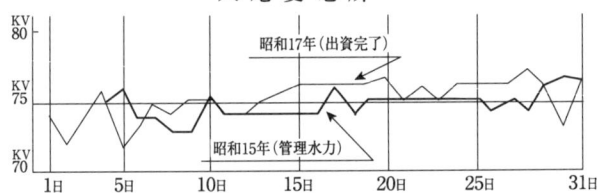

古川橋変電所

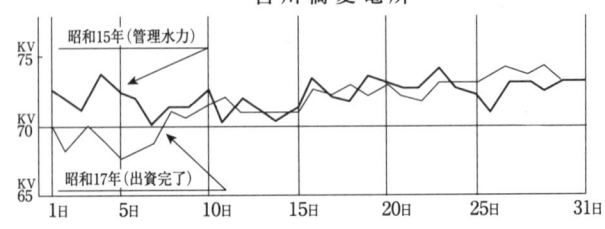

出所：日本発送電［1954b］、288頁。

表 4-2　1940年5月から7月にかけて電圧上昇のために並列運転した
　　　　主要火力発電所の運転実績

	並列運転量	供給用発電量	並列運転の割合	平均燃料費	並列運転にかかった燃料費
尼崎第一	3,918,200	80,242,380	4.9%	19.2	75,073
尼崎第二	4,427,830	85,843,900	5.2%	17.2	76,336
尼崎東	6,282,930	28,651,900	21.9%	31.5	197,724
福崎	607,500	3,887,600	15.6%	31.0	18,808
木津川	1,493,100	23,089,500	6.5%	25.4	37,895
春日出第一	1,280,200	8,170,000	15.7%	29.4	37,651
春日出第二	2,312,550	17,974,340	12.9%	28.6	66,162
名古屋	2,148,420	22,500,800	9.5%	22.8	48,962
飾磨港	3,201,490	36,527,170	8.8%	17.8	56,922
飾磨	1,176,300	1,773,856	66.3%	43.6	51,334
網干	968,010	10,581,447	9.1%	28.9	27,985
三幡	2,420,510	38,574,350	6.3%	16.8	40,665
合計	32,075,970	401,997,138	8.0%	23.7	759,598

注：「平均燃料費」とは、各発電所が1940年上期に記録した1KWH当たり燃料費のことで、単位は厘、並列運転にかかった燃料費の単位は円。並列運転量、供給用発電量の単位はKWH。
出所：日本発送電［1940a］、169～171頁、工務部給電課［1951b］、161～171頁より筆者作成。

は一般的に水量が豊富であることから、キロワット容量一杯まで発電できたし、したのである。ただし、前述の受給契約には力率条項が含まれていなかったため、力率を考慮することなく、つまりキロボルト・アンペアを無視して発電したのである。当時は需要者側にも調相設備が不足していたこともあって、送電電圧は低下し、送電損失量は増加し、周波数は低下した[21]。図4-1にみられるとおり、管理水力時代には特に電圧が低下している。そこで、豊水期にあっても火力発電を平行して運転することが求められた。

　以上の事態は、日本発送電以前に日電、大同、東邦の各社がそれぞれで本州中央部から送電幹線を敷設して、送電幹線間の連絡が不十分だった関西区域で顕著だった。その様子を表したのが表4-2である。それによると、1940年5月から7月にかけて、並列運転された発電量は3,200万KWHとなり、供給用に発電された電力量は4億200万KWHの8％にもなり、約76万円分の石炭を無駄に消費していた。

しかも、より詳細に個々の発電所に注目すると、供給用発電量に対して並列発電量の割合が高いものは概して能率の悪いものだった。例えば、並列発電量が66.3%と最大の割合を示す飾磨火力の1 KWH当たり石炭消費量は2.223キログラム、また次いで高い割合の21.9%を示す尼崎東火力は1.568キログラムであった。これに対して供給用発電量に対して並列発電量が4.9%と低い割合を示す尼崎第1火力は1 KWH当たり石炭消費量が0.864キログラム、5.2%の尼崎第2火力は0.689キログラム、6.3%の三幡火力は0.810キログラムだった。つまり、電圧上昇のために、わざわざ低能率の発電所を運転していたのである。

以上の例のほかにも、管理水力側が日本発送電からの周波数調整、故障時の短時間過負荷の指示に応じなかったり、日本発送電と管理水力側との間で貯水池の利用方針を異にしたことなど（日本発送電［1954a］、270頁）、日本発送電と管理水力側との間には、水力発電の運転にからんで齟齬がみられた。そして、その原因は日本発送電発足時に、東電、東邦、宇治電、日電等既存電気事業者側に既設水力発電所を管理水力として残した結果だった。そこから、このままでは既設水力発電設備の運用は万全を期し得ないと判断され、是が非でもその設備を収用することが求められた[22]。

第3節　戦時経済の深化と発送電強化

1　日本発送電経営の悪化

発送電管理の強化は前述のように、非合理な給電運用の改善が大きな要因だったが、もう一方で日本発送電の経営改善という要因もからんでくる。表4-3より、日本発送電発足から電力国家管理強化までの期間である第1期から第5期までの収支の変遷をみると、第1期、第3期以外は何れも政府補給金を導入されて、ようやく日本発送電発足時に約束された4分配当を行っていることがわかる。また、政府補給金なしで、「自力」で4分配当した第1期、第3期

表4-3 日本発送電の収支の予想と実績の比較

	第1年度予想	第1期	第2期	第3期	第4期	第5期	第6期	第7期	第8期
販売電力量	16,740	7,622	7,473	7,712	8,024	7,891	8,674	11,024	11,113
電力料	289,600	122,012	120,295	127,062	140,322	132,529	151,000	182,633	199,130
販売単価	1.73	1.60	1.61	1.65	1.75	1.68	1.74	1.66	1.79
政府補給金	—	0	21,208	0	16,478	3,639	7,360	0	31,671
収入合計	289,600	127,579	149,803	132,078	162,223	141,890	164,541	186,610	235,156
発電費	89,500	43,283	63,040	43,862	64,746	33,557	57,708	56,366	93,511
平均汽力発電費	1.59	2.04	2.14	2.66	2.3	3.02	2.28	2.64	2.31
購入電力料	110,700	49,785	49,513	46,889	53,880	55,803	6,544	3,679	4,312
減価償却費	19,000	3,875	4,303	6,451	6,900	7,470	17,569	21,654	23,756
諸税金	11,500	1,462	3,484	2,795	4,681	5,065	6,724	11,719	17,964
支払利息	1,600	5,673	6,601	7,540	8,313	9,136	19,436	32,358	33,337
支出合計	243,200	112,820	136,379	117,277	148,832	120,912	122,643	140,053	188,861
収益	46,400	14,759	13,424	14,801	13,391	20,978	41,898	46,557	46,295
払込資本金利益率	6.87	4.44	4.04	4.46	4.03	6.32	8.28	6.58	6.31

注:販売電力量は、各期の発受電電力量合計に日本発送電[1954a]、227頁の送電損失率を参考に算出し、単位は百万KWH。販売単価は、その販売電力量と電力料から算出し、単位は銭。平均汽力発電費は汽力発電量と汽力発電費より算出し、単位は銭。その他は千円を単位としている。
出所:日本発送電[1939a]、[1939b]、[1940a]、[1940b]、[1941a]、[1941b]、[1942a]、[1942b]、[1954a]、[1954b]「付録」23頁、日本発送電設立委員会[ ]、41~53頁より筆者作成。

でも、日本発送電発足前の第1年度の収支予想に比べて、特に減価償却費の圧縮によって支出を抑え、利益を捻出している。

以上のような収支悪化の原因としては、これまでの研究の指摘どおり、供給制限にみられたとおり、電力販売量の少なさによる収入の減少、石炭費を中心とする発電費の高騰による支出の増加が考えられる(関西電力[1987]、443~445頁)。しかし、費用を十分に反映させられない料金の低位固定化がもたらした収入の頭打ち、収支に関わりなく4分配当が義務づけられたことも原因と考えられよう。

それでは、そもそも、料金が低位固定化されたのはなぜだったろうか。日本発送電発足時に政府が低物価政策を採用していたこと、そして第3章で述べたように、日本発送電自体の目的が「豊富で低廉な電力供給」だと電力管理法の条文に明記されたことだったが、当初は、以下の3つの方法によって可能だと考えられたからでもあった。第一に、全国の発送電系統の総合運営による水力利用率の向上、第二に、優秀火力の優先的運転による石炭費の節約、第三に、新規開発電源に対する資本費負担の軽減、だった(日本発送電[1954b]、178

頁)。

　第二の方法は後で検討するとして、第一の方法は前節で述べたとおり、日本発送電と管理水力側の間で齟齬があったため、難しかった。第三の方法も前節で述べたように、新規水力発電開発が不可能となり、断念されていったため、実現できずに終わった。

　最後に第二の方法について。表4-3にあるとおり、火力発電コストは第1年度の収支予想よりもはるかに悪い。予想では、平均汽力発電費は1.59銭、平均石炭使用量は0.775キログラムとされたが (日本発送電設立委員会特別委員会 [1938]、47頁)、実際には1939年度でそれぞれ、2.10銭、0.924キログラム (上期2.04銭、0.948キログラム、下期2.14銭、0.906キログラム)、40年度で2.43銭、0.957キログラム (上期2.65銭、1.020キログラム、下期2.30銭、0.921キログラム) となっており (日本発送電 [1939a]、[1939b]、[1940a]、[1940b])、39年度には予想よりも発電費の1.3倍が、40年度には1.5倍がかかり、しかも年々悪化の一途を辿った。その原因としては前述したが、第一に、個々の火力発電機器に適した石炭を確保できず、当初の出力を期待できなかったこと、第二に、そのため予備設備化する予定だった低能率火力発電を動員したこと、第三に、余剰水力が存在する豊水期にもかかわらず火力発電を運転したこと、であろう。このように、第二の方法も不可能だった。

　当時の日本発送電の供給力構成を確認しておこう。第一次電力国家管理期最後の第5期末 (1941年9月) では (日本発送電 [1941])、自社水力34万8,062KW、自社火力229万3,800KW、管理水力を中心とする受電電力255万6,042KWで、合計519万7,904KWとなり、日本発送電の発受電電力における自社供給力の割合は50.8％にすぎなかった。電力量では、上期の例として第5期 (1941年4月から9月) では自社水力で9億4,400万KWH、自社火力12億600万KWH、受電68億2,700万KWHで、合計89億7,700万KWHとなり、日本発送電の発受電電力量全体に占める自社の割合は24.0％にすぎなかった (日本発送電 [1941])。下期の例として第4期 (1940年10月から41年3月) を取ると、自社水力7億3,100万KWH、自社火力27億7,200万KWH、受電56億9,900万

KWHで、合計92億200万KWHとなり、火力発電の割合が高まることから、日本発送電の割合は38.1％となった（日本発送電［1940b］）。

配電を担当する東電、東邦、宇治電、日電等既存電気事業者に対しては、日本発送電発足前の予想では平均1KWH当たり1.73銭での供給を予定していたが、前出の表4‒3から、平均で1939年度には1.61銭、40年度には1.70銭で供給されていた。つまり、日本発送電は高騰する火力発電コストの上昇分を反映させずに電力供給を行っていたのである。それに対して、日本発送電は管理水力側にはその発電コストを十分まかなえるだけの受電料金を支払って電力を購入した（渡［1996］、162～163頁）。しかも既存電気事業者は日本発送電の株主であり、4分配当が保証されていた。つまり、日本発送電は、自らの意思とは異なって、既存電気事業者の利益を十二分に考慮したことも日本発送電の経営を悪化させたといえよう。

2　日本発送電の経営問題

他方、第二次近衛内閣に逓信大臣として入閣した村田省蔵は日本発送電の経営改善を図り、その結果厳しい電力事情を好転させることを決意した（日本発送電［1954a］、120～122頁）。まずは、第76回帝国議会に提出した日本発送電株式会社法改正により、日本発送電への配当補給の引き上げ（4分から6分）、新設発電所に対する免税を考え、それでも日本発送電の経営が改善されない場合には料金値上げをも検討した（電気庁［1941］、14頁）。この料金値上げは、配電会社から最終消費者への供給料金は据え置き、日本発送電から既存電気事業者たる配電会社への卸売料金にスライディングスケール制を導入するというものだった。つまり、前述したように、日本発送電失敗論の際に、日本発送電による反論に従って、それまで日本発送電だけが負担していた石炭費の高騰分を配電会社にも負担させるというものだった（電気庁［1941］、14頁）。

しかし、この案は受け入れられることはなかった。そこで、上述の問題を解決するためには、第一に、管理水力側に残された水力設備を日本発送電に集約するのか、第二に、日本発送電を解体して管理水力側に戻し、国家管理前のあ

り方に戻すのか、の選択肢が考えられた。しかし、当時の情勢からは第二ではなく第一の選択肢が選ばれた。発送電強化がめざされたのである。

また、既存電気事業者の配電設備までをも日本発送電に収用することは難しかった。というのは、第一に、直接、顧客と対峙する点で配電業務は著しく発送電業務と異なること（電気庁［1940c］、11頁）、第二に、配電設備までをも収用することになると経営規模が過大になりすぎて身動きがとれないこと（田倉［1958］、63～68頁）、第三に、配電管理自体は前述のように恒久的、即応的に電力の「消費規正」を目的とすることから、歴史的な電力経済圏に基づいた地域を単位として行われなければ効果があがらないこと、第四に、上述のような地域を単位として新たに配電会社を新設する際、それを既設水力発電設備収用後の既存電気事業者の受け皿的な存在とすることで摩擦を少なくし、協力を得られやすいこと[23]、という理由からだった。配電管理が実施されて、9配電会社が設立された。

そして、村田逓相は同じ大阪商船系の出身で、盟友といわれた日電社長池尾芳蔵を第二代日本発送電総裁として招聘し、日本発送電の経営をゆだねた。以上のように、第二次電力国家管理への移行で、日本発送電は一元的な給電指令が行えるようになり、送電系統の整理や電力潮流の改善等と相まって水力利用率、送電損失率は改善され、1943年の無火力運転を用意することになった（日本発送電［1954a］、271頁）。また、日本発送電は石炭乾燥機の新設、ガス助燃装置の設置等出力増加の工事、熱効率上昇への努力等（日本発送電［1954a］、203～204頁）、前述した豊水期における無駄な火力発電の抑制の結果、表4-3にみられるとおり、火力発電コストは改善された。上期では、第1期2.04銭、第3期2.66銭、第5期3.02銭が第7期（1942年4月から9月）には2.64銭に、下期では、第2期に1KWH当たり汽力発電費が2.14銭、第4期に2.3銭だったから第6期（1941年10月から42年3月）の2.28銭へと改善された。

収支についても同様で、上昇し続けていた支出単価は、1KWH当たりで、上期については第5期には1.53銭にまで上昇したものが第7期には1.27銭に下

がり、降雨にも恵まれて自力で6分配当を達成し、下期では第4期1.85銭が第6期1.41銭と下げた。

しかし、その後の石炭事情の悪化のため再び発電費を中心に支出は増加し、日本発送電の供給料金は若干引き上げられたものの、支出増加をすべてまかなうものではなかった。そのため収支を償い、所定の配当を保証するために、政府補給金は日本発送電にとって不可欠になり、実質的にも経営の自主性は失われた。

3 電力国家管理による供電組織の変化

最後に、電力国家管理によって供電組織はどのように変化し、第二次世界大戦後の電気事業再編成にとってどのような意味をもたらしたのか、をみておこう。

京阪神地方を例に挙げ、しかも日電に焦点を当てると、電力国家管理前は図4-2のように、関西共同火力が頂点にあり、そこから日電は電力供給を受け、自社での発電量と合わせて、一方では、卸売電力として宇治電、電鉄、公営電力等に電力を卸売り、もう一方で、大口需要家には小売電力として電力を供給した。

日本発送電が発足した第一次電力国管では、やはり日電に焦点を当てると、図4-3にあるとおり、いったんは日電、宇治電の既設水力発電設備での発電量を日本発送電に買電し、日本発送電が、自社発電設備での発電量と合わせて日電等に売り戻して、日電等が配電会社として電力を小売りした。配電に関しては、何ら変化がなく、供給独占は原則にすぎなかった。

そして、図4-4のように、第二次電力国管によって、日電、宇治電、電鉄、公営電力はすべて関西配電株式会社（以下、関西配電と略す）に合流し、産業上、重要とされる企業には直接、日本発送電から供給されたが、基本的に京阪神地方の配電すべては関西配電が担当した。単純な供電組織となったのである。つまり、1930年代はじめに「完成」をみた電気事業体制で確認されつつも実現されなかった供給区域独占の原則はここにいたってようやく、実現されたので

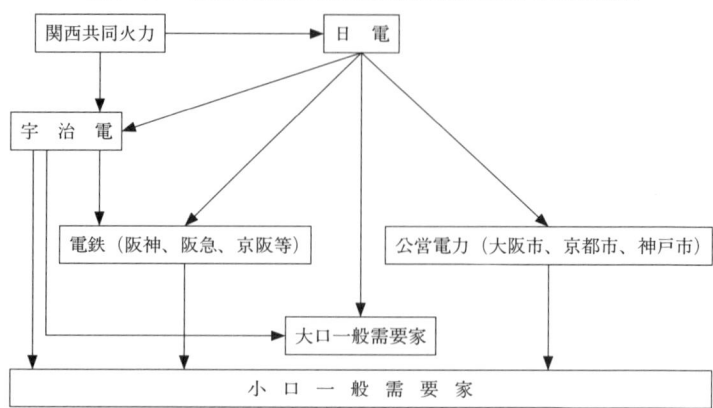

図4-2　電力国家管理前の京阪神地方における供電組織

```
関西共同火力 ──→ 日電
     │            │
     ↓            │
   宇治電 ←───────┤
     │            │
     ↓            ↓            ↓
   電鉄（阪神、阪急、京阪等）   公営電力（大阪市、京都市、神戸市）
            │
            ↓
         大口一般需要家
            │
            ↓
         小口一般需要家
```

図4-3　第一次電力国家管理期の京阪神地方における供電組織

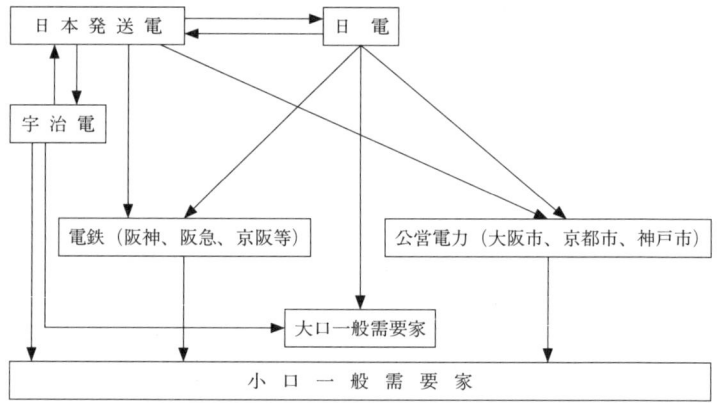

```
日本発送電 ←──→ 日電
    │           │
    ↓           │
  宇治電 ←──────┤
    │           │
    ↓           ↓           ↓
  電鉄（阪神、阪急、京阪等）  公営電力（大阪市、京都市、神戸市）
          │
          ↓
       大口一般需要家
          │
          ↓
       小口一般需要家
```

注：電鉄、公営電力は既設水力発電設備を所有している例が少ないため、既設水力発電設備を所有する日電、宇治電のように、日本発送電への売電、そこからの売り戻しというものはなかった。また、この時は日電から電鉄、公営電力への卸売りは残っていた。

図4-4　第二次電力国家管理後の京阪神地方における供電組織

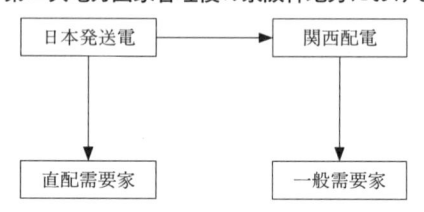

```
日本発送電 ──→ 関西配電
    │             │
    ↓             ↓
  直配需要家     一般需要家
```

ある[24]。

1) この電力審議会が、第3章の臨時電力調査会で逓信省側が約束した官民合同一体の組織である。
2) この送電幹線は将来関西方面とも連絡する予定の幹線だと説明されており、尾瀬開発に対応するものと考えられる（電力管理準備局［1938］、78頁）。
3) 例えば、関西共同火力から出資された尼崎第一、第二火力は規格熱量が発熱量5,800カロリー以上、揮発分25％以上、灰分23％以上、全硫黄分1％以下、灰粒は熱風乾燥した石炭で40ミリメートルメッシュを通過するもの、灰の溶融温度は1,250度以上というものであった。単に熱量だけが問題ではなかった（日本発送電企画部調査課調査係［1940］）。
4) 1937年から39年にかけての初期統制期の生産統制は、統制団体を介する原料の平等主義的な割り当てのために結局は生産性の上昇をもたらさなかったことから、経済新体制期には高生産性企業への原料の重点主義的な割り当てによって生産上昇を図ることになった（宮島［1988a］、［1988b］）。
5) 1940年度の需要電力494万KW、供給力463万KWとして不足を予想し、以下、41年度需要533.5万KW、供給491万KW、42年度需要572万KW、供給515万KW、43年度需要611万KW、供給553万KW、44年度需要648.5万KW、供給611.5万KW で、45年度需要686万KW、供給690万KW としていた。
6) 日本発送電発足時にあわせて、大同は全社をあげて合流したことから、日本発送電には大同の水火力設備を継承した。大同以外の東電、東邦等民間電気事業者には、既設水力発電所、工事中の新規水力発電設備等が残されており、それらの発生電力をすべて日本発送電が買い上げた。その日本発送電によって買い上げる電力の発電設備を「管理水力」を呼んだ。ここでの水力発電量は、日本発送電所有の水力発電所に管理水力の発電量をも含んでいる。火力発電量についても日本発送電所有の火力発電所の発電量に加えて、前出民間電気事業者に残された火力発電所のそれをも含んでいる。
7) その後、1941年末には、平均発熱量が5,500カロリーにまで低下したため、関東、関西、中国、四国、九州の全火力発電の認可最大出力226万6,800KW は158万6,600KW にまで低下した（日本発送電［1954a］、197頁）。
8) 例えば、尼崎第1火力においては、8月14日に燃料不良のため、汽缶8缶のうち5缶までが停止して大停電になった（日本発送電［1954b］、269頁）。
9) 例えば、26万330KW を契約している宇治電には2万9,000KW を、24万350

KW契約の日電には2万7,000KWを、24万2,000KW契約の東邦には2万7,500KWと1割前後の制限をそれぞれ割り当てた（日本発送電工務部給電課［1951a］、27頁）。

10) 例えば、東電とは59万3,000KWを契約していたので8万KWを、日電とは10万9,000KWを契約していたので1万2,600KWを制限するよう割り当てた（日本発送電工務部給電課［1951a］、27頁）。

11) もう一方で、日本発送電営業部の判断で、12月が重負荷期であることのために制限緩和が模索された。というのは、制限を強化しすぎるとせっかくの降雨の際に無駄に水を放流することになりかねず、石炭確保さえ確実に行っておけば制限緩和も可能だと営業部が判断したからだった。なお、日本発送電工務部給電課［1951a］においては、41頁から107頁あたりまで、1939年10月から40年3月ころまでの給電の苦労と実際とが綿々とつづられている。つまり、これだけの石炭が確保できればこれほどの火力供給量が可能となり、水力供給量とあわせて、どれほど電力制限となるか、のシュミレーションがなされている。

12) とはいえ、電気庁側は以上の法的措置をすぐには採ろうとしなかった。「行政指導」的に告知して、需要者の自主的な電力使用制限によって効果を上げようと考えていたからである（日本発送電工務部給電課［1951a］、64〜65頁）。

13) 第1種とは、軍用（軍直轄工場、軍管理工場）、逓信大臣が指定したもので、第2種の甲は、生産力拡充計画指定工場、交通通信等公共事業をさし、その乙は輸出産業用工場であり、第3種の甲とは一般民需工場、乙は電灯その他、第4種とは不当不要の照明、電灯、動力、とされていた（通産省［1979］、274頁）。

14) なお、現実には配電線の元から切るか、警察官の協力を仰いだ（電気事故防止協同研究会［1940］、12〜14頁）。

15) 電力審議会で増田次郎日本発送電総裁が発言したり（電気庁［1940b］、96〜101頁）、宮川竹馬日本発送電常務理事は文章で反論した（宮川［1940］）。

16) この時、日本発送電は本州中央部にあったサイクル転換可能な梓川電力霞沢、矢作水力南向等の6万6,000KWを関西区域に振り向け、関東区域の需要には貯水期ではあったが、猪苗代湖の貯水を利用した（日本発送電工務部給電課［1950b］、6〜10頁）。

17) 電力審議会でも、以上のような減水の原因として水源滋養林の伐採による水源枯渇が疑われ、その保護育成が要請された（電気庁［1939b］、84頁）。

18) 1940年12月13日には、石炭量の消費を抑えるために関東、関西両区域ともに

故意にサイクルを下げた（日本発送電工務部給電課［1950b］、91頁）。
19) ただし、その際、以上の緩和を行うに当たって一層の電力融通の円滑を期すること、渇水期に当たることからいつでも制限強化にできるように、重点緩和とするとされた（日本発送電工務部給電課［1950b］、113頁）。
20) 1939年度の宇治電の罰金額は154万円となっており、電気事業収入5,247万円の約3％に当たるものだった。
21) このため、第二次電力国家管理以後の配電会社との電力受給契約には日本発送電の主張で、力率料金制度となった（日本発送電［1954c］、203〜208頁）。力率料金制度については日本発送電［1954b］、203〜208頁を参照のこと。
22) 日本発送電給電課で給電業務に携わっていた従業員によれば、第二次電力国管への移行の理由として、日本発送電の指令どおりに動かない管理水力を収用するためだったと発言していた（日発記念文庫［1949］、52〜53頁）。
23) 村田逓相は第76回帝国議会の審議において、配電特殊会社の設立とは各ブロックの有力な配電会社の経営者を中心とした機構整備であると述べた（電気庁［1941］、56頁）。また、各地方の有力な既存電気事業者の間には、例えば、京都電灯、中国合同電気、広島電気等のように、それら新設の配電特殊会社への参加を発展的解消と捉えていた（関西電力［1987］、464頁、田倉［1958］、76〜78頁）。
24) 前述したように、小売電力と卸売電力の併存状態を追認したのが1930年代はじめの電気事業体制であった。それは何よりも卸売電力を組み込むことを目的としたが、そもそも卸売電力が強さを発揮し得たのは、これも前述したが、複数の地域への卸売りと、大口電力への小売りを行っていたからだった。第一次電力国管ではそうした卸売電力は「普通」の小売電力になり、第二次電力国管ではすべての小売電力を配電会社としてまとめ得たのである。そのことが、第二次世界大戦後の電気事業再編成を準備したといえる。

第 2 部　9 電力体制の成立と電気事業経営
　　　──9 電力体制と供給責任の達成──

第5章　電気事業再編成前の経営改善

第1節　供給力拡充の軌跡

1　電力生産の早期の復興と電力制限

　本章では、次章の電気事業再編成の検討に先立って、当時の電気事業経営がどのようなあり方を示していたのか、その課題をもあわせて検討していく。まずは生産状況についてである。

　敗戦直後からの産業の復興状況を、1932年から36年平均を100とする生産指数で確認しておくと、1946年に鉱業56.4、金属16.1、機械器具60.8、化学27.0と落ち込み、これらが1932年から36年平均水準にまで回復するのは1949年から50年にかけてのことだった。以上の主要産業の回復に対して、電気事業は1946年にはすでに122.5と1932年から36年水準を超え、49年には第二次世界大戦前の最高水準を示した43年水準（168.0）をも超えていた（大蔵省財政史室[1978]、88〜89頁）。生産指数をみる限りでは、電気事業は他産業よりも先駆けて復興している。

　しかし、第二次世界大戦敗戦直後から電力不足は頻発し、1946年11月には改正電気事業法に基づいて電力需給調整規則が制定され、翌年47年10月には同規則の改正によって割当電力量を超過した場合の超過分に対する罰金制度が設けられた。また表5-1にあるとおり、1947、48年度において強度の電力供給制限が行われた[1]。それでは、上述のように、電気事業は他産業に先駆けて復興したといえるのに、なぜ電力供給制限が行われたのかを検討しよう。

表5-1　第二次世界大戦直後の電力制限状況

1946年度	1947年度		1948年度		1949年度	1950年度
下期	上期	下期	上期	下期		
12月から2月に強度の消費規正	9月に全国的に消費規正	緊急制限割当制度の実施	緊急制限の実施	北海道において強度の電力制限	一部地区での供給制限、点灯時刻前後の重負荷時における軽度の緊急制限	2週間の電力消費制限

出所：日本発送電［1954a］、293～295頁より筆者作成。

表5-2　1943年度と第二次世界大戦後の発電実績

		1943年度	1946年度	1947年度	1948年度	1949年度	1950年度
発電電力量 百万KWH	水力	26,314	25,713	26,544	29,755	32,314	33,225
	火力	4,931	930	1,951	2,706	3,005	5,723
最大電力 KW	水力	4,663	4,989	4,795	4,739	5,172	5,398
	火力	1,530	539	854	854	1,359	2,112

出所：電気事業調査連絡会議・電気事業統計委員会［1949a］、［1949b］、［1949c］、［1950a］より筆者作成。

　まずは供給側からみよう。表5-2にあるとおり、発電電力量は順調に増加しつつあるのに対して、最大電力は1946年から48年にかけて伸び悩んでいる。より詳細に検討すると、水力に関しては発電電力量が敗戦直後から一貫して増加し、1947年から48年度にかけて急増しているが、最大電力は47年度に498万9,000KW、48年度に473万9,000KWと46年度の498万9,000KWを下回るように伸び悩んでいる。火力では、発電電力量、最大電力はともに敗戦直後から文字どおり「ゼロ」から出発し、ようやく1948年度ぐらいから発電電力量、最大電力とも一定のレベルに戻った。以上から、前述した、いち早く電気事業が生産指数において戦前水準を第二次世界大戦前の平時のそれに回復し、戦前最高水準をも凌駕したのは、水力発電の発電量が1948年度に戦前最高水準を超えたことが原因と考えられる。そして、電力不足をもたらしたものは水力の最大電力の伸び悩みと、火力発電の絶対的な発電電力量、最大電力の不足だったといえる。

それでは前述のような水火力における問題を起こした要因を探ろう。まず、水力の最大電力の伸び悩みについてだが、第一に、既存設備においては水力発電関係支出の大半を占める維持修繕費を抑えて発電原価を低めるために、水路等の補修を第二次世界大戦中に十分に行っていなかったこと（日本発送電[1954b]、177～179頁）、第二に、土砂堆積によって貯水池容量が減少したこと[2]、第三に、戦時中の開発は応急的な工事によるものだと第4章でも触れたが、そのため不十分な整備のために故障が続出し、事故は多発する傾向にあったこと、第四に、これも第4章で指摘したが、戦時中の森林伐採によって水源が枯渇し[3]、水害をも起こしやすくして発電所の出力に影響を与えたことであった[4]。

以上に加えて、そもそも水力発電設備の個々の規模がそれほど大きくはなく、大きな規模のものの数は少なかった。この点を1950年3月の時点の水力発電所の内訳で確認しておこう。何の調整も行えない自流式発電所は発電所数の全体の8割弱、出力で35％を占め、一日の時間的電力需給調整が可能な調整池式発電所は発電所数で全体の2割弱、出力で53％、季節的な電力需給調整が可能な貯水池式発電所は発電所数で全体の2％、出力で12％にすぎなかった（公益事業委員会事務局技術課[1952]、32～33、44～48、74～137頁）。また、1カ所で10万KW以上の出力を出せたのは調整池式発電所の信濃川水力だけだった。それゆえ、この時点で、改めて第3章で述べた電力国家管理の際にめざされた貯水池式、調整池式の割合の向上が課題と考えられた。

以上に対して、火力発電所については、第一に、多数の有力なそれが賠償用に指定されて利用できなかったこと（日本発送電[1954b]、213～214頁）、第二に、第二次世界大戦中に優秀な火力発電所が爆破されていたこと（日本発送電[1954b]、252～253頁）、第三に、元々戦時中に製作された火力発電機器は製作不完全だったことに加えて、火力機器は補修不足のまま酷使され、補修されても応急的で不十分なために出力が減退していたこと[5]、第四に、原料の石炭が量的にも質的にも不足していて出力が少なかったことである。

以上を受けて、敗戦直後からの供給力不足に対応しようと、第8章で述べる

ような火力発電能力の復旧作業[6]、電力浪費の防止（公益事業委員会事務局［1951］、413頁）、送電連絡網の整備、変電所の容量増大による現存供給力の有効活用という試みがなされた。例えば、第二次世界大戦前の最高記録は1942年9億800万KWHだったが、1946年ですでに10億2,900万KWHの融通電力量を記録し（東北－関東、関東－関西、関西－中国の合計）、1948年には15億5,600万KWHにまで伸ばした（日本発送電［1954b］、273頁）。変電所については、第二次世界大戦前の最高水準は1942年の総設備容量671万743キロボルトアンペア、電力用蓄電器容量30万646キロボルトアンペアだったが、51年4月にはそれぞれ690万6,233キロボルトアンペア、88万5,363キロボルトアンペアへと増強した（日本発送電［1954b］、273頁）。

上述の作業の資金的裏づけとして、1948年度から電気料金原価に特別修繕費、特別改修費を計上して抜本的な設備補修として体制を整えた。これによって、発電電力量にしめる、改修によって損失を免れた電力量である損失軽減量の割合は年々高まり、1946年には0.85％、47年には0.62％にすぎなかったものが48年には1.91％、49年には約8％にまで高まった（公益事業委員会事務局技術課［1952］、59〜61頁）。

次に、需要側の問題である。1944年に88億3,700万KWHを記録した金属工業、43億6,800万KWHを記録した機械器具工業はそれぞれ、1945年には26億9,300万KWH、11億4,300万KWHに、46年には22億500万KWH、10億1,400万KWHにまで落ち込んでいた（栗原［1964b］、23〜24頁）。しかし、対照的に以下のような電力需要が高まっていた。第一に、第4章で、第二次世界大戦中の電力「消費規正」によって政治的に家庭用需要が圧縮されていた旨述べたが、戦時統制が解除されて家庭用需要が石炭等の他の燃料源の枯渇という理由から急増し、第二に、石炭費の高騰によって、製鋼、製鉄業では電気炉の使用が増加し、肥料工業ではガス法から電解法に変更された等のためにやはり電力需要が増加していたのである（栗原［1964a］、361〜362頁）。

なお、1951年においても認可出力と消費電力の比である受電設備利用率を産業別でみると、鉱業53.6％（このうち石炭産業56.8％）、金属28.7％（このう

ち鉄鋼29.2％）、機械器具20.4％、化学35.5％（このうちソーダ工業48.4％、硫安工業50.3％）を示すにすぎず、地域別でも、第6章で述べる電気事業再編成後1952年の東京電力管内区域では31.7％、関西電力管内では27.9％を示すのみで、ちなみに全国平均では33.7％だった（公益事業委員会事務局技術課 [1952]、407頁）。以上のことから、産業別では重化学工業において、地域別では京浜や阪神といった工業地帯において膨大な潜在需要が存在しており、ますます需給逼迫が予想されたのである。

電気事業にとっては、調整池式、貯水池式の水力発電、火力発電という最大電力の拡大に寄与する電源開発が求められた。以上の電源開発の課題が明らかになるなか、電源開発を支える資金源泉は電気事業経営に対して大きな意味を持っていた。

2　本格的な電源開発と見返資金融資

電力需要の急増への対応として、本格的に着手されたのは1948年度からと考えられる。前述のように、第二次世界大戦後の電源開発に関して、水力では戦後直後から着手された応急的な小規模の開発が漸次完成し出し、1948年度には一つのピークに達していた。1946年度は9カ所、4万4,870KW（沼倉、上松等）、47年度は6カ所、3万8,993KW（黒薙第2等）で、48年度には16カ所、8万9,150KWだった（日本発送電 [1954a]、41頁）。しかし、その開発数が少ないだけでなく、個々の規模自体も小さかった。そのため本格的な開発とはいいがたかった。

火力では、GHQ/SCAPの方針によって、補修による供給力回復を中心としており、1947年度は1カ所、2万KW（港第二）、48年度は1カ所、3万4,000KW（港第二）となり（日本発送電 [1954b]、115頁）、ようやく需給逼迫が顕著となってGHQ/SCAPの許可で、水力の乏しい北海道、中国、九州においてのみ、その地域電源としての火力新増設が進められた[7]。

以上のように、1948年度より本格的な電力拡充の先鞭がつけられたが、抜本的なものとはいえなかった。そこで、抜本的な電力拡充をねらって計画された

のが、1949年度より開始された見返り資金の融資を受けたものだった。

　見返り資金融資を受けた電力拡充計画がそれ以前のものとどのように違うのか、を検討しよう。第一に、電源開発計画に中長期的な視点が求められた。これは戦後直後という非常時を脱して平時に戻りつつあった以上、当然といえば当然だったが、以下のような背景が関係していた。前述のように、それまでの電力拡充計画は、急増する電力需要にとりあえず間に合わせるという性格のものであり、それゆえ規模もそれほど大きくはなかった。また、第二次世界大戦中にかなりの出来上がりに達した段階で工事が中止されていて、工事再開後すぐに利用可能であるものを応急開発したものだった（日本発送電［1954b］、41頁）。

　以上に対して、見返り資金融資を受ける場合には、要請どおりの融資額を受けられるのかどうかは難しかったが、政府の経済計画と調整して、中長期的な電源開発計画の提出が義務づけられていた（大蔵省財政史室［1983］、975頁）。

　第二に、見返り資金融資に伴って生じた金融問題である。前述の電力設備の応急的補修と需要急増への当座的な対応という対症療法的な電源開発は、1945年度下期から46年度下期を日本興業銀行からの融資（以下、興銀融資と略す）で、46年度第四・四半期から48年度の終わりまでを復興金融金庫[8]からの融資（以下、復金融資と略す）でまかなわれた。以上の興銀融資、復金融資の資金源は何れも日本銀行の信用に依存していた。というのは、興銀融資に関しては興銀自身が資金不足だったために日銀からの借入金に依存し（日本興業銀行［1957］、785頁）、復金融資については復金の主要な資源源泉だった復興金融債券発行分の7割近くを日銀が引き受けていたからである（日本興業銀行［1957］、675頁）。そのため、この時期のインフレは「復金インフレ」といわれた。

　以上に対して、見返り資金融資はアメリカからのガリオア、エロアの援助物資売却金と見返り資金特別会計の運用収入金を原資とするためインフレを進ませるという懸念は一切なかった。つまり、インフレによって間接的に電気事業経営を圧迫することはなかったのである。

それに加えて、その運用方法にも違いがあった。興銀融資、復金融資は設備資金のみではなく運転資金にも多く利用された。興銀融資は合計で設備資金3億9,700万円、運転資金1億9,200万円に、復金融資は合計で設備資金122億5,700万円、運転資金14億9,500万円にものぼっていたのである（日本発送電［1954b］、124〜126頁）。つまり、復興金融金庫からの運転資金は、「すべて電気料金の改定遅延に基づく赤字を金融の形で補填したものであり、融資の対象は電産争議に於ける中労委（中央労働委員会のこと、注：筆者）の調停案を政府が電力会社に了承させた為に膨張した人件費及び料金原価を上回った石炭代等で」（日本発送電［1954b］、125頁）あった。このように、資金自身に政治的な性格があったこと、また当時ではいまだ民間金融機関が電気事業からの借り入れに応じられなかったこともあって、興銀融資や復金融資が利用されたのだが、そのために電気事業経営は政府資金への依存を体質化させた。

　見返り資金融資の方は、前述のようにGHQ/SCAPの監視を受けていたために赤字融資はおろか運転資金にすら利用できず、しかもGHP/SCAPに認められた建設にしかその資金を利用できず、その額すら制限されていた。そのために、電気事業者側は他の資金調達先を開拓する必要に迫られたが、それこそもう一方で、市中金融機関の活動を活発化させようとするGHQ/SCAPの意図でもあった（大蔵省財政史室［1983］、955〜956頁）。その結果、電気事業者側の電源開発用資金の調達先は多様化し、その合計額も増加した。表5-3をみると、復金融資中心だった1948年度から、見返り資金、減価償却費を中心とする内部留保、外部資金へと分散している。なお、内部留保からの資金額の増加については後述する。以上のような資金調達先の多様化は、電気事業再編成後の民間電気事業者が進める新たな電源開発の資金調達の先鞭をつけたといえる。

　以上のように、見返り資金融資は電源開発を進める過程で、中長期的な視点をもち、外部資金からの自立を求めた点で、電気事業者に対して直接的にも、間接的にも経営自立化に役立ったといえる。とはいえ、特に人件費の引き下げには、次節で述べるような労使関係の変化が重要だった。

表5-3　電源開発用資金調達先の推移

	1947年度	1948年度	1949年度	1950年度
内部留保	783	1,622	4,453	5,799
減価償却費	329	463	1,719	2,858
外部資金	1,514	793	9,512	6,678
復金融資	2,205	18,549	—	—
見返り資金融資	—	—	9,793	10,000
合　　計	4,502	20,964	23,758	22,477

出所:『電気事業要覧』より筆者作成。

第2節　労使関係の安定化と人件費の抑制

　電気事業の労働組合は、1946年4月に東京で結成された日本電気産業労働組合協議会を出発点とする。それが、同年の「10月闘争」の過程で、「発展解消」して47年5月に単一の産業別労働組合の日本電気産業労働組合（以下、電産と略す）になった。電産の成立には、折からのGHQ/SCAPによる労働運動の育成、労働組合結成の奨励という方針が影響を与えていたが、産別会議という共産党の影響が強いナショナルセンターが深く関わっていた（労働争議調査会［1957］、50～51頁）。そのために当時の経営者側に対してかなり敵対的に接しており、争議行動として電源スト、停電ストをも辞さなかった（関西電力［1987］、577頁）。

　そして、電産は前述の1946年の「10月闘争」の争議の成果として獲得した「電産型賃金体系」を軸に、「最低賃金制、生活保障給の攻勢的な」（労働争議調査会［1957］、69頁）賃金を認めさせ、争議のたびに賃金ベースを引き上げていった。1947年10月までは1,854円、48年4月までは1,942円、同年7月までは5,358円としたのである（労働争議調査会［1957］、236～237頁）。しかも、多くの復員者を含めて従業員の雇用をも確保したことから、第二次世界大戦後は一貫して従業員数は増大し、給料手当ても著しく伸び続けた。1945年度の従業員数は9万6,000人、給料手当ては3億3,600万円であったものが、46年度には11万2,000人、9億900万円に、47年度には13万4,000人、44億4,300万円、48

年度には14万6,000人、139億1,900万円と急増したのである（電気事業調査連絡会議・電気事業統計委員会［1949a］、［1949b］、［1949c］、［1950a］、［1950b］)。前述した興銀融資、復金融資は以上の背景を持っていた。

　しかし、アメリカの対日占領政策の転換を背景として、GHQ/SCAPの労働政策も変化し始めた（竹前［1983］、311～313頁）。GHQ/SCAPは1948年に産別会議が展開した全逓を中心とする地域闘争の時点から警戒を強め始めた。まず、1948年7月にマッカーサー書簡による公務員法改定を行い、同年8月、12月のGHQ/SCAP経済科学局労働課長ヘプラーによるスト中止勧告、同年11月の「賃金3原則」（賃上げ目的の物価改定、赤字融資、政府補給金の禁止）の声明と続いて、1949年のドッジラインの下での行政整理と企業整備を指示した。その結果、戦後一貫して労働側が優勢にたっていた労使関係において、初めて経営者側が優位にたつ状況を生み出すことになった。以上の動きは、電産の賃金要求にも反映し、「一律的平均賃金増額の守勢的なもの」（労働争議調査会［1957］、69頁）へと後退させられ、賃金ベースの伸びは鈍化し、従業員の雇用を維持することすらできなくなった。つまり、1949年1月までは6,800円、同年12月までは7,100円、51年1月までは8,500円と、それまでに比べて伸びは鈍化し、従業員数も49年度14万3,000人、50年度13万7,000人と減少し、給料手当ては49年度183億1,100万円、50年度220億4,100万円と鈍った（電気事業調査連絡会議・電気事業統計委員会［1949a］、［1949b］、［1949c］、［1950a］、［1950b］)。

　ただし、GHQ/SCAP経済科学局労働課の狙いは、あくまでもその当時労働運動をリードしていた共産党の強い影響下にあった組合内部の共産派の駆逐であり、政治主義化しつつあった労働運動を経済主義的なものへと転換させることであり、労働運動そのものの退潮を願ってはいなかった（セオドア・コーエン［1983］、341頁）。そこで、労働課は盛んに「反共宣伝的」な組合教育を行う一方で、共産派の指導に敵対し、労働運動の経済主義化を目的とする民同派を支援した。電産内部においても共産派と民同派の激しい勢力争いが展開され、1949年6月には民同派の優位が確立し、「0号指令」[9]、レッドパージによって

完全に共産派の勢力は駆逐された（日本発送電 [1954c]、306～308頁）。

　なお、以上の民同派による電産組織掌握の過程は、合理化を強力に進める経営者側にも積極的に協力していく過程でもあったことから、労使協調路線への第一歩となる一方で、組合員を守りきれなかった行動でもあり、そのため電産は組合員の支持を急速に失うことにもつながった（労働争議調査会 [1957]、103頁）。結局、労働組合内部の対立抗争においては、経営者側がもっとも得をした。

　さて、このような労使関係の変化が持つ意義はとても大きかった。第二次世界大戦後の電気事業経営の経費面で最大の伸びを示したのは、人件費と石炭費だったが、特に人件費の伸びは急激だった。それだけではなく、電気事業経営側にとって、経営合理化を進めるためにも、特に、産業に対するエネルギー供給という役割を果たすためにも、まずは労働組合を抑え込んで労使関係を安定化させ、ストライキによる供給停止を防ぐことは不可欠だった。

　第二次世界大戦後経済民主化政策の中心の一つだった労働運動の奨励を背景とした労働組合の力量を抑え込むのは当時の経営者側だけでは不可能だった。まさに、ドッジラインの下で進められた行政整理と企業整備の指示、レッドパージの強行という、いわば日本政府、GHQ/SCAPの後押しがなければ、人件費の抑圧、円滑な事業運営を約束する労使関係の安定化への足がかりをつかむことはできなかったのである。

第3節　電気料金の改定と電気事業再編成

1　1949年12月の電気料金改定の意義

　これまでの2節では、電気事業経営の自立化にとって重要だった電源開発の課題、見返り資金融資、労使関係の安定化への足がかりを述べた。本節では、より電気事業経営に固有の、そして、電気事業経営の自立化にとって最大の要因と考えられる料金改定を取り上げる。設備能力の向上、コストの切りつめを

表5-4　第二次世界大戦後の日本発送電収支の変遷

	1946年度		1947年度		1948年度		1949年度	1950年度
	上期	下期	上期	下期	上期	下期		
電力料	409,344	565,313	1,785,806	3,205,034	6,974,110	12,628,387	27,853,091	39,404,466
収入合計	419,265	640,231	1,832,474	3,235,748	7,014,739	13,671,776	27,935,412	41,836,717
給料手当	105,532	80,372	561,516	483,018	1,520,590	2,612,015	5,074,883	6,143,065
石炭費	42,817	124,775	486,410	1,603,753	2,271,776	5,463,722	9,195,592	15,797,362
修繕費	45,735	96,051	176,676	357,114	1,109,195	1,630,085	3,792,145	5,552,816
購入電力料	6,095	15,536	77,215	43,859	161,887	323,101	112,137	239,849
減価償却費	34,969		71,076	74,795	90,267	99,574	531,518	843,268
諸税金	4,852	5,196	18,538	24,863	16,742	13,365	780,362	1,742,139
支払利息	56,416	60,985	81,582	114,049	260,269	533,915	1,852,190	2,047,627
支出合計	419,133	667,003	1,767,748	3,235,748	7,013,253	13,670,523	27,690,130	41,504,148
収益	132	−26,772	64,726	0	1,486	1,252	245,282	332,569
資本金利益率	0.01%	−	4.41%	0.00%	0.10%	0.09%	10.98%	11.09%

注：単位は千円。
出所：日本発送電 [1955]、「年度別損益計算書」、「年度別貸借対照表」より筆者作成。

行っても収入を上げなければ経営は立ちゆかないからであり、第4章で述べたように、電力国家管理に入って以来、電気事業経営自らが、増加する費用をまかなうだけの電気料金を設定できていなかったからである。その転換となったのが、電気事業再編成が現実化し始めた1949年12月の電気料金改定だった。

　第二次世界大戦直後から電気事業再編成までに電気料金の改定は5回行われた。1946年1月改定では1.46倍に引き上げられ、その後47年4月改定では3倍に、同年7月改定では1.36倍に、48年6月改定では3倍に、49年12月改定では1.32倍にそれぞれ引き上げられた（栗原［1964］、350～351頁）。しかし、表5-4の第二次世界大戦後の日本発送電の収支変遷に明らかなように、支出の増加によって利益率は低いままで、すぐに料金改定の効果がなくなっている。上述した5回の料金改定のなかで、唯一意味のあるものは1949年12月の改定といえるのである。それでは同じ料金改定でも、なぜ異なった影響を与えたのだろうか。

　第4章で述べたように、第二次世界大戦中、電気事業経営にとって政策上の要請から、独立採算を可能とするような抜本的な改定はなされなかった。そして、戦後も以上の状況は変化しなかった。1946年1月改定は政府補給金の打ち切りとインフレによるコスト上昇に対応するものであり、47年4月のそれは人

件費4倍、燃料費5倍の上昇に応じるもの、同年7月は電力用石炭向け補給金の打ち切りと公定価格改定に応じるもの、48年6月の改定は人件費3倍、燃料費4倍、修繕費2倍の上昇に応じるものであった。つまり、以上の4回の改定は「戦後のインフレーションの昂進による減価の補塡を目的とし、とくに人件費、燃料費等の値上がりにともなう緊急対策としての料金改定」（栗原［1964a］、472頁）だったのである。

　なお、1948年6月改定では7年償却の特別改修費57.3億円と特別修繕費42.6億円が経常費として料金原価に織り込まれるという画期的な面もあった（栗原［1964a］、473頁）。とはいえ、4回の料金改訂は主に人件費、燃料費の上昇による支出増加への対症療法的なものであって、電気事業経営の自立化にとっての料金改定とはいいがたかった。この点は、「雑収益」として、第1節で述べた興銀融資、復金融資による赤字補塡がなされていること、1947年上期からは日本発送電、9配電の10社によるプール計算制度が全面的に表面化したことに象徴的に表れている（栗原［1964a］、355頁）。

　以上に対して、1949年12月改定は、以下の点で異なっていた（栗原［1964a］、473～474頁）。第一に、それまでの原則的な全国均一料金制度から、火力発電にかかる費用を入れた地域ごとの原価を反映しうる料金設定を行って料金の地域差を認めた。第二に、それでは電力割当量を定めておき、超過した際にはその超過分1KWH当たり15円という高額の罰金を科すという電力使用を抑制する措置が採られたが、今回の改定では割当使用量までは標準料金を設定し、その超過分に対しては火力原価を基本とした超過使用料金を設けるという電力使用を抑制しない方向に改められた。第三に、それまで認められていなかった配当所要額が8％まで認められた。第四に、早収、遅収料金制度の採用が認められ、営業活動の活発化が期待された。第五に、それまでの契約電力に基づく基本料金制度が、実績需要電力に基づく需要電力料金制度へと改められた。

　以上の結果、日本発送電は1949年度において、自力で8分配当を達成することができるようになり、前述のように、内部留保金から電源開発用資金をも支

出することが可能となった。こうして、「ともかく満足とはいへないまでも、これで初めて合理的な料金制度が確立された」（日本発送電［1954a］、240頁）。1949年12月の料金改定は電気事業経営の事業基盤の確立につながるものだった。そして、その料金改定には、GHQ/SCAPの意向が反映していたのである。次項では、GHQ/SCAPがどのように考えたのか、を検討しよう。

2　GHQ/SCAPの意図

　その当時、GHQ/SCAP経済科学局にあって電気事業に関わる問題を扱っていたのは、電力会社社長の経験のある生産公益事業担当理事のケネディだった。彼は電気料金について以下のように考えていた（GHQ/SCAP/ESS［1949d］）。

　第一に、現行の電気料金水準はアメリカ合衆国のそれと比べて、非常に低く、またインフレの高進を考慮すれば、日本におけるほかのどの財やサービスの価格に比べても低い。そのため、電気事業者は経常業務と非常に限られた維持費をようやくまかなえるくらいの収入しか得られず、収益のなかから減価償却費や再投資に回すだけのものは残らないという。

　1949年度の電気事業者が生産した電力量は平均して1カ月で30億KWHとなり、このうち水力が20〜28億KWHを占めているという。需要にみあうためにはどうしても火力発電を2〜10億KWH発電する必要があるが、火力原価からみて現在の料金を3倍にしないと割に合わず、現在はせいぜい3億KWH程度が限界だという。

　そこで、当時の経済科学局価格・配給課が決定した料金値上げ率32％を超えることなく、電気事業者の年間収入を全般的に増加させるような料金計画の修正を提案し、以下の結果を伴うような特別に合理的な料金計画を用意したとする。つまり、第一に、現行と同じ料金で水力によって発電された電気をすべての需要者が利用できること、第二に、使用制限や休電日という恣意的な切りつめをすることなく、どのような需要者も望むだけの電気の使用を認めること、第三に、すべての需要者の要求を満足させるために、民間電気事業者を含むす

べての電気事業者に対して、できるだけ火力発電を実行できるような動機づけを与えること、第四に、早期支払いへの割引制度、支払いの遅い需要者にはサービス停止をもって当たることで、現在の多額の集金費用と多額の未収金を減らすこと、第五に、電気事業者に負担させている電力量の配分にかかる費用のすべてと、こうした配分の強制を廃止すること、第六に、集中排除審査委員会の勧告に従って、電気事業再編成が実行されたときに必然的に生じる地域的な料金差を持っていた第二次世界大戦前の政策を再興すること、であった。

　その当時まで電気料金は低く設定されていたために、以上のような料金値上げは大口需要者を中心として反対が予想された。それらに対しては、第一に、当時多くの産業活動において電力が浪費されていた事実を指摘し、火力発電をまかなうために料金を高くすることで需要者に電力節約の必要を気づかせることができると考えていた。第二に、多くの産業需要者は、配分された水力発電量を超過する場合にはその超過分をみたそうと自家用電力設備を利用することにつながり、日本の電源開拓にも貢献するとした。なお、現行の1日10.5時間で契約する均一料金制度を廃止して、24時間で契約する均一料金を採用するため、電気の不法使用をやめさせることにもなるという。

　さて、上述のような改善方向をもたらすと、ケネディらGHQ/SCAP側は期待していたが、やはり現行の電気事業体制では実質的な効果は得られないと考えていた。というのは、電気事業経営者は、政府による指名で決まり、業務はプール計算制度で行われ、この結果、良好な経営への誘因が存在しないからだという。結局、現在の電気事業体制が再編成され、発送配電を一貫して経営し、取締役会と経営者が株主に対して責任を持つ体制に改まって初めて、現在の状況はまったく異なったものに改善され、能率的な経営が期待できると結んだ。

　以上のように、1949年12月の料金改定は、需要者には合理的な電気の使用を意識して行わせつつ、電気事業経営者の経営意欲に支えられた火力発電の運転によって電力量を増加させて需要に応じる体制をめざし、もう一方で、ちょうど進行していた電気事業再編成作業を十分に意識して、再編成後の民有民営電

気事業の事業基盤を整備、強化することをねらうものだった。

こうしたケネディの狙いは達成されたろうか。減価償却費についてみておこう。前出表5-4にあるとおり、1948年度上期にはあまりのインフレの高進のために減価償却費の対象となっていた資産額が減価してしまったことも影響して（日本発送電［1954c］、113頁）、減価償却費は1948年度に1億9,000万円で、支出合計の0.92％にまで低下したが、50年度には8億4,300万円で、支出合計の2.03％まで上昇している。前述した内部留保からの電源開発用資金の捻出にはケネディの狙いどおり、減価償却費を充実させたことが重要だったのである。なお、火力発電についても、発電電力量は大幅に増加され、第8章で述べるように、コストは劇的に低下された。

それゆえ、1949年12月の料金改定の狙いは見事に果たされていたのである。しかし、前述のケネディの考え方にあったとおり、GHQ/SCAPは電気事業再編成を達成することが、その後の日本の電気事業経営にとっては最重要であると認識していた。次章ではGHQ/SCAPがどのような電気事業再編成の方向を検討し、日本側がどのようにからんで、現在の9電力体制が生まれることになったのかを明らかにしよう。

1) 電力供給制限については、関西電力［1987］、529～533頁に詳しい。
2) 土砂堆積による貯水池容量の減少は約125億立法メートル、損失電力量にすると約7億400万KWH、尖頭負荷時の低下出力は12万9,000KWにも及んだという（日本発送電［1954b］、175～176頁）。
3) 第二次世界大戦後の調査によると、森林面積の損失蓄積量について、「過伐」によるものが634万石になり、これは第二次世界大戦前1935年から37年水準でみると、北海道、本州、九州、四国の蓄積量6667万石の約1割に達していた。このうち、針葉樹で177万石、減少率は全国合計の5.6％に、広葉樹では447万石、減少率は12.7％にものぼっていた（経済安定本部資源調査会事務局［1951］、1～3頁）。
4) 1943年9月の台風によって中国地方の澄川、間野平発電所が浸水したり、1947年9月のキャサリン台風によって根利川、佐久等の関東地方の多くの発電所が浸水して運転停止を余儀なくされていた（日本発送電［1954b］、163～166

5) 第二次世界大戦後の1947年4月から51年3月にかけての火力発電所事故統計では、汽力設備関係で合計3,935件の事故が発生し、故障箇所では汽缶が半数の1,624件、次いで燃焼関係が958件と多かった。その原因としては、圧倒的に多かったのが自然劣化の2,531件、他に製作不完全444件、保守不完全366件、施行不完全258件だった（日本発送電［1954a］、50頁）。

6) 1945年9月現在の火力可能出力は859万KWにすぎなかったが、その後の復旧作業によって1947年2月には106万4,000KWに、49年2月には158万5,000KW、50年2月には169万7,000KWにまで回復された（日本発送電［1954b］、198頁）。

7) 1948年度から着工されていた小倉、戸畑火力の増設である。なお、49年度からは、GHQ/SCAPの許可で、砂川、築上火力の新設、江別、小野田、港第二火力の増設が行われた（日本発送電［1954b］、193頁）。

8) 復興金融金庫は、1946年8月に解散した日本興業銀行内の「復興金融部」が翌年1月に独立した政府系金融機関で、傾斜生産方式を資金面から支えた。なお、復興金融金庫の成立に関しては、日本興業銀行［1957］、715頁を参照のこと。

9) 「0号指令」とは、1950年7月12日に、電産首脳部を握った民同派によって出された「電産非常事態収拾に関する特別指令」のことで、電産組合員としての資格再審査と名簿再登録を下部機関に指令した。その結果、以下の3項目について確認書を提出したものが10万8,095名、未提出者が1万9,280名で、87.4%の再登録だった。そして、電産中央本部は特別指令を拒否したものの解雇は不当とは認めないとして、経営側による解雇を容認した。「三、民主的労働組合は多数決原理を基幹とする組合デモクラシーを堅持し、権利の正常な行使と義務の忠実なる履行が全員で守られるべきであり、且つその行動方針は平和と繁栄を指向するものでなければならない。四、国際赤色帝国主義の利益の為に組合デモクラシーを否定し、組織の破壊者たる日本共産党の指導に盲従する極左分子及びそれ等一切の影響を断固排除する必要ある事。五、非常事態に直面した電産は、上記の第三、四項を了解し、之に同意する組合員によって、真に闘い得る民主的組織を速やかに確立しなければならない」（労働争議調査会［1957］、97～98頁）。現実に労使関係が「安定化」するのは、1952年秋季闘争後に企業別組合へと転換するときだった（橘川［1995］、267～268頁）。

第6章　電気事業再編成にみる民有民営形態の模索
　　──GHQ/SCAP と松永安左エ門──

第1節　GHQ/SCAP 内部における再編成案の形成

1　工業課作成の報告書

　1948年2月22日、日本発送電と9配電は過度経済力集中排除法に基づき、他の多くの企業とともに「過度の経済力集中」に指定された。しかし、アメリカ本国では日本における独占禁止、集中排除政策に関する経済政策に対して見直しが求められ、その結果として、多くの「過度の経済力集中」に指定された会社がそれから外された。9配電も、1948年7月1日に持株会社整理委員会から該当しないとして外されたものの、日本発送電は GHQ/SCAP から明確に「過度の経済力集中」と認められていたため（GHQ/SCAP/ESS [1948]）、何の沙汰もなかった。

　翌年1949年2月になって、経済科学局工業課（以下、工業課と略す）は電気事業に関する報告書を作成した（GHQ/SCAP/ESS/IND [1949a]）。管見の限りでは、同報告書が最初の電気事業再編成に関する本格的な文書であったことから、まずは工業課作成のその報告書を通して、日本の電気事業経営がどのように捉えられていたのかをみてみよう。

　まずは、この報告書の性格について。「B章　占領軍の政策と目的」において、集中排除政策の必要をうたった1948年1月のマッカーサーの年頭挨拶を掲げているため、集中排除政策の主導権が経済科学局反トラスト・カルテル課（以下、反トラスト・カルテル課と略す）から集中排除審査委員会に移行した

時期の作成ではあるものの（大蔵省財政史室［1981］、541頁）、経済民主化路線でのものと考えられる。それゆえ、GHQ/SCAPの政策が経済民主化から経済復興へと、経済政策の優先順位が転換される過渡期のものと考えられよう。

次にその内容である。第一に、日本の電気事業の発達に対する評価である。同報告書によると、政府の機能が単純な規制（simple regulation）に限られていた日本発送電設立以前の時期は「大成功を収めた」輝かしい発展の時期だった。そして、1930年代初めの電力連盟と電気委員会の設置時点から政府による電気事業所有への道が開かれ、軍閥（military groups）の暗躍によって軍需生産の遂行を可能とするために、日本発送電が設立された。しかも、「軍需産業と他の産業需要を満足させようと一層の電力供給の組織化を図る手段として」、9配電が設立された、とする。

第二に、その当時の電気事業体制を評価するに当たって、財務面、法的側面、経営面から分析している。まず、財務面からは、一方で経営を成り立たせるのに十分な料金を設定できていないため、賃金を中心に増加する費用をまかなうことができず、他方で地域的な特徴を考慮しないで日本全国を均一料金にした結果、政府からの補給金の受け取りと電気事業者10社の間におけるプール計算制度の実施を余儀なくされたと評価した。会計監査を行うに当たっては、人員、資金の面で不足しているため十分にはなされていないとする。

次に、法的な側面については、現行の電気事業体制を法的に保証した諸法律、つまり電気事業法、電力統制法、日本発送電株式会社法は何れも新しく公布、施行された日本国憲法の理念、「日本占領及び管理のための連合国最高司令官に対する降伏後における初期の基本的指令」（以下、「初期の基本的指令」と略す）に規定された占領軍の目的と政策に反しているために、修正ないし廃止されるべきだとした。例えば、日本発送電株式会社法は、日本発送電が発電及び送電を独占している点を規定しており、日本国憲法の平等権を示した「すべて国民は法の下に平等であって、人種、信条、性別、社会的身分、門地により、政治的、経済的、社会的に差別を受けない」という条項、また「初期の基本的指令」の差別条項の廃止という条文にも抵触するとする。電力統制法は、国会

審議を経ない勅令によって制定された点が好ましくなく、電気事業法は「依拠すべき基準を何ら示すことなく、電気料金や供給状況を決定する」ような専横的権限を監督行政機関に与えている点が好ましくないとした。

最後に経営面の分析について。まず、現行の電気事業は文字どおり日本政府によって運営されているためにコストを無視した政治的配慮による経営となっていること、次に政治的、官僚的な視点から人事が行われているために電気事業経営に必ずしも精通した人物が経営に携わっていないために、日常業務に支障を来すこと、また利潤動機が欠如し、政府補給金の保証のために経営者の自主性が失われていること、しかも現在の電気事業体制は経済安定本部、電力局、日本発送電、配電会社と分離されている結果、直接需要者と接する一貫した組織が不在のため、信頼できるサービスを需要者に与える責任が果たされていないこと、最後に発送電と配電に業務が分離されて電気事業経営が不自然で、非能率なものとなっている、とした。

第三に、電気事業に関係する諸団体から提案された種々の再編成案を評価している。何れの案も自己の利益を追求するのみで、真の電気事業の発展を願ったものではなく、「どれ一つして合目的的に考え出されたものではない」という。つまり、日本発送電、9配電それぞれが提案した再編成案はそれぞれの組織拡大をねらったものであること、電産による国有化案は社会主義者や共産主義者による電気事業支配への道を開くものであること、都道府県や市町村の提案は各自治体の収入増加をねらったものであるとみていた。

第四に、電気事業経営の発展にとって最適だとする再編成案を提示している。その際、まずは以下の点を前提にするという。電気事業行政を所管している現在の商工省電力局に代えて政府から一定の独立性を有する公益事業委員会を設立すること、次に自らの資産すべてを供給独占の許可された区域内に所有し[1]、発送配電を一貫して経営する民有民営会社を設立すること、なお、一つの河川開発は同一会社によって行われること等を挙げた。

地域分割の前提として、その規模は需要者に密接していて、その要求を認識できるくらいの規模でありながら、もう一方では財務的な安定を保証し、高い

表 6-1　工業課報告書の「7分割案」

	水力	火力	合計
北海道	267,000	57,000	324,000
東北	408,000	0	408,000
関東	2,060,000	361,000	2,421,000
関西	1,933,000	1,487,000	3,420,000
中国	298,000	264,000	562,000
四国	190,000	83,000	273,000
九州	481,000	522,000	1,003,000

注：単位は KW。
出所：GHQ/SCAP/ESS/IND [1949a]より筆者作成。

能力を有する経営者と技術者のスタッフを支え、種々の需要者階層を有し、営業区域内部の電力需要を実質的に支配するか、それに近い割合を抑えるくらいの規模を有することが必要だとした。

以上の前提に立って、「供給区域と給電の関係」を考慮した工学的、営業的観点から、以下の分割案を提示した。

まず、それぞれが送電連絡されておらずに独立しているとして、北海道、本州、四国、九州を分離した[2]。そして、本州については、「送電線は発電地帯と電力需要地帯を結ぶ媒介であるから、現在の送電線の敷設状態が重視されるべきである」として、電源地帯である本州中央部から伸びた5本の主要送電幹線の位置を考慮して東北、関東、関西、中国の4地域に分けることが望ましいとした（「7地域分割案」）。というのは、関東に伸びた主要送電幹線は2本、関西に伸びたそれはやはり2本、関西を経由して中国に伸びたものが1本という状況から、関東、関西、中国と区分けされ、残った本州東北部はほとんど本州中央部と連絡がないとしてひとつの地域と考えられるとのことだった。なお、関東と関西の境界線はこの案によるとちょうど富士川の辺りだった[3]。表6-1は「7分割案」で示された各地域に帰属する出力表である。

以上のような主要送電幹線の位置から行われた区分けは、電源の位置、当時の給電業務のあり方からみても現実性があると、当該再編成案の合理性を強調した。つまり、日本には厳しい乾季が存在するものの、季節的な調節を可能とさせる貯水池式水力発電設備は少ないため、どうしても火力電源をも考慮した水火併用給電体制を採る必要があるが、当該案ではそうした水力電源に加えて火力電源の位置をも満足していること、また、本州における日本発送電の組織編成をみると、東北、関東、関西（関西配電、中部配電、北陸配電の地域を含む）、中国と分割されており、実際の給電業務上からも理にかなっているとし

た。

　以上のような再編成案は、末端の給電業務の点で9分割されていることから、現実に即していないという欠点はあるものの、前述の前提条件に立ったものとしては、日本の当時の状況を非常によく把握して作成された地域分割方法だといえた。

2　集中排除審査委員会による審査と修正

　簡単に前述したが、集中排除審査委員会は反トラスト・カルテル課が進めてきた集中排除政策を検証するためにワシントンから派遣されて審査し（セオドア・コーエン［1983］、229～230頁、大蔵省財政史室［1976］、365～369頁）、日本経済復興のために多くの「過度の経済力集中」と指定された会社を解除した。以上のように集中排除審査委員会は対日経済政策のなかで、経済復興が優先順位の最高に位置づけられたからこそ生まれたものだった。それゆえ、経済民主化を優先順位の高位に位置づけたときに作成された前述の工業課作成報告書は批判されるか、無視されてもおかしくはなかった。ところが、その審査委員会のバーガー委員は当該報告書に対して、ほとんど同じ内容の「7電力会社案」として採用し、日本側に提示した（GHQ/SCAP/ESS/IND［1949b］）。なぜ、バーガー委員はほとんど同じ内容の「7地域分割案」を採用したのだろうか。

　実は、バーガー委員は集中排除審査委員会委員として来日する以前に、陸軍省の依頼に応じて[4]結成された公益事業調査団の団長として、1947年3月に来日していた。そして、4カ月間の調査の後、陸軍省に報告書を提出していた（Utilities Consulting Group［1947］）。その報告書とは、「極東委員会に指示された水準（1930年から34年水準のこと、注：引用者）に日本の産業経済を相応させる場合、それを超える余剰の火力発電力を決定すること」を目的として、賠償撤去すべき火力発電所の選定に役立てようとするものだった。その際、賠償撤去後に残された設備が十分に機能したり、地方の送配電体系が損なわれないように「供給装置と配電組織の適切な選択と組合わせに工学的な注意を払

い」、「日本の電力体系が安定して操業される状況におかれる」ことを考慮したという。そのため、火力発電所だけではなく、「各地域内で利用できる送電設備と、重要な点だが、給電地域間の相互融通を調査して」、賠償に指定する火力発電所を選定した。

それゆえ、日本の電気事業発達史や当時の電力需給状況を調査した上で（Burger［1947］）、火力発電所を選定したバーガーにとって、工業課が作成した前述の報告書の勧告は現実的であり、経済復興の点からも納得できるものだったのではないだろうか[5]。つまり、第一に、電気事業の行政所管を商工省から公益事業委員会に移管するという、いわば日本政府による統制形態から規制形態への転換、第二に、発送配電一貫経営を行う民有民営形態の会社を新設して、主要送電幹線を中心とした7地域分割案である。

3 反トラスト・カルテル課による再編成案の作成と民政局の反対

以上のように、バーガーは日本発送電関係者に対して、1949年5月に「7電力会社案」を示したものの、当時は、直接、日本政府に対してGHQ/SCAPは公式命令を出せないという状況と日本政府側の「誤解」によって、この提案は無視される形となった。というのは、日本政府側は、当時の稲垣平太郎通産大臣を通じて、経済が安定するまで再編成指令を延期してほしいこと、政府が設立する委員会において再編成案を検討したいことをGHQ/SCAP側に要請し、GHQ/SCAP側はそれに対して通達を発したが[6]、そのことを日本政府側が「再編成問題は、一応日本政府の責任で実施案を作ることが認められたものと解釈」（日本発送電［1954a］、358頁）したからだった。

そこで、GHQ/SCAPは、上述の「7電力会社案」の内容に従った再編成を実施する必要を感じ、1949年7月11日の集中排除審査委員会の最終勧告の内容に従った再編成の実現への着手を、同月21日に経済科学局に対して命じた（GHQ/SCAP/OFFICE OF CHIEF OF STAFF［1949］）。その指令には、日本政府に対して命じるべきことが以下のように記されていた。第一に、日本発送電だけではなく9配電をも再度「過度の経済力集中」に指定して、再編成作

業を開始すること、第二に、通産省資源庁電力局を廃止し、公私の電気、ガス事業を規制する国家的公益事業委員会を創設することを内容とする法律案を日本政府に制定させること、であった。なお、以上の最終勧告のなかには、必要があれば、公益事業委員会の許可によって関東、関西の2地域をさらに2分割することも認めると記述されていた（GHQ/SCAP/ESS/AC［1949］）。

このような命令を受けたマーカット経済科学局長は翌日の7月22日に早速、集中排除審査委員会、反トラスト・カルテル課、工業課、経済科学局価格・配給課（以下、価格・配給課と略す）に対して、上述のGHQ/SCAPからの命令を伝え、反トラスト・カルテル課に以下の行動を命じた（GHQ/SCAP/ESS［1949a］）。

第一に、持株会社整理委員会に対して、日本発送電、9配電が「過度の経済力集中」に当たり、再編成に着手する必要があると伝えること、第二に、持株会社整理委員会が作成し、GHQ/SCAPの審査を受けた再編成指令を日本発送電、9配電に対して発令することを同委員会に命じること、第三に、工業課と協力して、日本政府に対して現行の電気事業組織に関する諸法律を修正ないし廃止し、現在の電力局を廃止して国家的公益事業委員会を創設すること、またそのことを規定した法律案を作成することを伝えること、であった。

以上の指令に従い、反トラスト・カルテル課はマーカット経済科学局長に対して、電気事業再編成の方法を記した1949年8月26日付の覚書を提出した（GHQ/SCAP/ESS［1949b］）。そこに記されたものは、"SCAPIN"草案とその草案の理由書である"MEMO FOR RECORD 13 August 1949"、7地域分割の詳細を示す"Schedule A: Electric Power Area"だった。

"MEMO FOR RECORD 13 August 1949"には、まず、「日本発送電と9配電の創設は発送電設備を統合し、組織化することによって、戦争のために国家の電力資源を総動員する全般的な計画の一部であり、戦争目的にとってもっとも必要な産業にエネルギーを向けられるように、政府に対して電源開発と給電を完全に統制する権限を与えるという方法で行われた」とする。そのために、日本発送電、9配電の体制は「政治的な本質」を持ち、明らかに非能率で、

「その目的（戦争目的のこと、注：引用者）や、現在の平時での国家的需要にとっても、また占領軍の目的を満足する点にとっても不十分なものだ」という。そこで、「このSCAPINで指令された行動は、これらの非能率性を除去するために作成され、政府による所有、経営、統制を排除し、電気事業を公共の利益に反しないものとして政府による規制のみを受ける、私的に所有された自由な事業体制に再編成し」、「現在の電力体系を日本経済の需要に適切に対応しうるものに代え、電気事業が将来の国家的な電力需要に応えられるよう、健全な基礎を備えるという目的」を持つものだと位置づけた。ここには、明確に、対日経済政策において最上位の優先順位に経済復興が位置づけられた点を電気事業においても達成すること、そのためにGHQ/SCAPが有効と考えるアメリカ的な公益事業の理念に沿った事業体制への転換が必要であること、が述べられているといえよう。

そして、アメリカ的な公益事業の理念を具体的に達成する方法として、第一に、「会社の経営に対して動機づけ（incentive）を与え、積極性と効率性（progressive and efficiency）」という点で発展してゆけるように、「自分の会社の業務を他の会社のそれと比較できるような基礎を作」る必要があるため、「それぞれの地域の電力負荷とそれに応じた能力を考慮して、その観点から配置が満足のいくものと思える」7地域会社の設立を挙げた。第二に、国会に責任を負い、首相に指名され、参議院に承認された委員から構成され、各種業務、例えば電気料金の認可と却下、水源の保全と監視、電力融通が必要な際の司令等を行う公益事業委員会を設置することを挙げた。第三に、当時の電気事業体制に法的な根拠を与える諸法律の修正ないし廃止を挙げた。

そして、"SCAPIN"草案では、第一に、以下の点が記された。"MEMO FOR RECORD 13 August 1949"で示された業務内容を行う国家的公益事業委員会の設置、次に添付されていた"Schedule A: Electric Power Area"に基づく地域別会社の設立、そして日本発送電と9配電の解体だけではなく、7電力会社設立の権限をも持株会社整理委員会に与えること[7]、最後に現存の電気事業体制を法的に規定した諸法律の修正ないし廃止、が記された。

なお、上述の地域分割においては、前述のように、集中排除審査委員会の最終勧告で示された留保点、つまり、「もし後に望ましいと判明すれば、その委員会（公益事業委員会のこと、注：引用者）は上記のA計画の(3)、(4)節の各会社（この(3)節は関東地域の電力会社を、(4)節は関西地域のそれを記していた、注：引用者）はそれぞれもう2つの独立した会社に分割する権限を有する」とされていたように、「9分割案」をも許可していたのである。

ここで、「7分割案」と「9分割案」について触れておくと、「7分割案」とは前述のように、電源をその供給区域内部にのみ所有することを認めた電源属地主義に立ちつつ、日本の電気事業の発達史と当時の電力需給関係を考慮して作成されたものだった。しかし、「9分割案」では、単純に関東地域、関西地域をそれぞれ2つに分けてできるものである以上、「7分割案」の際に考慮された、日本の電気事業のあり方を無視する乱暴な計画といえるものだった。とりわけ、そうした「9分割案」では電源属地主義に立つ点は変わらないことから、関東、関西の両地域にとって重要な水力電源、例えば関東地域にとっての猪苗代湖周辺水系の水力発電所、関西地域にとっての黒部川水系の水力発電所等が属さないという恐れが考えられたからである。それゆえ、こうした問題のある単純な「9分割案」がどのような経過で登場してきたのか、これまでのところ、資料で確認できないため不明である。ただ、考えられるのは、表6－1にみられたように、関東、関西の両地域の規模が他の地域の規模に比べて巨大だったことから日本側の選択の幅を広げようとしたこと、GHQ/SCAPにとっての電気事業再編成の目的が地域分割の方法ではない別のところにあったのではないかということである。

GHQ/SCAPにとっての電気事業再編成の目的が別のところにあったのではないか、とする点については、当時のGHQ/SCAP経済科学局公益事業・燃料課（以下、公益事業・燃料課と略す）のキャッシュが以下のように語っている点が示唆的である。「これまで幾つに分割されたらよいかといったブロックというものに関心をひきすぎている。ブロックは一面の問題でもっと重要なことが他にあると思う。それは『レギュラトリーボディー』の設置ということで

ある」(電気新聞 [1949])。つまり、GHQ/SCAP側にとっては、電気事業再編成の第一の目的は、一定の独立性をもった規制機関たる公益事業委員会の設置だったのであり、地域分割問題は第二の問題だったと考えられる。以上の点は、第4章で述べたように、電力国家管理の間、日本政府から電気事業経営に対して、多くの、そして深い介入がなされており、GHQ/SCAPがその点を重視したとすれば首肯できるのではないだろうか。

　第二に、"SCAPIN"草案には、電気事業とガス事業の「サービス費用分析」を始めること、政府機関による民間公益事業の株式所有を禁止すること、電力局の廃止と同時に、国家的公益事業委員会の設置を早急に行うことを指令していた。

　第三に、この覚書を実行するために、日本政府の行動は常に、あらかじめGHQ/SCAPに報告して承認を得ておくことといった、日本政府と経済科学局との緊密な協議が記されていた。

　以上のように、GHQ/SCAP内部で、正式に初めて作成された電気事業再編成案は、政府とは一定の独立性を有する公益事業委員会の設立と電源属地主義というアメリカの連邦制を彷彿とさせる単純な地域分割方法を主張したり、実は参議院をアメリカの上院に見立てたような記述もみられており、アメリカ的な公益事業の考え方を適用したともいえるものだった。

　経済科学局は以上の再編成案を作成する傍らで、電気事業再編成に備えるために機構改変をも行っていた。まず、すべての作業を終えて1949年8月に離日した集中排除審査委員会と入れ替わりに、新設した生産・公益事業担当理事に、元オハイオ州の小電力会社社長の経験を持つケネディ（T. O. Kennedy）を迎え、8月15日には同局内に電気事業、ガス、石炭のエネルギー産業を担当する、前述の公益事業・燃料課を新設した（なお、課長はロームス）(GHQ/SCAP [1950a])。

　経済科学局内では、価格・配給課の反対意見もあったが（GHQ/SCAP/ESS/PD [1949]）、マーカット経済局長は上述の反トラスト・カルテル課作成の再編成案を経済科学局案として決定し、日本政府への通達を許可してもらう

ため、民政局に1949年9月上旬に送付した（GHQ/SCAP/ESS/UF［1950c］）。

しかし、民政局側は、現行の法律の廃止と新たな法律の制定を求める記述を削除すること、極力、日本政府に対しては「指令」という形で行われないのが望ましいことと通告した（GHQ/SCAP/ESS/UF［1950c］）。このため、やむなく経済科学局はその示唆どおり修正して、9月17日に民政局に再提出した。内容からみて、9月27日に通産省に提示された覚書はこの修正案と同一のものと考えられる（GHQ/SCAP/ESS［1949c］）。

民政局は日本政府吉田茂首相、内閣官房長官との会談で、経済科学局案に関して協議を行った結果、日本政府側には電気事業再編成を実行する意志と能力があると判断して、同月29日、正式に、前述の日本政府に対する電気事業再編成を指令する経済科学局案を却下した（GHQ/SCAP/ESS/UF［1950c］）。以上の民政局の行動は、デ・コントロール、つまり講和条約の締結を前にして、日本政府への行政責任を漸次委譲していくという政策の一環だったと考えられる（大蔵省財政史室［1976］、468頁）。

ここにおいて初めて、日本政府側はGHQ/SCAPより、電気事業再編成作業への着手が認められたのである。そして、生産・公益事業担当理事ケネディ、公益事業・燃料課は通産省の諮問機関として設置された電気事業再編成審議会との協議を通じて、間接的に再編成作業に携わることに変わった。

第2節　電気事業再編成審議会と松永の登場

1　GHQ/SCAPからの10分割案の提示と電気事業再編成審議会答申

電気事業再編成審議会は、会長を第二次世界大戦前に東邦社長を経験した松永安左エ門、他の委員は日本製鉄社長三鬼隆、復興金融金庫副総裁工藤昭四郎、慶応大学法学部長小池隆一、国策パルプ副社長水野茂として（電気事業再編成史刊行会［1952］、342頁）、1949年11月から開始された。同審議会は、生産・公益事業担当理事ケネディ、公益事業・燃料課員との会談を何度か行ったこと

から、ある程度 GHQ/SCAP の意向、つまり、前述した経済科学局案に記された国家的公益事業委員会の設置、地域別に分割されて発送配電を一貫して経営する民有民営形態の会社の設立、各地域間の電力融通によって電力需給を調節することを前提とした電源属地主義の採用等を意識しながら、議論を進めた（電気事業再編成史刊行会［1952］、405～419頁）。

その後、1950年1月19日に開催された第11回審議会において再編成案の候補として検討された松永案、三鬼案、水野案は何れも前述の GHQ/SCAP の意向とは異なるものだった。第一の松永案とは、審議会会長の松永安左エ門が提案したもので、9配電会社に、その営業区域内部の日本発送電の発送電設備の合体を意図したもので、ただし、水力電源の帰属についてはその位置に関わらず、それまでの主な需要先となっている地域を担う電力会社に帰属させるという電源潮流主義を採用するものだった。第二の三鬼案とは、日本製鉄社長三鬼隆の提案したもので、日本発送電の所有する発送電設備の約4割の能力を保有する融通電力会社と、残りの発送配電設備を一貫して経営する民有民営会社を、9地域に分割して設立するという併設案だった。第三の水野案は、国策パルプ副社長水野茂が提案したもので、電力調整機関と、北海道、四国、九州に本州を2分割した5地域に分割して発送配電を一貫して経営する民有民営会社の併設案だった。表6-2は三鬼案と松永案である。結局、審議会の大勢は何らかの電力調整機関を設ける案に傾いていた（電気事業再編成史刊行会［1952］、419頁）。

しかし、その日の審議会終了後、ケネディ、公益事業・燃料課員との第6回目の会談において、突如、ケネディらは「10分割案」を提示した（電気事業再編成史刊行会［1952］、420～427頁）。そのため、電気事業再編成審議会は「三鬼案」を正式答申として採用したものの、「松永案」を「参考意見」として付記することにした[8]。なお、前述したように、GHQ/SCAP にとって最重要だと考えられた公益事業委員会については、正式答申のなかで、「一般的所掌事務の処置については、一般行政府から独立した立場を保持するが、公益事業に対する重要政策については閣議の決定に服し、電力需給調整及び電力料金の決

定等については関係官庁との密接な連絡、協調を保持し、更に人事、予算等については内閣総理大臣の監督に服するものとする」として、政府からの独立性を保証するものではなかった（電気事業再編成審議会［1950a］）。「参考意見」には、同委員会についての特別な記述はなかった。

表6-2 「三鬼案」と「松永案」

	三鬼案		松永案	
	水力	火力	水力	火力
融通会社	2,117,720	972,000	—	—
北海道	231,856	56,483	231,856	56,430
東北	625,295	8,056	818,465	0
関東	804,552	353,510	1,432,568	353,000
中部	399,649	293,055	725,469	293,000
北陸	397,456	10,000	336,579	10,000
関西	331,369	485,075	1,211,066	1,168,070
中国	163,457	189,487	298,875	264,515
四国	196,157	82,728	199,757	80,728
九州	379,854	342,368	480,752	552,000

注：単位はKW。
出所：電気事業再編成審議会［1950a］より筆者作成。

　以上のような内容だったことから、正式答申はケネディや公益事業・燃料課の猛反発を招いた。日本発送電形態の残存や政府からの独立性を有しない公益事業委員会の設立は、「現存の過度の経済力集中の分散化を要求し、公益事業委員会が有する権威と機能の性質を示す基本的な指令の規定を含んでいない」（GHQ/SCAP/ESS［1950a］）ものだったからである。むしろ、「参考意見」の「松永案」の方が、「『日本発送電』の規模を縮小してでも継続しようとする審議会の正式答申よりも公益事業燃料課にとっては魅力的で、反対の少ない」（GHQ/SCAP/ESS/UF［1950c］）ものだった。

　こうしたGHQ/SCAP側の意向を2月11日の覚書（GHQ/SCAP/ESS［1950a］）にて内々に知らされた日本政府は、同月21日の閣議において、やむなく「参考意見」の「松永案」を政府原案の基礎とすることを決定した。この時点で、電気事業再編成案の地域分割方法に関しては、「松永案」か、つまり、9配電に、その配電会社の営業区域内部に位置する日本発送電の発送電設備を合体させる（ただし、水力電源については潮流主義に立つもの）案か、GHQ/SCAPが示した「10分割案」、つまり、日本全国を10地域に分割して発送配電を一貫して経営する民有民営形態の会社（なお、水力電源は属地主義に立つもの）を設立する案、のどちらかで決定されることとなった。

2 ケネディと10分割案

　GHQ/SCAPはどのような議論を経て、「10分割案」を考え出したのだろうか。松永安左エ門によると、この案は公益事業・燃料課員のエヤース（H. Ayers）によって考え出されたというが（松永［1983］、377〜384頁）、定かではない。そこで、生産・公益事業担当理事ケネディが電気事業に対して抱いた考え方を検討することで、この問題を考えてみよう。

　ケネディによると、第一に、電気事業に要する膨大な固定費から電気事業には「自然独占（natural monopoly）を認めるべきである（GHQ/SCAP/ESS/[1950d]、GHQ/SCAP/ESS［1951］）。第二に、自らの経験から、国有国営形態よりも民有民営形態の方が合理的だとする（GHQ/SCAP/ESS/[1950d]）。しかし、第三に、こうした「自然独占」は競争を妨げることになるので、「競争を維持する要因」（GHQ/SCAP/ESS/[1950d]）として、政府規制を行う公益事業委員会を設置すべきだと考えるという。第四に、電気事業を民有民営形態で運営するためには、営業区域内で発送配電を一貫して経営しなければならない（GHQ/SCAP/ESS/[1950d]）。ただし、全国を一社化すると政府規制では太刀打ちできなくなるので、地域分割した数社の設立が必要だという（GHQ/SCAP/ESS/[1950d]）。第五に、以上の形態で電気事業が運営されるためにはその経営基盤を確立するために適切な料金を設定する必要がある（GHQ/SCAP/ESS/[1950d]）。つまり、「政治的な考慮（political consideration）を反映しないで」（GHQ/SCAP/ESS/[1950d]）、「1日に数キロワット時しか使用しないものの、1キロワット時当たりの投下資本は高い住宅の需要者に対するキロワット時料金の方が、1日に長時間にわたって多量の電力を使用し、送配電線に直結しているため配電設備を要せず、1キロワット時当たりの投下資本が安い大口電力の需要者に対するそれよりも、高く設定されなければならない」（GHQ/SCAP/ESS［1951］）。

　以上のような「科学的」な料金設定によって固定費、運転維持費を含む経費をまかなうのに十分な収入を上げ、現在及び将来の電力需要に応じるため追加

的な発電能力の拡充を可能とするよう、「国内外の投資家からの資金を吸収」（GHQ/SCAP/ESS［1951］）できるシステム構築が必要だとする。第５章で取り上げた1949年12月の料金改定にはこうした意図が盛り込まれていた。

ケネディの考え方はアメリカ的な公益事業のあり方を反映しており、体系だったものといえよう。しかし、そこ

表6-3 「10分割案」の内容

	水力	火力	合計
北海道	226,935	59,163	286,098
東北	367,460	0	367,460
信越	1,252,711	7,800	1,260,511
関東	687,923	353,354	1,041,277
中部	1,042,612	293,057	1,335,669
北陸	872,876	10,000	882,876
関西	184,055	1,168,075	1,352,130
中国	297,713	269,225	566,938
四国	190,157	82,819	272,976
九州	479,217	522,047	1,001,264

注：単位はKW。
出所：電気事業再編成史刊行会［1952］、422～427頁。

には前述した工業課報告書やバーガーが取り上げた日本の電気事業発達史、当時の電力需給状況を考慮しようとする視点はみられない。地域分割後は、原則として自己の供給力によって当該営業区域の需給調整を行う一方で、どうしても電力不足が生じた場合には、それに「必要な融通は公益事業委員会に与えられた契約的取り決めと法的な権限によって十分処理される」（GHQ/SCAP/ESS/UF［1950c］）とする点に明らかである。それゆえ、表6-3にあるとおり、「10分割案」では、日本における火力発電とは主に渇水期の補給用電源、ピーク時用電源だったことを無視して常時使用の水力と同列に扱い、中央本州部の信越、関東、中部、北陸、関西と九州の６地域が水火力合計でほぼ均等な出力となるように分割していた。

以上のように、「10分割案」とは、アメリカ的な公益事業の考え方をそのまま引き写したものだったといえよう。

第3節　GHP/SCAPによる松永案の取り込み

前述のように、電気事業再編成審議会の正式答申よりも「参考意見」だった「松永案」を、GHQ/SCAP側が好んだからその案を基礎とした日本政府原案を作ったとしても、上述した「10分割案」という結論を持っていた以上、そのままでは状況は厳しかった。しかし、最終的にはその日本政府の原案を承認し、

後にはポツダム政令でもって実現することになる。なぜ、そこまでGHQ/SCAP側がその日本政府原案にこだわったのかを検討しよう。

これまでの研究では、橘川はGHQ/SCAPによる「松永案」の採用だけでなく、日本政府が「松永案」を採用したのも、「当時一応のタイムリミットとみなしていた第七回国会の会期末が近づくという状況のなかで、ともかくも両者が受け入れることができる具体的なプランは松永案をおいてほかにはなかった、という事情に求めることができよう」（橘川 [1995]、411頁）と、最善のものではないが、時間的な問題から採用されたとした。確かに、ちょうどこの頃は日本の講和条約問題が取り沙汰され始め、ケネディ等は日本政府側が電気事業再編成問題を講和条約問題にかこつけて後回しにし、最終的には再編成を実行しなくてもすむようなことを考えていたのではないかと日本政府側の行動をいぶかっていた。公益事業・燃料課は、自分たちの考えたとおりに審議会の議事が進まないことにいらだち、なぜそのように進まないのかを考えるために、審議会委員の経歴、日本の電気事業をめぐる政治的な関わりを調査した結果、結局は日本発送電解体を阻止しようとする勢力は日本発送電を政治の道具に利用し、それで金銭的な報酬を得ようとしていると考えた（GHQ/SCAP/ESS/UF [1950a]）。だからといって、前述したように、民政局に止められたように、日本政府に対して行政責任を委譲している時期であるため強行もできなかった。それゆえ、時間的な問題、ということはとても重要な要因だといえるのである。

それでも、十分に説明できない点がある。GHQ/SCAPは公益事業委員会の設置、地域別発送配電一貫経営、民有民営会社設立とともに電源帰属については、一貫して属地主義を採用していた。その点で、「10分割案」はこれまで述べてきたGHQ/SCAPによる再編成案の延長線上に位置づけられるのに、「松永案」を基礎とした日本政府原案は電源帰属を潮流主義とした「9分割案」であったこと、そして、その日本政府原案を承認した後は、日本側の巧妙な戦術で結局、国会において成立しなかった後でも見返り資金の停止という脅しをかけ、ついにはポツダム政令によってその実現を達成したこと、という行動を説明できないのである。

ここで重要な示唆を与えると考えられるものに、松永のグループ（松永安左ェ門、第二次世界大戦前に東邦に勤務し、電力国家管理成立後は日本発送電理事を務めた宮川竹馬等）から、ケネディらに宛てた手紙の内容である。特に松永はその手紙のなかで次のように記した。

　第一に、「日本の本州中央部の水力開発は東京、名古屋、京阪神という大産業都市への電力供給を目的として開発され続け、渇水への対応から火力を利用することでコストを低めてきた」（Matunaga [1950b]）のである。それゆえ、GHQ/SCAP が提案した「10分割案」の問題点は、電力のピーク時需要を満足するのに十分な水量を与えるダムを所有し、同一会社内で統合された水力発電と補給用電源としての火力発電を使って経済的に運用するという絶対的に必要な状況を欠くものだった、とした（Miyagawa [1950]）。

　第二に、「10分割案」によれば、電源属地主義によって、特に京浜、京阪神を供給区域とする電力会社は、歴史的にその地域の電力需要に応じるために開発してきた区域外に存在することになる重要な水力電源を失い、工場資産を欠如することにつながって、国内外の資本調達はできず、将来の電源開発に支障を来すことになること、そして再編成後に予想される電力不足に対して、GHQ/SCAP の考えるような電力融通契約ではとても解決できないことと記した（Matunaga [1950a]）。

　第三に、電気事業再編成によって合理化は避けられないが、「松永案」であればそうした再編成によって生じる人員削減やその他の犠牲を最小限に抑えた上で、電気事業は民有民営会社として、自らの努力によって復興し、一層、その事業基盤を強化することにつながると述べた。その結果、日本の経済復興にとっては重要な鍵を握る京浜、京阪神、中京の工業地帯への安定的な電力供給を可能にすると述べた（Matunaga [1950a]）。

　以上のように、松永らは、「松永案」によって、日本の電気事業が、分割された地域内で、発送配電を一貫して経営し、民有民営形態を発展させると説いたのである。そのためにも、水力電源の帰属については、ケネディらが考えた属地主義ではなく、潮流主義の採用を主張した[9]。電力融通契約では地域分割

によって生じる電力不足を解決することはできないと考えたからだった。そして、この点は日本政府も同じだった。だからこそ、日本政府は、GHQ/SCAPの「10分割案」よりは、東京、京阪神という大電力需用地帯向けの水力電源の所有を訴えた「松永案」の採用に踏み切ったのであろう。

ケネディらGHQ/SCAP側は、「松永案」と「10分割案」の相違を、当初は「主に本州中央部の電力設備の処理と電力融通に関する」（GHQ/SCAP/ESS/UF［1950b］）ものであると記しているように、本州中央部の水力電源の帰属問題だった点を理解してはいたが、松永らが強調した点、つまり、日本の電気事業経営の復興と日本経済の早期復興という点にまでは認識してはいなかったのだろう。そして、前述した松永らの訴えを聞くことでその点を強く理解したこと、また、GHQ/SCAPにとって電気事業再編成における優先順位の最上位は公益事業委員会の設置にあったことから、地域分割方法に関しては、持論でもあった電源属地主義を捨てて潮流主義に立つ「松永案」の採用を認め、その後は推進したのであろう。

なお、電気事業再編成における最上位の優先順位にあった公益事業委員会の設置に関しては一歩も譲らず、最終的に政府から一定の独立性を有する総理府外局として設けられることになった（GHQ/SCAP/ESS ［1950b］、GHQ/SCAP［1950b］）。

さて、電気事業再編成がもたらした意味を検討しておこう。9電力は、その与えられた供給区域内において地域独占を認められたものの、それとともに供給責任を果たすことが義務づけられたのである。第二次世界大戦前の電力会社は一般的に、政府より認められた供給区域内で、発送配電一貫経営によって電力供給を行ったが、その需要先は当該会社の供給能力に一致していた。自社の供給能力をにらみながら需要先を開拓し、維持していたのである。しかし、第二次世界大戦後の電気事業再編成によって、9電力の需要先は当該会社の供給能力に一致したものではなく、最初から決められた9つのそれぞれの供給区域となった。この点で戦前のあり方とは大いに異なるものだった。そして、9電力は戦後に義務づけられた供給責任の達成が果たされないときにはその存在意

義を問われるということを、身をもって実感していた。電力国家管理の成立では既存電力会社が生産力拡充計画に対応できないとして、その解体では日本発送電が日本経済復興を担当する地域別で発送配電一貫経営に基づく民間会社としては不適格であり、不可能であるとして、自らの意思とは異なって「消滅」を経験したからである。9電力は、第二次世界大戦前の既存電力会社の流れも、日本発送電の流れも汲んだうえで、供給責任の達成が何よりも重要であることを認識してスタートするのである。そして、この点は電気事業再編成直後の1952年3月に与党自由党の有志から電源開発促進法案が提出され、同年7月に成立した電源開発株式会社の登場によって現実味を帯びるのである。

第4節　9電力体制の下での電源開発の概観

　本章を閉じる前に、前節までに述べた電気事業再編成の結果誕生した電気事業体制が、どのように推移したのか、供給責任の達成という点ではどのようなあり方を示したのか、を概観して、次章以降のつなぎとしよう。

　図6-1は、電気事業再編成以後の供給力の推移を、発電電力量についてみたもので、図6-2は、出力についてみたものである。図6-1より、1950年代の供給量は水力発電を中心にしており、60年代から70年代半ばのオイルショックまでは火力発電を主体にし、オイルショック以降の70年代後半以降現在に至るまでの供給量では原子力発電電力量を中心として発電電力量を増加させていることが明らかとなる。

　これに対して、図6-2からは以下のことが明らかとなる。1950年代は水力発電の出力が最大ではあるが6割を超えるほどで、すでにその頃より火力発電出力は4割弱を占めていた。1960年代に入る当たりから火力出力が水力のそれを逆転し、70年代半ばのオイルショックまで火力の電源開発が盛んに行われて1973年度には76.8％を占め、水力出力は2割強まで減少した。1970年代に入ってから原子力発電の出力が登場し、70年代半ばのオイルショック以降現在に至るまでは大きな伸びを示してきた。しかし、図6-1でみたような、火力の発

図6-1　電気事業再編成以降の供給力の推移（発電量）

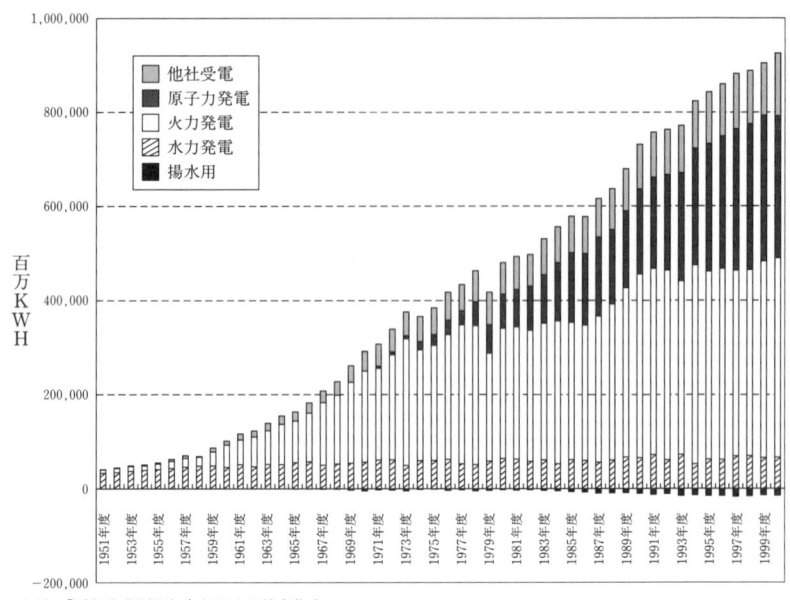

（凡例：他社受電／原子力発電／火力発電／水力発電／揚水用）

百万KWH

出所：『電気事業要覧』各年版より筆者作成。

図6-2　電気事業再編成以降の供給力の推移（出力）

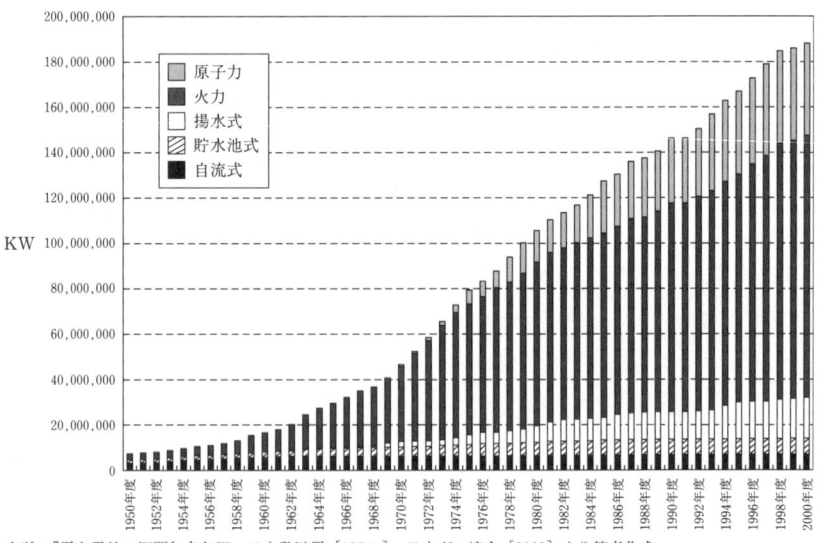

（凡例：原子力／火力／揚水式／貯水池式／自流式）

KW

出所：『電力需給の概要』各年版、日本発送電［1954a］、日本ダム協会［2003］より筆者作成。

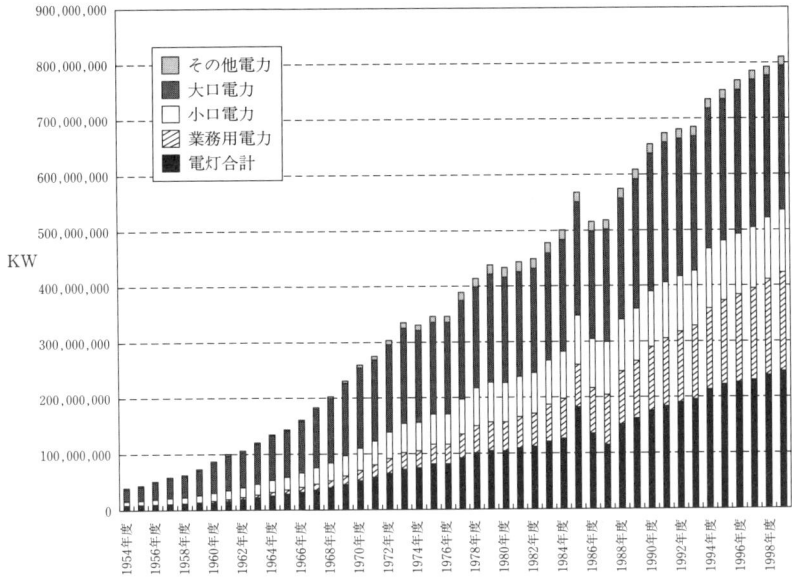

図6-3　電力用途別需要の推移

凡例：
- その他電力
- 大口電力
- 小口電力
- 業務用電力
- 電灯合計

出所：『電気事業要覧』各年版より筆者作成。

電電力量が微増、横ばいに対して、図6-2の出力の推移では1960年代からオイルショックまでの伸びほどではないにしても、オイルショック以降現在に至るまででも火力発電の出力増加は認められるのである。

以上の点は、電気事業再編成によって誕生した9電力会社が、前述のように、供給独占という権利とともに、自らに義務づけられ供給責任の達成を果たすために発電形態を柔軟に変更してきたとの評価ができよう。

次に、電力需要の用途別の推移を見たのが図6-3である。大口電力の割合が一貫して高いのは明らかだが、業務用電力の伸びも大きく、ついに1980年代後半には小口電力を上回ってしまった。

「はじめに」でも述べたように、日本の電気事業に関しては1980年代半ば以降、とりわけ90年代に入って、国際的に電気料金が高いとの評価がなされてきた。供給電力量1KWH当たりの電気料金収入の推移をみたのが図6-4である。1970年代半ば以降に急激に上昇している。この理由として、第一に、そも

図6-4　1 KWH当りの電灯電力料金収入の推移

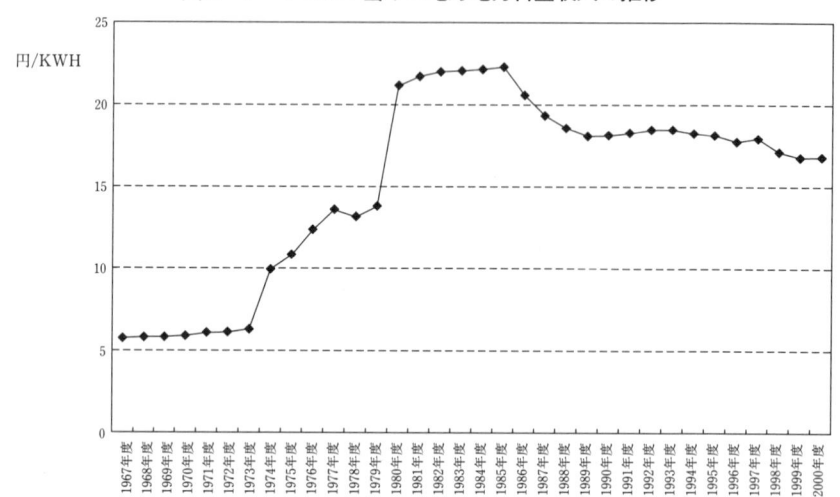

注：当該年度の電灯電力料収入額をその年度の送電端電力量で割って算出した。
出所：『電力需給の概要』、『電気事業便覧』各年度版より筆者作成。

図6-5　平均資本係数の推移

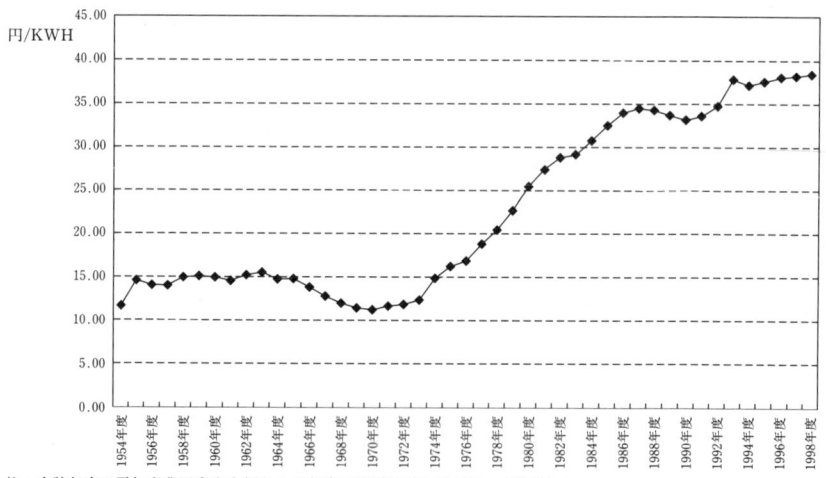

注：当該年度の電気事業固定資産額をその年度の送電端電力量で割って算出した。
出所：『電気事業便覧』各年版より筆者作成。

そも日本の電気料金は資産額を反映させることができ、この時期資産が急膨張したこと[10]、第二に、1974年3月に省エネルギーを進めるとして需要量増加に合わせた割高な料率を適用する逓増料金制度（電灯需要に対しては3段階料金制度、電力需要に対しては特別料金制度）を、1979年3月には夏季ピーク先鋭化防止策として夏季から他の季節への移行を進める季節別料金制度を採用したこと（前田［1993］、50頁）、の結果だと考えられる。なお、平均資本係数の推移をみた図6-5から、図6-4と同じように、1970年代半ば以降急上昇している点が明らかとなる。この時期の資産が急膨張したものの使いきれず、つまり負荷率が上昇しなかった表われであろう[11]。負荷率の低下は資本の固定化となり、コストアップにつながる。だからこそ図6-4の料金値上げが求められたのではないだろうか[12]。それゆえ、図6-4と図6-5は同じ軌跡を示すのだろう。なぜこのようなあり方を示すことになったのかを次章以下で検討する。

1) ここには、後に詳述する、電源をも、その営業区域内部にのみ所有するものしか認めない電源属地主義の立場にたっていることを表している。
2) その当時、すでに本州と九州は1945年5月の関門連絡線、同年12月の長門変電所と西谷変電所を結ぶ関門幹線の建設によって相互に結ばれていた（日本発送電［1954b］、131頁）。
3) 関東地域は、関東地方1都7県に加えて、新潟県、福島県の西半分、長野県の北半分、富士川以東の静岡県を含み、関西地域は近畿地方2府4県に加え、中京地方3県（愛知、岐阜、三重）、北陸3県（福井、石川、富山）、長野県の南半分、富士川以西の静岡県を含んでいた。
4) なお、陸軍省のこうした活動については、大蔵省財政史室［1976］、248〜252頁を参照のこと。
5) あるいは、前述のバーガーによる賠償設備選定作業時の資料がGHQ/SCAP/ESS内部に残されていたのか、一緒に上述の選定作業をした職員が残っていて、バーガーの構想に近いものが工業課報告書に結実したのかもしれない。
6) 実際のGHQ/SCAPの通達には、電力再編成案で新会社数を明示すること、日本政府内部に電気及びガス事業の監督を行う独立機関として公益事業委員会を設置すること等を内容とするものであって、電気事業再編成の件を日本政府

側にゆだねたわけではなかった（日本発送電［1953］、368頁）。

7) そもそも、持株会社整理委員会は日本発送電、9配電に対して解体指令を発するところまでしかできないものと考えられていたからである。というのは、GHQ/SCAPの電気事業再編成案によれば、配電会社は資産の膨張になると考えられていたからである。

8) 「正式答申」案の融通会社は、水力発電設備では、猪苗代湖系、阿賀野川系、信濃川系、天竜川系、木曽川系、飛騨川系、黒部川系、庄川系、太田川系、江の川系、五ヶ瀬川系、耳川系等の主要発電所82カ所、211万7,200KWを、火力発電設備では、尼崎第一及び第二、飾磨港、小野田、宇部、戸畑、小倉の7発電所、97万2,000KWを所有し、それに直結する送電線をも所有するものとされた（電気事業再編成審議会［1950a］）。参考意見としての「松永案」では、前述の9電力会社案を内容としつつも、例えば只見川の電源開発に当たっては、その地域の電力会社が単独で行うのではなく、共同開発のための独立会社を設立して当たるものと記されていた（電気事業再編成審議会［1950b］）。

9) 1942年4月から9月の期間における、日本発送電の関東地域（ほぼ現在の東京電力管内）、近畿地域（ほぼ現在の関西電力管内）の供給力構成は以下の通りだった（日本発送電［1942a］）。関東では、群馬県、山梨県等営業区域内に所在する水力電源からの発電量は16億5,000万KWHで合計の45.5％、福島県、新潟県、長野県等営業区域外に所在する水力電源からの発電量は19億2,400万KWHで51.8％、火力電源からは1億3,700万KWHで3.7％だった。関西では、京都府、奈良県等営業区域内に所在する水力電源からの発電量は3億200万KWHで10.9％、岐阜県、長野県、富山県等営業区域外に所在する水力電源からは17億8,200万KWHで64.0％、火力電源からは7億KWHで25.2％だった。関東、近畿ともに営業区域外の水力電源への依存率は半分以上を占めていた。それらの電源を失うとなると、大変な問題だったといえよう。

10) 室田は核燃料勘定等が特定投資としてレートベースに算入されたため、原発投資を誘発し、料金上昇につながっていると指摘している（室田［1993］、315～329頁）。

11) 1970年代半ばに大澤は電力原価高騰の要因として、第一に原油価格の急激な高騰を、第二に電気事業の資本集約度の急激な上昇を挙げている。後者の資本集約度の上昇については平均資本係数と限界資本係数（固定資本帳簿原価の対前年増分÷販売電力量の対前年増分）の推移を根拠として「電気事業の資本係数が高まってきた理由としては、資本集約的な原子力発電の推進、公害防止対

策や過密対策のための設備投資の増大、発電所の遠隔化に伴なう輸送設備の増強、そして、インフレーションによる名目的な投資額の増加などの諸要因をあげることができる」（大澤［1975］、44頁）と述べた。
12) 日本政府も、負荷率の低下が割高な電気料金につながっていることを認め、負荷平準化の必要を説いている（経産省［2003］、13頁）。しかし、もう一方で原子力発電の優先的な利用をも唱えており（経産省［2003］、16頁）原子力発電と負荷率の関係を問題にはしていない。

第7章　成立直後の9電力体制の動揺

第1節　河川開発の一貫としての水力開発の捉え直し

1　多目的ダム構想の変遷

(1)　多目的ダム構想の萌芽と河水統制事業としての具体化

　前章で述べたように、電気事業再編成は水力をベース供給力に位置づけ、火力は渇水期の補給用か、ピーク時用として運用する水火力併用体制に立つものだった。だからこそ、電源潮流主義に立って、特に、関東、関西の両地域を担当する電力会社の水力電源を保証したのである。なお、その際の水力開発のあり方にまでは言及されてはいなかったが、第5章で述べたように、調整池式か貯水池式としての開発が求められてはいた。9電力は再編成後、水力開発のあり方を模索する立場にあったはずだった。ところが、純粋に水力開発のあり方を模索することはできなかった。第一の要因は、河川開発の一つとして水力発電開発が捉え直されたことで、成立直後の9電力体制は揺さぶられたからだった。以下では、そうした捉え直しの要因となった多目的ダムについてみよう。

　1960年代初めに建設省河川局長を務めた山内一郎によると、多目的ダムが出現するには一定の経済的条件が充足されなければならないという。つまり、「下流部の開発により、治水方策として上流におけるダムによる洪水調節が堤防方式より得策となり、これとともに重化学工業の発展に基づく電力需要の急増により、流込発電から調整池ついで貯水池発電への転換を必要とし、産業の発展による都市への人口の流入と工業の集積による大工業地帯の形成が大量の

上水道、工業用水をその周辺の河川及び地下水から取水することを困難とし、また、人口の増加による食料増進のための大規模な土地改良事業が安定した農業用水を求め、さらに技術面で土木工学及びこれに関する諸産業が一定の水準に達していることである」（山内［1962］、10頁）。

　それでは、多目的ダムという構想は第二次世界大戦後になってから登場したのか、というと、そうではなかった。実はその出発点となる考え方は1920年代頃から考え出されていたのである。その構想に当たっては、東京大学教授であり、内務技師で土木研究所長を務めた物部長穂、内務技師萩原俊一らが関わっていた。1920年代初め頃に、物部は、「茲に繰返して力説しなければならぬことは河川と言ふものは天然の排水路であつて、此の排水路が無かつたならば平地の大半は洪水の為に荒廃し吾人は住むに所なく耕すに地を見出さぬことでありましょう。即ち河川が如何に大なる水害を及ぼし而も何等利用の途がないものとして此の排水路としてのみの功績に対してこれに感謝しこれを尊重し愛護しなければならぬものである」（山内［1962］、21頁）から、「若しも豪雨の際に十数時間乃至数十時間の雨量を水源で貯へまして、これを渇水の際、水電なり灌漑なり舟運なりに入用な量づつ流出せしめたならば河川の敷地は余程縮小が出来、又既に広い敷地を有している河川に於ては其の敷地、即ち堤外地を耕地として利用する事が出来る。又、貯水の流出を適当に加減したならば水電、灌漑等の利便を非常に増大することが出来る筈であると考へました」（山内［1962］、18～19頁）。つまり、彼らにとって、河川とは、「天然の排水路」にすぎず、当該地域のなかで理解しようとはしなかった。だからこそそこを流れる河川水を資源化する考えが生まれたのであるといえよう。

　そして、治水と発電事業との関係については、「水電事業が渇水に依つて最も苦しむ時期は冬季でありまして其の時期には大災害を及ぼす様な洪水は絶対に無い。従つて夏季の洪水を調節する為に設けた貯水池は其の侭冬季の渇水補給に用ひられる。又灌漑用水及び夏季の短期間の渇水をも補給するには多少貯水池を大きくいたして置けば宜しい。水電用水の一日間の調整の如きは貯水池の上部数尺の調節で足りる」（山内［1962］、19頁）と考えたのである。

しかし、当時、すぐには以上のような発想は理解されず、「矢作水力に依り計画せられたる黒田貯水池にして……好個の地点にして締切堰堤の計画高を尚一層高むるに於ては前記以上の貯水容量を得、従つて補給水量を増加し得る地形状態に在れども会社としては前記計画水量以上の水量を必要とせざる理由と方々に採算上の関係より該貯水地点の全貯水能力以内に其の計画を止めたるものにして営利事業会社として当然のことなりといえども真弓水力地点より下流に在る大同電力、尾三電力、岡崎電灯、三河水力の諸地点並明治用水等が貯水に依り受くべき効果を考ふるときは此の全貯水能力以内の利用計画を遺憾とする次第なり」（山内［1962］、32頁）と非難するのであった。

　ようやく1930年代半ば頃から、「河水統制事業」として、のちの多目的ダムにつながる構想は具体化された。例えば、1935年に着工し、38年に完成した江戸川河川統制事業では、「この川の水を東京市の水道の原水に用ひ、併せて灌漑用水、工業用水、舟行などに用ひようとする」（山内［1962］、33頁）計画であった。その後、電力需要の増大と、4大工業地帯を主体に都市化が進展して、上水道、工業用水の不足という事態に至り、河川改修には触れずに、用水の確保が検討された。その代表例が1939年に着手し、1948年に完成した相模川河水統制事業計画で、そこでは横浜市水道、川崎市水道、川崎市工業用水、開田を目的としていた（山内［1962］、38～39頁）。

(2)　河川総合開発への転化と多目的ダムの建設

　その後、第二次世界大戦後に、以上の「河水統制事業」は現在の「河川総合開発」へと転化した。その変更には2つの意味があった。第一に、河川水の調節だけではなく、戦時中の荒廃と敗戦からの経済復興を、積極的に河川水を利用することによって実現するという、「利水」面を強調するものだった。当時の日本においては、電力不足は産業振興、国民生活を営む上で重要な問題となっており、電源開発が求められ、日本国民の飢えをいかにして解決するか、という問題の解決のために食糧増産が求められたのである。河川を開発することで、当該河川の存在する地域の電力不足の解決と食糧増産に寄与するという意

味を付与したのである（山内［1962］、54頁）。

　第二に、第二次世界大戦後、台風等の自然現象をきっかけに頻発した災害対策、治水対策をも含みこませた。つまり、「戦後荒廃した山野と毎年襲来する猛烈な台風によって頻発する大洪水に伴う水害と、皮肉にも渇水時の水源枯渇に依る停電、旱魃と断水に対する対策は最も重要なる国策として再認識され、此等を織り込まれた河川総合開発が痛感されるようになった。又洪水量の増大に伴い従来の河川改修方式も再検討され改訂河川改修計画にも上流部計画として洪水調整用堰堤が考慮され、且つ砂防事業の重要性も併せ考えられて、著しく立体的方式が明示された。之がため従来の主として利水を目的とした河水統制事業にも再検討が加えられ治水目的も強く織り込んだ完全な大、中、小河川の多目的な総合開発事業計画立案の気運が高まり、各目的に建設費用の配分をなし公共事業該当分については国費負担或いは補助する基礎が確立し……河川に高堰堤を築造して洪水を貯留調節し洪水を逓減せしめ、又渇水時には河水補給を行い、以って発電、灌漑、水道、鉱工業、舟運等の水利を開発する多目的な河川総合開発事業の推進を図ることが緊急なる国策と痛感され」（目黒［1952］、46頁）たのである。

　こうして、河川総合開発は、理念として、地域経済の振興の手段として考えられた「利水」、特に当初は電源開発を目的とし、もう一方で第二次世界大戦後の荒廃した国土を「災害」から守る「治水」という2つの側面を持つものだった。そして、国民所得倍増計画治山治水小委員会において、以下のように報告されたように、「河川総合開発」は具体的に多目的ダムとして登場したのである。つまり、「多目的ダムによる洪水調節は下流堤防による河積増大が漸次困難となってきている現状から急速にその重要性を高めつつある。またその機能により治水と利水との両目的を合理的に達成することが可能となる。急増する利水面の需要の動向に見合いながら、残された乏しいダム適地を最も有効に利用する必要上、将来の河川開発は可能な限り多目的ダムを主体とすべきである」（山内［1962］、83頁）。

2 河川行政のヘゲモニー掌握に向けた建設省、衆議院建設委員会による柔軟で、継続的なコミットメント

前節で述べた多目的ダム構想は、第二次世界大戦後に、強力に、ある特定の主体によって主導された。建設省と衆議院建設委員会である。彼らは、その存在が危ぶまれた建設省を立て直すために、河川行政のヘゲモニー掌握に向けて活発に運動した。そこで、以下では、まずは「電源開発」という他省庁によって準備された、河川行政に関わるものにいかにしてコミットしたのか、次に自らが直接関わる河川行政をどのように進めたのか、を取り上げて、建設省、衆議院建設委員会のコミットメントを述べる。

(1) 電源開発株式会社設立に関わるコミットメント

この時期の衆議院建設委員会で活躍したのは田中角栄であった。御厨がまとめたように[1]、田中は先頭に立って、電源開発株式会社の設立に賛成した。田中はまず次のように述べた。「今電源開発は政治の焦点として取上げられておることは申すまでもありませんが、電気が少いからということで、これを解釈するために、総体的な国土総合開発を考えないで、どうもどろなわ式でもって、早く電気が出ればいいのだということで、電気を重点的に考えておられるようでありますが、電源開発は、御承知の通り非常に莫大もない費用と長い年月を費して行われるものでありまして、私は、この電源開発という問題が大きく取上げられて来たときに、初めて建設省が長い間考えておつた治山治水、利水という面もこれに抱き合せて、強引に成功をはかるという面に行かなければならないと考えておるのです……建設省が考えておる河川の総合開発、利水、河水統制という面も抱き合せてくれ、こういうことを強力に言つていただかなければならないと考えておるのであります」（衆議院建設委員会［1951］）と発言した。

そして、「私も提案者の一人でありまして、提案者に御質問するということは何かおかしいようでありますが、私たち自身でもこの法律案を提案して実施

いかんの責任は負わなければならないということで、われわれの所信を披瀝するとともに、これが実施の衝に当られる監督政府機関及びこれが会社の運営等に対しては強い条件を付しておかなければならない、こういう意味で私は意見を述べつつ御質問をしたいと考えておる」（衆議院通商産業・建設・経済安定委員会連合審査会［1952］）といって、「大体治水というものに一般会計が大きく食われております。と同時に電源開発という面でも今度大きく食われるわけであります。もう一つは利水という面に大きく食われている。この三つを一つにして総合的なものをつくるということは、私たち建設委員会の持論であるのでありますが、今度の電源開発も電力オンリーでなく、いわゆるテネシー・ヴアレーのような、ニューヨークに与えたミシシツピー・ヴアレーのような、これの型の小さい総合的な電源開発をやるべきである。しかも電源開発会社が取上げる大規模な発電地点は、当然このように多目的なダムがつくられなければならないと考えているのですが、発案者及び国務大臣としての建設大臣はいかなる所見をお持ちになつておられるか」（衆議院通商産業・建設・経済安定委員会連合審査会［1952］）と問いかけたところ、野田卯一建設大臣は、「田中委員の御意見には、私は全面的に賛成なのであります。国土の総合開発という観点から、水を極度に利用し、かつまた水を完全にコントロールする、これ以外に私は再建日本を盛り立てて行く道はないと考えておりますので、その方向に沿つて電源の開発もし、またその水を利用して工業、農業その他の分野に役立たせるという方針で進んで行きたいと思つております」（衆議院通商産業・建設・経済安定委員会連合審査会［1952］）と答えた。そして、提案者を代表して、福田一は、「治山、治水、利水という面と関連して電源の開発をやらなければならぬということについては、私どもも全面的に賛成でございます。大規模な発電所については特にこの点を注意していたすべきでありまして、この法案によつてできます新しい会社は、大規模の地点を開発するのが主目的になつておりますので、今申されたような点は特に考慮を払うべきものであると考えております。また法案自体としましても、審議会を設け、これらの面の関係者がみな集まつて、今言われた方向に進み得るような機構をつくつているわけで

ありますから、この点については万遺漏なきを期すべきであると考えておる次第であります」(衆議院通商産業・建設・経済安定委員会連合審査会［1952］)と答えたのである。

確かに、橘川武郎が、「公益事業委員会の廃止と電発の成立は、電気事業再編成の結果に不満をもった通産省と国家管理継承派による、部分的ではあれ一種の巻き返しとみなしうるものであった。このような動きにたいして、再編成によって誕生した公益事業委員会と9電力会社は、激しく抵抗した。しかし、占領終結という新たな情勢のもとで、公益事業委員会と9電力会社は、今回は敗者の立場に立たされた」(橘川［1995］、261頁)とのまとめは、まったくの誤りではないが、以上のような建設省、衆議院建設委員会の積極的な関わりは重要な要因だった。

いずれにせよ、河川開発はダムを基本と認められた。

(2) 建設省自らが直接関わる河川行政の諸政策

特定多目的ダム法

前述のように、1920年代頃に物部らによって考え出された構想は、1930年代になって「河水統制事業」として実現し、第二次世界大戦後には「河川総合開発」として結実し、多目的ダムとして実体化した。しかし、そもそも多目的ダムとは治水、発電、農業用水といった異なる水利権の調整と活用を必要とし、現実に現場サイドから制度化の要請が寄せられた。そこで、建設省は自省の建設するものに限って、これらの水利を含めたすべての管理権を建設省が掌握する規定を法制化することをめざして「特定多目的ダム法」を準備した(御厨［1986］、271~272頁)。こうした建設省の進め方について、御厨は、「当面は特定多目的ダムに限定されるものの、一たん法制化が成ればこれを突破口に特別法の積み重ねの上に、河川法全体に及ぶ水利権の掌握すなわち『河川法改正』を意図していたことはいうまでもなかろう。もちろんそのねらいは関連各省にもわからない筈はなかった。しかし逆に、前述した「水資源開発」をめぐる状況の変化の中で、『河川法改正』へのリーダーシップをとる内閣が出現するか

否かも、はなはだ微妙であった。しかもその上この法による多目的ダムの管理運営の合理化は、否定しがたかったので、結局関連各省もあえて反対はしなかったのであろう。かくて建設省の手堅い手法が功を奏し、予定通り『特定多目的ダム法』は成立する」（御厨［1986］、272頁）とまとめた。とはいえ、当時の南條徳男建設大臣が、「利害関係者に対する補償あるいは納得ということについては、この法案では、建設大臣が一切をあげて管理者となり、責任者となるように書いてありますためにいろいろ誤解もあるようでありますけれども、今までの河川法を一歩譲りまして改正して、そうして各省間の協議をととのえるということにしただけでもよほど今までとは変った態度であるということに御了解を願いたいのでありまして、今後の実際の方向といたしましては、お説のように、十分利害関係者に納得のいく方法をいたしまして、そうして円満にやっていきたいと考えておるのであります」（衆議院建設委員会［1957］）と答弁したように、建設省は、自らの主導性を保持しつつも、関係する他省庁の関与に道を開く形で取り込もうと意図した。1957年「特定多目的ダム法」は成立した。

水資源開発促進法と河川法改正

その後、高度経済成長期を迎えて、「多目的ダムは国土保全、産業基盤、社会環境施設としての機能を有するので、『社会資本』として把握され、特に工業用水は工業発展と密接な関係を有するから第二次産業を中心とする最近の経済計画では、重要事項として取り扱われるにいたった。その水源は依然として河川に依存するところが大であるが、地下水、海水を含めて水利用の高度化を図ることが必要となったことと、単に狭い地域の開発のためでなく日本経済全体の経済手段として水利用を考えるようになったため、『河川総合開発』よりも『水資源の開発』という言葉が一般化するにいたった」（山内［1962］、86～87頁）。つまり、「伝統的な治水・農業用水・発電水利に対する工業用水及び水道用水の台頭」（御厨［1986］、273頁）が課題とされたのである。そこで、自民党は同党の政調会に「水資源開発特別委員会」を設置し、その委員長に田中角栄をあてて関係各省の新たな水資源開発の計画や構想をめぐる対立競合の

総合調整を前もって図りつつ、最終的には池田勇人首相の裁定で、水資源開発における建設省の主導性を保証したのである[2]（御厨［1986］、273〜274頁）。1961年「水資源開発促進法」は成立した。

そして、いよいよ「特定多目的ダム法」に続く「水資源開発促進法」という法律の制定は、「まさに特別法の積み重ねによる基本法改正への道を開くものであった」（御厨［1986］、274頁）。建設省にとって長年の宿願であった河川法改正を、1964年に実現したのである。改正された河川法の特色として、第一に、水系を一貫して総合的に管理する体制の構築であること、第二に、治水・利水を一体化した水資源の総合的利用と開発を可能とするもの、第三に、ダム管理の管理法制を整備するものがあげられる（御厨［1986］、275頁）。この時点で、ついに建設省は1920年代から構想されてきた多目的ダム構想を推進する能力と資格を、内外に示すに至ったのである[3]。

それでは、強力な政治主体たる建設省はいかなる形で多目的ダムの建設を進めたのだろうか。そして、ダム開発を基本とする点では、電力会社の方向性とは一致しつつも、齟齬は生じなかったのかを、発電機能を有するダムに注目して検討しよう。

3　発電機能を有する多目的ダムの建設とそれに伴う問題

(1)　発電機能を有する多目的ダムの建設

日本ダム協会［2003］の、発電関係のダムの記述から、年代別、出力別に新設された状況を作成したのが表7-1である。さて、同表から明らかになることは、第一に、発電に関わるダムの新設においては、1970年代までは発電専用ダムが圧倒的に多かったのに対して、ともに数を減らすものの、70年代以降は発電専用ダムが激減して、多目的ダムの方が多くなっている。また、オイルショック後の1970年代後半以降から1,000KW未満の貯水池式水力発電を中心として新増設が多かったことと考え合わせると（中瀬［2004b］）、発電専用ダムでは1970年代後半以降は「ダム」という定義に合わない形での新増設が中心となったことをも示すものと考えられよう。

表7-1 発電機能を持つ多目的ダムと発電専用ダムの建設の推移

	1945~50年		1951~60年		1961~70年		1971~80年		1981~90年		1991~2000年	
	a	b	a	b	a	b	a	b	a	b	a	b
1,000,000KW 以上	0	0	0	0	0	0	2	6	1	2	0	14
500,000~1,000,000KW	0	0	0	0	0	1	0	5	1	2	0	2
300,000~500,000KW	0	0	0	3	1	4	0	1	0	0	0	0
100,000~300,000KW	0	0	1	5	4	6	2	3	1	2	0	0
50,000~100,000KW	0	2	2	16	4	13	3	3	3	1	0	0
30,000~50,000KW	0	0	5	11	2	12	3	7	0	2	1	0
10,000~30,000KW	0	1	31	39	23	26	11	5	9	6	3	1
5,000~10,000KW	0	2	8	14	14	13	8	2	6	1	3	0
1,000~5,000KW	2	0	3	10	10	5	6	0	7	0	11	1
1,000KW 未満	0	1	1	1	0	0	0	0	6	0	2	0
データなし	0	0	0	2	1	5	0	1	2	1	3	0
合計	2	6	51	101	59	85	35	33	36	17	23	18

注:なお、「a」は多目的ダム、「b」は発電専用ダムを指す。
出所:日本ダム協会[2003]、453~493頁より作成。

　第二に、発電専用ダムの方が多目的ダムよりも、年代が下がるにしたがって、新設される発電所の出力が大規模なものに偏っている。発電専用ダムにしても、多目的ダムにしても、30万KW以上の水力発電は揚水式発電所であるが、多目的ダムについては発電専用ダムほど大規模な揚水式発電に集中せず、より規模の小さな出力を持つものをも開発している。この点は、発電専用ダム新設の際に経済性を前提とした電源開発全体の位置づけから、大規模な揚水式発電の建設が優先されたものと考えられる。当然なことであるが、以上の点で、発電専用ダムの方が電源開発全体のあり方に規定されているといえよう[4]。

(2) 多目的ダムの建設に伴う電気事業者との問題点

　それでは、多目的ダムの建設とは、発電専用ダムとは異なるのだろうか。実は、多目的ダムを建設するにあたっては、国、地方自治体が事業者である場合に9電力等一般電気事業者との間で、問題が生じていた。そのことは電気事業者からすれば、水力発電を建設するという事業運営上、障害ではなかったが、制約条件として機能したといえる。

　たとえば、東京電力は矢木沢発電所について、以下のようにまとめている。「1965年12月~67年4月に利根川最上流部で運転を開始した矢木沢発電所(24

万KW)は、東京電力では初のデイリーピーク対応を主目的とした本格的揚水発電所である。この発電所の建設経過に関して注目される点は、①当初は数万KW級の貯水池式ピーク発電所の建設を予定していたが、デイリーピーク対策が重要課題となったため揚水式発電所に変更したこと、②上部貯水池のための矢木沢ダム（高さ13メートル、堤長352メートルのアーチ式コンクリートダム）の事業主体が東京電力から建設省、さらには水資源開発公団に移り、同ダムは洪水調節、灌漑、発電に携わる多目的ダムと位置づけられるにいたったこと、③その結果、落差や揚程の変動範囲が約50％に達し、揚水式発電所としては異例な広範囲運転を強いられるようになったこと、などがあげられる」（東京電力［2002］、827〜828頁）。

また、1950年代後半から70年代初めまで闘われた、いわゆる「蜂の巣城紛争」にもみられる[5]。この「紛争」中の1960年5月28日、室原知幸他2名は東京地裁に建設大臣を被告として、下筌・松原ダム建設事業の認定無効の訴えと同執行停止の申し立てを行った（下筌・松原ダム問題研究会［1972］）。事業認定申請書に特定多目的ダム法に規定された基本計画が欠如していることを突いたのである。その裁判の判決文には、「本件事業認定の申請書及び添付書類中には右に論じた発電事業者、発電施設等に関する諸事項を明らかにする資料は存在せず、今日漸く起業者とダム使用権設定予定者に擬せられている九州電力株式会社との間でこれらの点について折衝しようとし又は折衝しつつある段階であり、とりわけ重要な建設費の負担に関する両者間折衝は漸く具体的な数字を挙げて交渉に入ろうとしている程度で、これがダム法の要求する基本計画が作成できないでいる最大の原因であると同時に先に指摘した発電効果を裏付ける資料の不備となった理由であ」（下筌・松原ダム問題研究会［1972］、652頁）ったと記載されていた[6]。明確に、下筌・松原ダムを建設するにあたって、国と電力会社の間で齟齬があったことを確認できるのである。それではなぜ齟齬が起こったのだろうか。

九州電力は、当時、「苅田－西谷－山家－上椎葉と連係して北部火力と南部水力をつなぐ九州の動脈」（九州電力［1961］、24頁）を建設、整備するという

計画を持っていた。前述の1960年代の電源開発のあり方である。現実に苅田発電所、大村発電所、新港発電所、新小倉発電所といった北九州、大牟田地区の工業地帯近くに火力発電所を建設してベース供給力を充実させ（九州電力[1982]、43頁）、もう一方で上椎葉発電所（最大出力9万KWの大貯水池式発電所）、諸塚発電所（九州電力初の揚水発電所）、一ツ瀬発電所（ピーク及び周波数の調整力不足を補う発電所）という、宮崎県耳川水系での水力開発によってピーク供給力を充実させる計画を進めた（九州電力[1982]、41〜42頁）。北部火力と南部水力の中継地点の位置にある下筌、松原の地点での水力開発にはいずれ着手するにしても、当時の九州電力にとっては優先順位の高い建設だったとは考えにくい。以上のことが、前述の判決文の内容となった。以上のように、多目的ダムの建設とは9電力等一般電気事業者にとっては事業運営上、制約的な条件だった。

4　発電機能を有する多目的ダムの運転とそれに伴う問題

(1)　発電機能の程度

　それでは、発電機能をもった多目的ダムにおいて、発電機能はどの程度発揮されたのだろうか。丸山、城山、矢木沢、高見等多目的ダム154カ所の発電利用率をみた図7-1から、発電利用率が70〜80％以上のところに集中している点が明らかとなる。また、各ダムの平均発電利用率を新設時期ごとにみた表7-2からは、新設時期が異なってもその利用率は高いことが明らかとなる。しかも、『多目的ダム管理年報』の個々のダムをみると、灌漑、水道向けの取水管を持つものは少なく、またたとえ灌漑、水道向けの取水管をもっていても、発電取水量の方が圧倒的に灌漑、水道用の取水量、放水量よりも多い。なぜなら、発電とは1年365日運転され、供給責任を負った9電力に販売されるという、多目的ダムが有する機能のなかでもっとも「日常的」で経済性の高い事業だからである[7]。なお、この結果、発電機能を持つ多目的ダムを有する地方自治体にとって、以上の発電業務は収益を生む重要な事業である（富山県[1983]、424頁、神奈川県[1982]、1108〜1109頁、新潟県[1988]、682頁）。

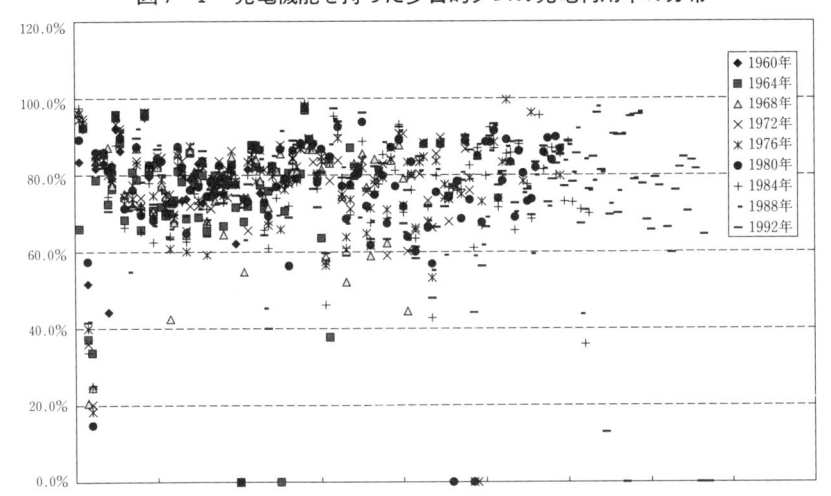

図7-1　発電機能を持った多目的ダムの発電利用率の分布

凡例：◆1960年　■1964年　△1968年　×1972年　＊1976年　●1980年　＋1984年　-1988年　-1992年

注：当該ダムの、当該年度の「発電利用率」の分布をみている。本来であれば、『多目的ダム管理年報』すべてを対象とすべきだが、利用できない年度のものもあるため、4年ごとに取り上げた。「発電利用率」とは、『多目的ダム管理年報』に掲載された個々のダムにおいて、（発電取入量）/（流入量＋補給量－洪水調節量－満水調節量）で算出した。なお、個々のダムでは、（流入量＋補給量）＝（取入量＋放水量＋貯水量）である。
出所：建設省河川局［1960］、［1964］、［1968］、［1972］、［1976］、［1980］、［1984］、［1988］、［1992］より筆者作成。

表7-2　発電機能を持った多目的ダムの平均発電利用率の時期別分布

	1945～50年	1951～60年	1961～70年	1971～75年	1976～80年	1981～90年	1991～2000年	時期の掲載なし
50%未満	1	1	0	0	0	1	0	0
50～60%	0	0	2	1	0	1	0	0
60～70%	0	6	8	1	1	5	1	0
70～80%	0	17	18	6	5	9	1	0
80～90%	1	13	14	5	7	6	2	0
90%以上	1	3	4	1	1	5	0	0
計算できず	0	2	0	0	0	2	1	1

出所：建設省河川局［1960］、［1964］、［1968］、［1972］、［1976］、［1980］、［1984］、［1988］、［1992］より筆者作成。

とはいえ、電源開発のなかでの水力発電の占める割合の小ささを考えると、電源開発全体において発電機能を持つ多目的ダムの役割も決して大きいとはいえない。

(2) 多目的ダムの運用に当たっての問題点

　最後に、発電機能を持つ多目的ダムを運用するに当たっての問題点について触れよう。前節でみたように、発電機能を持った多目的ダムが建設されたが、その事業主体については総数214のうち、地方自治体が最も多くて104、次いで国が93、電力会社が11と続く[8]。ちなみに発電専用ダムでは、総数260のうち、最も多いのが当然のことながら、電力会社で206、次いで地方自治体の47と続く。そして、発電機能を持った多目的ダムの運用にあたっては、つまり貯留した水の利用をめぐって、多目的ダムの事業者が国、地方自治体の場合、電力会社との間で問題が生じたのである。

　両者の「言い分」をみると、電力会社側は、「ご承知のように、電力需給は全国的に逼迫の度を増している。このような状況で、発電側としては、喉から手が出るほど水の欲しい時、数千万キロワット時を発電しうる貯水が、洪水制限期日を確保するために、思いきって放流されているのである。このことは、発電のみならず、かんがい用水についても言える。もともと、6、7月の時期は、一般に田植時でもあり、農業用水が、所要とされる頃で、この時期に、貯水が大幅に放流され、その利用水深が一挙に下がってくれば、所要量の水をとるにも、発電側との話合が必要であり、両者の間でイザコザがおきやすい。しかも不運にして降雨にめぐまれず、そのままヒデリが続く場合、貯水は、最低利用水位までおちることになる。そうすれば、発電も、かんがいも、両方が、まったくお手あげになるのである。加えて、一度に放水するため、下流護岸を荒らしたり、はては、冷水による農作物障害となりかねないのである。こうなれば、折角上流にダムをつくっても、かえってそのために原始的な雨乞い風情の、せっぱつまった苦情を味うことになるのである。まことに、何億円という巨費を投入しながら、寒心すべき事象である」（高橋[1957]、41頁）と述べていた。

　これに対して、建設省側は、「河川管理者としても、この正常流量の確保のため建設省所管ダムのほとんどに不特定流量を設定し、積極的にその補給を行っているところである。まさにこの流量確保こそが新旧水利権の調整をスムー

ズにし、又、環境問題についても調和のとれた河川開発となるキーポイントとなるものである。しかしながら、発電事業者にとっては大局的な定性面からはその必要性について理解されているが、定量面では、河川管理者と折り合いがつかない場合がある。即ち、河川維持流量を○○・/s確保することが、直接○○kWhの水力エネルギーの損失につながるという発想によるものであると考えられるが、河川管理の立場からは、河川が適切に利用されることにより公共の福祉の増進が図られることが、終極の目的であり水力発電についても、河川の固有の国産の貴重なエネルギー開発であり、河川の持つ貴重な機能そのものであると考えており、発電事業者にとっても、その辺の十分な理解をお願いしたい」（志水［1980］、11頁）と述べていた。明らかに利害の衝突がみられたのである。前述したように、多目的ダム構想の際に物部が期待した利害の両立という事態は、常に果たされたわけではなかったのである。

　そして、大量の降雨時におけるダム操作のまずさも手伝って[9]、以上の利害衝突の事態は水害という災害にまで発展するほど深刻な問題ともなった。「洪水警戒体制に入ったとき、水位が低いことは洪水対策上有利な条件であるが、現行のダム操作体系ではこの条件を有効に使おうとせず、洪水に達するまでの間に予備放流水位まで流水をため込むことを認めている。発電のような大企業が関係している場合には、この『予備放流水位までため込むことを認める』ことは、『予備放流水位までため込まなければならない』という責任となって、ダム管理所長の肩にのしかかってくる。その結果、ぎりぎりまで放流を抑えることになり、それが予備放流の失敗につながってゆく」（山崎［1979a］、19頁）からであった[10]。

　以上のように、発電機能を持った多目的ダムとは、運用面からも電力会社との間で利害衝突を生むものであった。そしてこのことは電力会社の事業運営にとって、制約条件といえよう。その結果、多目的ダムに対して、柔軟な電源開発をめざす電力会社が参加する割合が減っていったのである（志水［1980］、7～10頁）。そして、その解決策の一つとして、「多目的ダム等を下池等に利用する揚水式発電」というあり方が示唆された（志水［1980］、14頁）。

第 2 節　電源開発株式会社の登場と電力不足状態の継続

　成立直後の 9 電力体制を揺さぶった第二の要因は、電源開発株式会社（以下、電源開発（株）と略す）が新設され、同社に有力な水力開発地点を委譲したことだった。

　前述したように、電気事業再編成の直後、1952 年 3 月には与党自由党の有志から電源開発促進法案が提出され、同年 7 月に電源開発㈱が登場することとなった。同社は政府所有で、大規模または困難な水力電源開発を担当し、9 電力等の電気事業者に電力卸売りを行うものだった（電源開発［1984］、70～72 頁）。同社は発足後直ちに、北上川胆沢第一水力発電所の建設に着手し、以後 1953 年 4 月に天竜川佐久間水力発電所、54 年 12 月に只見川奥只見水力発電所、55 年 9 月に只見川田子倉水力発電所、57 年 6 月に庄川御母衣水力発電所の着工と続々と大規模なダム式水力発電所の建設を開始した。

　その電源開発（株）に委譲された水力地点とは、電気事業再編成前から期待されていた有望な地点だったのである。例えば、日本発送電解散時の只見川開発では、尾瀬原（貯水池、16 万 8,000KW）、奥只見（貯水池、28 万 9,000KW）、田子倉（貯水池、16 万 5,000KW）、滝（貯水池、12 万 KW）、大津岐（調整池、5 万 600KW）、本名（調整池、8 万 3,000KW）等で合計 156 万 4,150KW の開発が計画されていた（日本発送電［1954b］、61 頁）。実際には、奥只見はダム水路式として 56 万 KW、大津岐はダム水路式で 3 万 8,000KW、田子倉はダム式で、38 万 KW、滝はダム式で、9 万 2,000KW 等と開発された（電源開発［2004］）。また、天竜川開発については、佐久間（貯水池、35 万 KW）、秋葉第一（貯水池、7 万 7,200KW）、秋葉第二（貯水池、3 万 900KW）等で、合計 50 万 6,050KW の開発が計画された（日本発送電［1954b］、82 頁）。実際には、佐久間はダム水路式で、35 万 KW、秋葉第一はダム水路式で、4 万 5,300KW、秋葉第二はダム水路式で、3 万 4,900KW 等を開発したのである（電源開発［2004］）。

表7-3　9電力による1950年代の電源開発のスクラップアンドビルド

	9 電 力							
	自流式				貯水池式		揚水式	
	廃止		新増設		新増設		新増設	
1,000,000KW 以上	0	0	0	0	0	0	0	0
500,000〜1,000,000KW	0	0	0	0	0	0	0	0
300,000〜500,000KW	0	0	0	0	0	0	0	0
100,000〜300,000KW	0	0	1	125,000	1	154,000	0	0
50,000〜100,000KW	0	0	8	510,500	5	344,000	1	50,000
30,000〜50,000KW	0	0	12	448,100	2	64,300	1	43,600
10,000〜30,000KW	1	10,900	75	1,237,900	3	64,000	1	11,800
5,000〜10,000KW	3	24,400	44	295,810	4	31,520	0	0
1,000〜5,000KW	20	42,357	45	114,067	6	19,300	0	0
1,000KW 未満	114	20,305	75	27,234	1	100	0	0
総合計	138	97,962	260	2,758,611	22	677,220	3	105,400

注：なお、「廃止」、「新増設」の欄の左側が開発地点数、右側が出力合計（KW）である。また、「貯水池式」には「ダム式」、「ダム水路式」を含む。
出所：公益事業委員会事務局需給課編『電力需給計画の概要』、通商産業省公益事業局需給課編『電力需給の概要』の1951年から60年までの各年版の「新規休廃止発電所」より作成。

なお、1951年に発足した9電力は、表7-3にあるとおり、1950年代では、自流式水力発電において盛んなスクラップ・アンド・ビルドを進めた。特に、1,000KW未満を中心に小規模な自流式水力発電所をスクラップする一方で、より規模の大きい自流式水力発電の新増設が行われた[11]。以上の行動はこれまでに述べたように、課せられた供給責任を達成するために電力不足を解消するための緊急対策として、短い工期で完成できる自流式水力発電所の建設に取り組んだからである（東京電力[2002]、735頁）。この点は、貯水池式水力発電の新増設において、例えば東京電力が須田貝水力（出力4.6万KW）を1年10カ月で、関西電力が丸山水力（出力12.5万KW）を2年7カ月で、中部電力が奥泉水力（出力8.7万KW）を2年8カ月で完成させたことにも表れている（東京電力株式会社[1983]、関西電力[1987]）。

しかし、1955年頃までは、あまりの需要の急伸、渇水による電力不足や新規開発が間に合わなかったため十分な電力供給ができず、たびたび通産省告示による電力使用制限を行わざるを得なかった（関西電力[1978]、131〜133頁）。

そこで、電気事業再編成時に需要と電源帰属のアンバランスを調整しようと「電力相互受給並びに融通契約」（第1種融通契約）を結んでいたが、新たに1951年9月に電力使用制限後の需要に対する供給力の余力を融通する「非常時融通契約」が結ばれ、52年には各社間の受給不均衡を是正するために第2種融通契約を結び、その後56年までに第3種から第5種まで融通契約が結ばれた（中央電力協議会［1999］、55〜56頁）。実際に東京電力は東北、関西の両電力会社との融通契約によって受電を予定していたが、1951年には両電力会社の異常渇水のため、逆に送電したりした。また1953年には東京電力と北陸電力の間には連系設備がなかったため姫川仮変電所、栃尾と霞沢を結ぶ送電線を建設して融通体制を築いた（東京電力［1983］、289〜293頁）。

第3節　電力再々編成としての問題提起

　9電力体制を揺さぶるものとして、第三に、電力再々編成問題が生じた[12]。1957年に東北電力、北陸電力の2社は電力需要の急増に対応するため、供給力を整備するのに必要な資本費と他社からの電力購入費をまかなうために電気料金の値上げを申請した（北陸電力［1999］、540〜545頁）。しかし、東北電力、北陸電力という9電力のなかでも「弱小」とみられていた2社の料金値上げ申請は、東北電力を東京電力に、北陸電力を関西電力にそれぞれ合併してはどうか、という電力再々編成問題の議論にまで発展した。

　こうして、多目的ダム開発の進展、電源開発㈱への有望な水力地点の委譲、電力再々編成問題の高まりから、9電力体制は早急に供給責任を達成できるだけの供給方法を確立することを急務とした。そして、降雨という気象条件に左右されざるを得ない水力発電開発からの脱却、つまり、火力開発と原子力開発がそれに代わりうるものとして模索されることになるのである。次章では、なぜその2つの選択肢のうち、火力発電開発が推進されていくのか、を取り上げよう。

1) 「もともと『電気事業再編成』の過程では、建設省－建設委員会は、非自由化論の自由党大野派より、将来介入への可能性を持つ自由化論の松永らに近かった。にもかかわらず、その後の『電源開発』の母体をめぐる自由党大野派と松永の公益事業委員会との対立に関しては、むしろ前者に接近することになった。何故なら後者は、民営の開発会社を電力会社共同で設立すると決め、電源開発本位の水利調整を強調し、また多目的ダムに対する理解がなかったから、建設省－建設委員会としても介入の接点を見出しようがなかったのである」（御厨［1986］、262頁）。
2) 御厨は、「これまでのように審議会やその他の公的機関ではなく、自民党政調会内部に、しかも争点化を予知してあらかじめ調整の場を設定した事実に、保守合同5年目の自民党における政権党としてのそれなりの制度化の進行をみることができるだろう。その意味では、やはり政策決定機構の整備も進んだのである」（御厨［1986］、273頁）との評価をしている。
3) 1997年、本論で触れた改正河川法は再び大改正された。その際、河川行政に「治水」、「利水」と並んで「環境」も加わったとして、それまでのものから変わった、との評価もなされている（高橋・虫明・大熊［2003］、15頁）。しかし、河川法の大改正後の徳山ダム、川辺川ダム等多目的ダムの取り扱いを目にする一方で、本論で展開した内容こそが河川法それ自体の本質だとすると、上述の評価の是非も問われよう。
4) なお、9電力において1980年代、90年代に、1,000KW未満の貯水池式水力発電の新増設が多かったが、『電源開発の概要』当該年版で多目的ダムの新増設状況をみると、80年代には合計で39カ所、1,000KW未満の規模10カ所、うち増設は3カ所、90年代には合計で31カ所、1,000KW未満の規模16カ所、うち増設は11カ所であった。多目的ダムにおいても、1,000KW未満の規模における新増設が中心であることがわかる。
5) 1953月6月の筑後川上流域を襲った集中豪雨により下流の筑後平野一帯で起こった大洪水対策として、1957年に九州地方建設局によって筑後川治水計画が策定され、その結果、下筌、松原地区をダム湖に水没させることが決定された。しかし、地元の室原知幸が中心となって真正面から反対運動を起こし、自らの山村を売却して得た資金を使って、下筌ダムサイト右岸に長さ50メートル、300メートルの二重に砦、いわゆる「蜂の巣城」を築き、急斜面には有刺鉄線をはりめぐらせて常時反対派がたてこもる、という実力行使を進める一方で、事業認定無効の訴え、収用裁決取消しの訴え、土地収用の執行停止命令の申請など

の法廷闘争を闘った。そこで、建設して立てこもった場所から、室原の反対運動をさして「蜂の巣城紛争」という（三隈川［2004］）。

6) 最終的には、「本件事業の主目的とする治水計画には、何らの変更もなく、ただ発電計画において、電力界の事情によって若干の変更が余儀なくされたもので、この程度の変更は、事業計画の全体からみれば軽微な変更にすぎない。従って、収用法第47条第2号にいう事業計画が『著しく異なるとき』には、該当しないと確信する」（下筌・松原ダム問題研究会［1972］、820〜821頁）として、却下された。

7) それゆえ、前述した「蜂の巣城紛争」の際に室原が、「要するに治水優先を云われてきた松原・下筌ダムも、私が当初から云っていたように発電優先のダムに過ぎなかったのである」（室原［1972］、524頁）、と述べた点はまったくの誤りとはいえないのである。

8) このため、前述したような電源開発全体における水力発電の位置づけの変化、「経済性」を、多目的ダムは受けにくい。公共事業たる多目的ダムの建設が「止まらない」のも、ここに原因の一つがあろう。

9) 逆に、ダム操作さえ誤らなければ洪水という「災害」を引き起こさないとの考えもあろう。しかし、複数のピークを持つ洪水もけっして珍しいことではなく、こうした洪水の場合に、前のピークを乗り切るためにダムの治水容量の大半が消費され、次のピークに対して洪水調節機能を失う例がしばしばみられるというように（山崎［1979b］、49頁）、その操作はマニュアルどおりにできるほど簡単なものではない。ましてや、ダムを建設したからといって、必ずしも洪水という「災害」に有効なわけではないことは明らかとなろう。

10) 関西電力殿山ダム、中国電力新成羽川ダム等発電専用ダムにおいては、一層、この点が強まるからか、裁判闘争が展開されてきた（国土問題研究会［2000］、［2001］）。

11) なお、水力開発が盛んなこの時期には農山漁村における小水力開発も盛んに進められ、1952年には農山漁村電気導入促進法案が可決された。同法の目的は、未点灯部落、あるいは電力不足地域への電気供給だった（衆議院農林委員会［1952a］）。しかし、現実には、「はじめから地元の自治体に還元する目的で農協が建設したものもある。収益を町立病院の赤字の補塡に充てたり、植林事業に振り向けたこともあった」（前田［2000］、97頁）ように、電気事業の運用の結果、収益を獲得することをもめざした（イームル工業［1997］、33頁、中瀬［2004a］）。

12) 橘川武郎は、電力中央研究所電力設備近代化調査委員会の提案した近代化計画に松永が深く関わっていると指摘し、また広域運営方式と火力発電燃料の問題の関連を暗示している。ただし、橘川の関心は松永が9電力の再編成を意味する電力再々編成論に与しているか否かというものであって、本論での問題意識とは異なる（橘川［1995］、421～424頁）。

第8章　9電力会社間の競争と協調による旺盛な火力発電の開発

第1節　第二次世界大戦前の水火併用給電方式の経験

1　第二次世界大戦前期の経験

　第7章の最後に触れたが、1950年代後半に9電力は、水力発電に替わる発電形態を模索せざるを得なかった。そして、火力発電に期待を寄せることになる。なぜ、火力発電を選択したのか、その結果はどのような意味を持ったのかを、本章では取り上げる。火力選択の第一の要因は、第二次世界大戦前からの日本の電力会社による火力発電の経験だった。まずは、第二次世界大戦前期から戦時期の経験を取り上げよう。

　第2章で触れたように、大阪市営電気局では、ベース電源を購入電力に依存し、渇水期の補給用ないしピーク時用に自らの火力発電設備を運転していた。この点は実際の給電状況でも確認できる。例えば、戦時経済に入っていく1937年度において、1937年5～6月は電力需要もそれほど多くなく、また受電電力量はほぼ5,500～5,700万KWHの範囲で順調に受電できていたことから、同局の火力発電設備は運転されなかった。同年11月以降は冬季で渇水期にあたる一方、需要も増大していたことから、6,000～7,000万KWHの範囲で受電していても、同局の火力発電設備は運転され、同年11月には3万3,000KWH、12月には52万4,000KWH、38年1月には80万6,000KWH、2月には65万1,000KWH、3月には20万2,000KWHを記録した（大阪市電［1938］）。

　こうしたあり方は同じ小売電力とはいえ、当時日本最大の電力会社だった東

京電灯でも同じだった。同社の場合は、供給力のうち、自社水力の割合が高かったことから、まず自社水力を運転し、また多くの水力中心の関係会社から電力購入を行い、どうしても渇水期やピーク時に供給力の不足がある場合に、自社火力発電設備を利用した（東京電灯会社史編集委員会［1956］、30、129～130頁）。戦時経済が進んでいた1937年度をとると、1937年10月の発受電電力量5億1,300万KWHのうち、自社水力2億2,800万KWH、受電2億8,400万KWHで、自社火力が20万KWH、全体の0.05％だったのに対して、38年2月には発受電電力量4億7,000万KWHのうち、自社水力2億300万KWH、受電2億2,100万KWHというように少なかったため、自社火力で4,600万KWH、全体の9.72％を発電した（東京電灯株式会社［1938］）。当時の小売電力は以上のような、水力をベースに、火力を渇水期の補給用ないしピーク時用に使用するという水火併用給電方式をとっていた。

　前述した大阪市営電気局や東京電灯のように小売電力会社が供給力を、自社水力、購入電力でまかない、なるべく自社火力を抑えていたとすると、それら小売電力会社に電力を供給していた卸売電力会社はどのような事業行動をとっていたのだろうか。そこで、卸売電力会社の代表として日電のあり方をみよう。ただし、同社はその会社発祥の地である関西地方以外に、電力戦を通じてサイクルの異なる関東地方にも営業基盤を持っていた（中瀬［1992a］、66～69頁、栗原［1964a］、149～152頁）。このため、日電の電気事業報告書では大きく60サイクル、50サイクルとして分けて記述されており（なお、日電は平塚にも供給区域を所有していた）、実際に関西60サイクル、関東50サイクルとして別に給電運用されていた。それで、黒部川水系の柳河原水力、黒部川第二水力は60サイクル、50サイクルともに、供給されるものの、多くは関西60サイクル向けに運転された。また、瀬戸水力、亀谷水力、竹原川水力等他の水力発電所や関係会社の関西電力会社を中心とする受電も60サイクルのなかで運用された。このため、関西60サイクルでは、図8－1のように、1935年、36年とも渇水期となって水力出力が落ち込み、もう一方で需要が増える10月頃から自社火力発電量は増え始めて翌年の春先まで続くのである。関西60サイクルでは、前述した

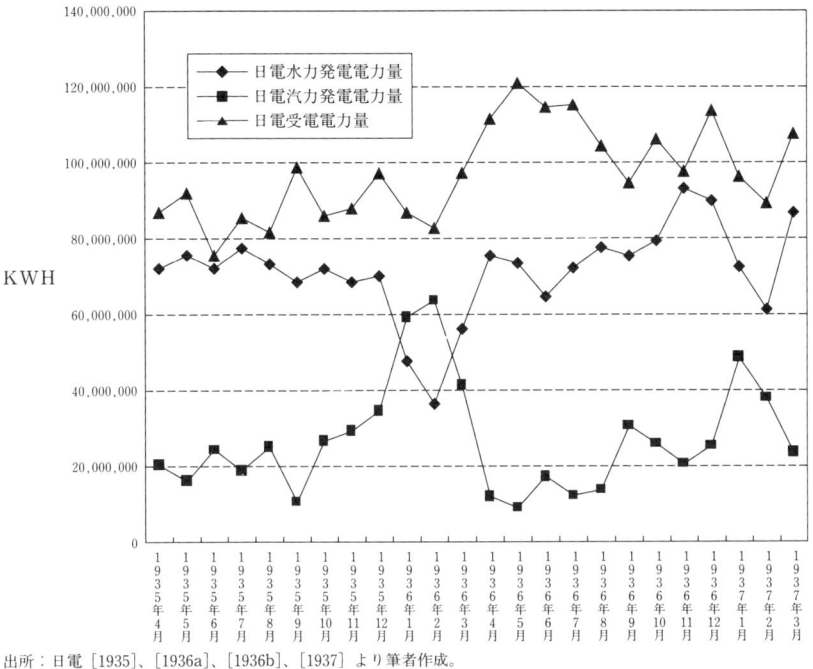

第 8 章　9 電力会社間の競争と協調による旺盛な火力発電の開発　185

図 8-1　日電60サイクル地域の供給力の推移

出所：日電［1935］、［1936a］、［1936b］、［1937］より筆者作成。

小売電力会社でみられた水火併用給電方式がとられていたといえる。日電は、第 2 章で述べたように、関西共同火力発電がその発電設備を増強させるのにあわせて、同社からの受電量を増やしていた。1938年 9 月から39年 3 月までの半年間には、日電60サイクル受電量 8 億5,500万 KWH のうち、3 億8,800万 KWH を受電し、受電量全体の45％以上を占め、同期の日電60サイクルの発受電電力量の25％以上を占めていた。日電という企業レベルでは関西共同火力での発電は、受電という形になったが、関西地域という地域レベルでは一層、水火併用給電体制を強めるものだった。

それに対して、関東50サイクルでは、もともと前述のように黒部川水系の 2 水力発電所からも送電を受けたものの、絶対量的には少なく、しかも冬季の渇水期や水力出力の出ないときにはあまり送電されなかった。東京電灯等からの

受電を中心とし、自社水力、受電電力がともに不足するときに、冬季渇水期や空梅雨で水力出力が期待できないときに、盛んに日電50サイクルの自社火力東京発電所を運転したのである。50サイクルでは60サイクル以上に、自社火力発電への依存度は高かった（日電 [1935]、[1936a]、[1936b]、[1937]）。

このように、戦前期には全体として水火併用給電方式のなかで火力発電は、渇水期の補給用ないしピーク時用として選択的に運転された。

2 第二次世界大戦時期（電力国家管理下）の火力発電の経験

次に、第二次世界大戦時期の電力国家管理期ではどのような形で火力運用されたのかをみよう。その日本発送電の発受電電力量の推移について、既存の主要水力発電設備が出資されるまでの期間をまとめた図8-2をみると、自社水力発電の発電量、既存電気事業者からの購入電力量が少なくなっている冬季渇水期に盛んに自社の火力発電設備を運転していることが明らかである。それゆえ、前述した戦前期のあり方とあまり違わないようにもとれる。とはいえ、実際の給電運用は第4章で触れたが、以下に示すように、戦前期とは比較にならない苦労の末の結果であった。

日本発送電の給電年報より、体制としては一応整備されつつも、電力需給の厳しかった1940年下期を例にとろう。そのあり方は、電力需要増加の要求を受けつつも、水力発電での発電量の頭打ちのなかでどれだけ火力発電で補給できるか、というものだった。

給電年報によると、「関東関西の水力は漸減し、（1940年、注：引用者）10月14日本表の如き予想表を作成せしも、15日頃より天候乱れ、16日より17日にかけて降雨あり、多少渇水緩和するものと想像せしも、その量極めて少ク、加うるに最近の傾向として、水力の減少極めて迅速にして、折角の降雨も水量持続せず、19日は降雨前の13日より更に低下した。而して、負荷は時節柄重加する一方にして、昭和川崎は28,000、鹿瀬12,000キロに制限する等方策を施すも、サイクルは48又は47.5『サイクル』を示し、関西も亦関東応援等のため『サイクル』は58又は58.5『サイクル』となる。茲に於て制限の申出をなす覚悟を定

第 8 章　9 電力会社間の競争と協調による旺盛な火力発電の開発　187

図 8-2　日本発送電の供給力の推移

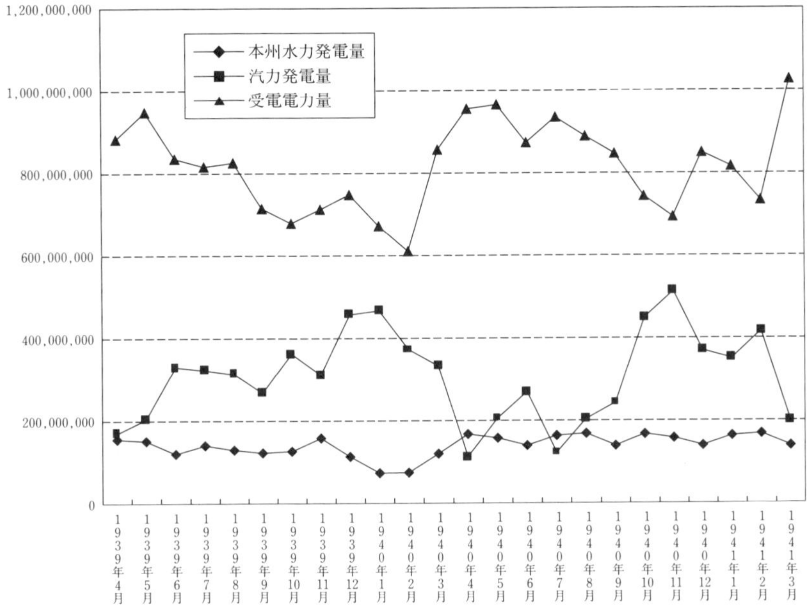

注：単位は KWH。
出所：日本発送電 [1939a]、[1939b]、[1940a]、[1940b]、[1941a] より作成。

め、19日午後宮川（東邦電力出身で、理事を務めた宮川竹馬のこと、注：引用者）理事室に会合、制限の止むなきを説明」（日本発送電 [1940]、30頁）し、10月末には、不足電力約25万キロ、不足電力量 6 ～ 700万キロワットと数字を挙げ、その旨、電気庁に電話で伝えた。その週末に本州に降雨があったものの、ほとんどが東京付近及び太平洋上で、水力出力にはつながらず、逆に減少すらした。改めて不足電力25万キロ、不足電力量650万キロワットとして社内で承認を受け、宮川理事室にて制限電力について会議をした結果、10月10～12日の 3 日間の平均をとり、それを基にして制限することを決め、結局電気庁との会議を経て、電力、電力量ともに10％の制限となった。10月22日に名古屋、大阪で軍官民を合わせて制限に関する会議で説明し、23日には電力調整中央委員会を開催し、電気庁には改めて電力不足状況を明らかにした図を作成して内容を

説明し、制限の必要を訴えた。これを受けて、各地方逓信局で制限に関する旨が発表された。そして、11月12日から制限を実施する方向で検討し、それまでは自主的電力消費制限を需要家に訴えることとした。幸運にも10月24日夕方から降雨があり、多少水力出力が増加したため、電力需要予想表を作り直して制限の基準を10月21～23日の平均実績の1割制限と変更した。「10月30日より、自粛制限に入ったが、関東、関西とも、その実績はあまり香しくなかった」（日本発送電［1940］、54頁）。

なお、1割制限には石炭の入炭状況、つまり火力発電設備による可能発電量が関わっていた。つまり、「毎年10月、11月は期首の事とて石炭割当も判然とせず、当時の入炭状況より急速に好転するものとは想像出来ず、従って中央部（本州中央部のこと、注：引用者）割当量213万屯の月割額355,000屯を期待すること困難にして、その9割位を相当量と認めらる。然るときは入炭は32万屯となり、本計画に水力8割に減水し、負荷1割制限する時、月所要炭約32万屯となり、大体所要炭と入炭と相平衡するものとなる」（日本発送電［1940］、70頁）。電力使用の1割減とは火力発電でまかないきれるだけの範囲に使用を縮小するものだった。

10月26日に逓信大臣村田省蔵名で、11月12日より電力調整令による消費規制の実施を告示した[1]。現実には計画したように石炭入荷もうまくいかず、平日はほとんど制限による予想負荷量は関東地域、関西地域ともに上回ることがしばしばだった。しかし、給電運用サイドとしては、「11月も下旬に入れば、年末重負荷期の予想を作成する必要あり」（日本発送電［1940］、76頁）と、息つく間もなく次の対策を練らなければならなかった。日本発送電が電力需給の均衡を図るという任務を単に遂行するためだけではなく、第3章で述べたように、その成立時に約束させられた「豊富で低廉な電力供給」を、不十分でも実現に近づけるために必要なことだった。

そして、火力発電を運転する条件は厳しかった。まず供給される石炭の量の不足だけでなく、その質も良くなかったのである。戦前の火力発電所の多くが6,000カロリーを超える発熱量の石炭を基準に設計されていたにもかかわらず、

その平均発熱量は5,400カロリーを下回っていた。その結果火力発電所の汽罐の蒸気発生量は少なくなり、1941年末の認可最大出力は227万KW、適正炭を使用した際の出力が208万KWとなるところが、5,500カロリーしか出ない石炭を使用した場合、157万KWしか出なかった。これは認可最大出力の7割あまり、適正炭使用に対して76%にしか当たらないものだった。また、灰分、湿分等が多いため石炭粉砕機の容量を低下させたり、汽罐を停止させたり、不燃焼物の増量ということで汽罐の汚損、ミル給炭機や通風機等設備の損傷を早くさせるなど、悪影響を及ぼした（日本発送電［1954b］、195～196頁）。そこで、「第1次出力増加計画」を作成して、老朽発電所及び給炭機発電所向けには良質炭の配給、瓦斯助燃装置の併用等を、微粉炭燃焼を行う高能率発電所にはミルの取替え、石炭乾燥機等の設置を計画した。それでも、資材入手難、従業員の応収等のため、限られたものについてしか実施されなかった。

また、もう一方で戦時期という異常な状況は当座の電力供給を図るためこうした汽罐の不良を十分に補修するだけの時間的、資金的余裕を持つことを許さず、多くの事故にもつながってしまった[2]。

戦前期ほどに水力出力が期待できないという状況のため、戦時中においても、水力発電をベースに、火力発電を補給用ないしピーク時用という運用の仕方は戦前期と変わらなかったが、実際の運用に当たっては戦前期とは比較できないくらい火力発電は利用された。こうした経験を経て、戦後の「火主水従」時代へとつながるのである。

3　火力復興の歩みと火力発電運転に対する刺激

前述のように戦時中は機器の酷使、それの補修不足に加えて、戦災の被害も重なり、火力発電の能力は、表8-1にみられるとおり、1945年9月の火力発電所可能出力は85万9,000KWしか出力できず、当時の認可最大出力254万1,000KWの3割にすぎないくらい大きく減退していた。その当時は電力需要も少なく、社会的に塩の需要があったことから製塩用に電力が利用されたこともあった。しかし、第5章でも述べたが、石炭、薪炭という燃料不足によって

表8-1　主要な火力発電所の復興状況　　　（単位：千KW）

	1945年3月の認可最大	1945年9月	1946年2月	1947年2月	1948年2月	1949年2月	1950年2月	1951年2月
潮田	64	0	0	25	30	30	41	48
鶴見	179	0	0	0	54	75	80	115
名港	138	100	100	100	105	105	105	115
尼崎東	147	0	0	60	75	80	80	80
尼崎第一	318	0	0	80	80	160	160	220
尼崎第二	300	0	0	0	70	150	170	230
宇部	60	30	30	30	35	36	36	40
小野田	15	15	15	15	15	15	23	35
小倉	81	15	15	15	23	45	60	60
戸畑	133	45	48	55	73	78	113	120
港	116	30	30	30	50	62	77	88
港第二	0	0	0	0	20	40	40	45
合計	2,541	859	882	1,064	1,316	1,585	1,697	1,950

出所：日本発送電［1954b］、198、「付録」42頁より作成。

　家庭の需要も産業の需要も電力依存に向かったことから、電力需要は急増した（栗原［1964a］、361～363頁)[3]。戦後直後GHQ/SCAPは火力増強を積極的には支持せず、47年頃からようやく火力増強を認めたこともあって、こうした需要に応じるために日本発送電は政府の協力を仰ぎながら、火力発電所の出力増加に努めた（日本発送電［1954b］、192頁）。特に戦前からベースロードにおいても火力発電に大きく依存してきた九州、山口地区の火力発電所を緊急に整備した。表8-1の宇部、小野田、小倉、戸畑、港、同第二がそれに当たる。それと共に、京浜、阪神の両工業地帯周辺に位置する主要な火力発電所も復興が開始され、出力の増加が図られた。需要の急増に応じるためすぐにでも出力の増加が可能だったのが火力発電だったからである。その結果、表8-1のような火力発電能力の回復につながった。
　また、電力会社に対して火力発電を奨励するような電気料金の改定が行われたことは第5章で述べたとおりである。GHQ/SCAPの指導に従って行われた1949年12月の電気料金制度の改訂はそれまでの電力使用抑制的方針を改めて電力需要の増加を受け入れ、電力会社が損をしない形でそれに対処することを支援するものだった。不足する電力需要分を火力発電でまかなう方向を示したのである。こうして石炭資源の節約という点から抑え気味だった火力発電はよう

やく積極的に利用されることになった。

4 電気事業再編成における火力発電の振り分けと新鋭火力の建設

表8-2のように、電気事業再編成によって日本発送電の主要火力発電所は、北海道電力に江別等3カ所6万KW、東北電力にはなし、東京電力に鶴見、千住等4カ所33万5,000KW、中部電力に名港等3カ所28万7,000KW、北陸電力に富山1カ所1万KW、関西電力に尼崎第一、同第二等15カ所115万KW、中国電力に坂、三幡等8カ所28万8,000KW、四国電力に西条等4カ所7万7,000KW、九州電力に戸畑、港等7カ所52万KWとそれぞれ分属された（日本発送電［1954b］、341頁）。戦前から火力依存度が高く、多くの火力発電所の立地がみられた関西地域において最も多くの火力発電所が所属することとなった。

その後、9電力のうち数社はそれまでの火力発電所とは異なって建設当初からベースロード化を目的とした「新鋭火力」の建設に向かった。前述のように有望で大規模な水力電源地点を電源開発（株）に譲ってしまった一方で、現実に需給の逼迫のため火力発電自体の稼働率は高まっていたものの、石炭の価格

表8-2 電気事業再編成後の日発主要火力発電所の所属と各電力会社の火力発電所認可最大出力（1951年4月現在）

発電所名	出力	発電所名	出力	発電所名	出力	発電所名	出力
砂川	15,000	富山	10,000	三幡	51,500	小倉	81,000
江別	37,500	北陸計	10,000	坂	64,200	戸畑	133,000
北海道計	60,000	木津川	63,000	宇部	60,000	名島	46,000
東北計	0	春日出第一	50,000	小野田	50,000	港	116,000
千住	77,500	春日出第二	65,000	中国計	287,950	港第二	54,000
鶴見	178,500	尼崎東	140,000	多度津	18,250	相浦	64,500
潮田	64,000	尼崎第一	318,000	西條	32,000	九州計	519,500
関東計	335,000	尼崎第二	300,000	四国計	77,250		
名古屋	129,000	飾磨港	65,000				
名港	138,000	関西計	1,153,500				
中部計	287,000						

注：単位はKW。
出所：日本発送電［1954b］、341頁。

は高く、当時の技術水準のままではコスト低下に寄与しなかったこと、しかし、水力発電に比べてその開発期間は短く、火力発電の技術進歩はめざましいものだったことがその理由であった（関西電力［1987］、325～326ページ、火力発電技術協会［1955］、3～4頁）。その「新鋭火力」の最初は1952年3月に完成した九州電力築上火力発電所（出力3万5,000KW、蒸気発生量140t/h）で、当時の国内技術の粋を集めたものだった。それまでの国内火力発電設備の最高レベルだった気圧40kg/cm^2、温度435℃を一気に気圧60kg/cm^2、温度482℃へと引き上げたのである。以後、53年11月に中国電力が小野田火力の増設ボイラー（気圧68kg/cm^2、温度490℃、出力6万6,000KW、蒸気発生量160t/h）を、54年1月に中部電力が名港火力の増設ボイラー（気圧67kg/cm^2、温度488℃、出力5万5,000KW、蒸気発生量250t/h）を、55年1月に東京電力が鶴見第2火力の増設ボイラー（気圧68kg/cm^2、温度483℃、出力6万6,000KW、蒸気発生量300t/h）を、55年9月に関西電力が新設の姫路第一火力ボイラー（気圧65kg/cm^2、温度490℃、出力6万6,000KW、蒸気発生量150t/h）をそれぞれ建設して、続いた。

そして1952～53年にかけて関西電力、九州電力にはウエスチングハウス社から、中部電力はゼネラルエレクトリック社から火力発電機器を、世界銀行による借款によって導入することを決定し、55年から56年にかけて運開された。いずれも新設の火力発電所で、中部電力は三重火力で出力6万6,000KW、蒸気発生量284t/h、気圧88kg/cm^2、温度513℃として初めて温度で500℃を超え、関西電力は多奈川火力、九州電力は苅田火力で、ともに、出力7万5,000KW、蒸気発生量254t/h、気圧102kg/cm^2、温度538/538℃と気圧で100kg/cm^{2}を超え、また初めて再熱式タービンを採用して（栗原［1964a］、406～407頁）、火力発電技術をさらに高めた。そして、この導入技術はすぐに国産化された。例えば、1956年に東京電力は新設の新東京火力を建設する際、出力6万6,000KW、蒸気発生量280t/h、気圧88kg/cm^2、温度510℃として、中部電力三重火力とほぼ同じレベルを実現した。

以上のような火力復興ではあったが、第7章で述べたように、電力不足はな

かなか改善されなかった。1956年あたりになると、電源開発の進展、なべ底景気による電力需要の低迷により、終戦から続いた電力使用制限などにみられた需給ひっ迫はようやく峠を越えるようになった。

第2節　松永構想と本格的な火力供給力の増強

1　松永構想登場の意味

　復興なった火力発電ではあったが、それだけでは火主水従化には進めなかった。そうした転換には、当時松永安左エ門が理事長をしていた電力中央研究所電力設備近代化調査委員会からの近代化計画（1955年の第1次から68年の第4次まで）が寄与した。

　第1次計画から順にその内容を確認しよう。まず、1955年3月の第1次計画では「増大する電力需要に対し、豊渇水に左右されない安定した基礎のうえに供給力の拡充を図って電力需給の真の均衡を実現するとともに、電源開発と電力原価高騰の悪循環を除き、料金の上昇を伴わない電力の供給を確保することを目的」として、「在来の旧式低能率火力を早急に近代的高能率火力に更新し、さらに今後の需要増加に対応する拡充は、経済的でない自流式水力を抑制して、大容量貯水池式水力と近代的高能率常時火力との併用とによって行う」（電力中央研究所［1978］、310頁）としていた。前述したように、1952年3月に完成した九州電力築上火力発電所を出発点として、複数の電力会社で試みられている「新鋭火力」とされる火力発電設備を高く評価し、それの全面的な採用を訴えるものだといえよう。ただし、その火力発電燃料は国内炭であり、当時貯水池式水力の建設も進められていたことからそれの追求をもあわせて提案するものとなっていた。

　次に、1956年1月に提案された第2次計画では、「新鋭火力」の能力を引き上げ、「設備運転上の不能率を補うため、微粉炭燃焼ボイラー装置を重油専焼ボイラーに改造し、負荷に応じた急速な運転又は休止を行うとともに人件費そ

の他発電原価の諸要素の節減を図る」とした。また、「新鋭火力」の建設等電力設備が近代化されるに伴って、「①大容量高能率の新鋭火力が常時運転され、尖頭出力を貯水池式水力または調整池式水力に求めなければならない点、②予備火力を或る程度保有して高能率火力を低能率火力に代替させるいわゆる経済融通により連係系統全体を経済的に運用しなければならない点、③事故により予期しない負荷または供給力の激変があった場合に地帯間非常時応援融通によって安定した供給を図らなければならない点」から、地帯間送電連係の強化を訴えた（電力中央研究所［1978］、311〜312頁）。ここではっきりと火力をベースとし、貯水池式または調整池式水力をピーク時用に使用するという火主水従、しかも油主炭従の給電方式を示し、それを生かすために電力融通の円滑化の必要を訴えた[4]。実際に、水力発電に対して、調整能力を有する貯水池式発電の建設という要請が強く求められることになる。つまり、「1950年代後半に入ると、火主水従が電源構成の基本的な方向性として明確になり、大容量の新鋭火力発電所がベースロードを受け持ち、調整機能をもつダム式水力発電所が需要のピークを担当するという新たな分担関係の構築が必要となった。これに対応して水力の調整機能は、それまでの冬季における出力確保を中心としたものから、日々のピーク対応へと重点を移した」（東京電力［2002］、736〜737頁）こと、が原因だった[5]。

　そして、第3次計画は1957年3月に提案された。そこでは電力需要の想定においてこれまでの「各種需要の増加率を過去の実績から推定する単なる積み上げ方式」から、神武景気という経済発展期にあることから「各種産業の進展状況を把握して実情に即した需要想定を行う」ものへと転換した。また第2次計画で示した電力融通の円滑化の提案を、当時の電力需要急増にかんがみてより発展させ、より具体的に示した。「本州東部における50サイクル系の東北、東京の2社を東地域、中央部における60サイクル系の中部、北陸、関西の3社を中地域、中国、四国、九州の3社を西地域として、各地域内は勿論各地帯間を強力な送電幹線で連絡し、発送電系統を系列化して電力の融通を強化すると同時に送電損失電力の軽減を図る」としたのである[6]。発電計画に関しては「大

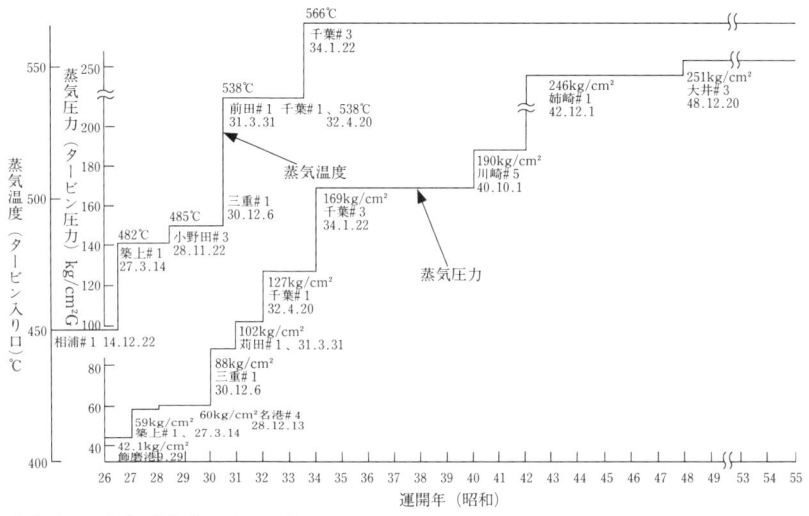

図8-3 日本の火力発電所の上記条件の推移（タービン入り口）

出所：湯川・久野・森谷［1980］、116頁。

容量重油専焼火力は、需要の中心地に近く、しかも大型タンカーの接岸できる地点を選定する必要がある」として、より踏み込んで重油使用を訴えた（電力中央研究所［1978］、313～315頁）[7]。

1958年9月に提案された第4次計画では、広域運営の強化として、「単に電力の融通を行うのみに止まらず、水火力の建設についても数社が一体となって、設備の計画、需要の調整等を広域的に考え全体の企業が最も経済的になるような計画のもとに開発し、融通が行われるべき」だとした。火力発電に関しては、中東諸国での原油産出を受けて、「燃料対策の確立」として、「将来原子力発電に大幅に依存できることになるまでの期間は、専ら重油に依存しなければならないことを銘記して燃料対策を確立することが急務である」と、これまで以上に強い調子で重油使用を認めるようにと訴えた（電力中央研究所［1978］、317～318頁）。

以上の4つの近代化計画が出される1950年代後半に火力発電技術がどのように推移したかを、図8-3で確認すると、この時期に蒸気圧、蒸気温度ともに

急速に向上していることが明らかである。つまり、近代化計画が電源開発の方向性を指し示し、現実がその通りに実現されていき、1960年代以降オイルショックまでの火力供給力の整備を準備したのである。そして、本格的な火力発電の推進は、ある程度9電力の経営の一体化をも含む広域運営を強く意識した上でのものだった。

2 広域運営下での火力供給力拡充の過程

それでは、広域運営下で進められた火力供給力の拡充はどのような過程を経たのだろうか。

第一に、燃料面では安価で安定的な確保が目指された。量的な確保と価格は連動するが、燃料価格の動向に従って国内炭から重油、原油の使用へと燃料源を変更させてきた。つまり、例えば、東京電力では、1957年以前には石炭価格が最も安かったのに対して、57年に石炭価格と重油価格が1,000キロカロリー当たり1.15円で並び、58年には1,000キロカロリー当たり石炭が1.03円、重油が0.88円と逆転し、それ以降石炭価格も低下するものの、重油価格にはかなわなかった（東京電力［1983］、344頁）。60年代に入ってから重油使用が本格化した67年ころから1,000キロカロリー当たりで重油が59.0銭、原油が54.6銭と、重油価格よりも原油価格のほうが安くなってきた。このため、新設のボイラーでは重油と混焼されたりと、原油の使用が広がった。図8-4に明らかなように、既設の発電所も含めて、70年代初めの9電力火力発電の燃料内訳は、それぞれの割合は異なるものの、ほぼ共通して、重油専焼、石炭・重油混焼、原油・重油混焼という組み合わせの燃焼形態をもった。なお、再び、72年頃には1,000キロカロリー当たりで石炭69.1銭、重油79.1銭、原油74.9銭となって、石炭価格が最も安くなった。しかし、石炭使用には環境対策への対応が避けられないことから、あまり石炭使用は広がらず、LNG等の使用などの多様化へと進んだ。

第二に、火力発電機器の大規模化、技術レベル向上の追求であった。つまり大規模化、技術の向上を図ることで出力を増加させつつもコストを低下させ、

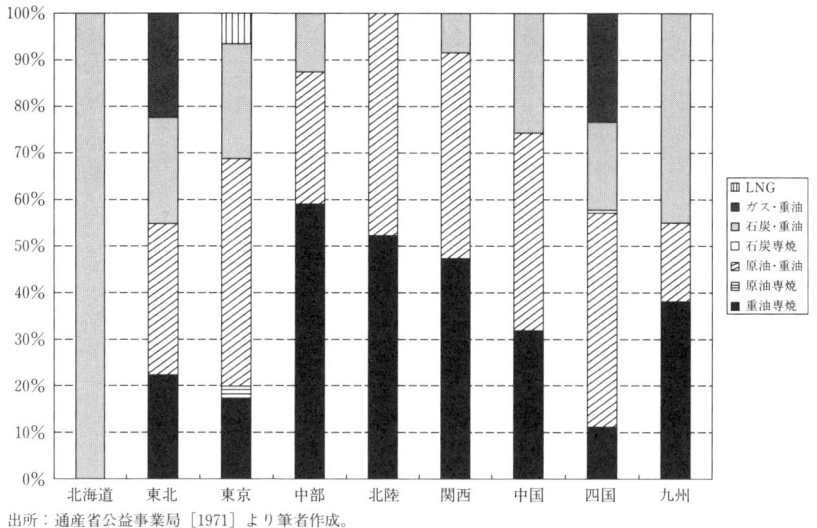

第8章 9電力会社間の競争と協調による旺盛な火力発電の開発　197

図8-4　1971年度の9電力の火力発電燃料の内訳

凡例：
- LNG
- ガス・重油
- 石炭・重油
- 石炭専焼
- 原油・重油
- 原油専焼
- 重油専焼

横軸：北海道、東北、東京、中部、北陸、関西、中国、四国、九州

出所：通産省公益事業局［1971］より筆者作成。

1951年度に18.9%だった熱効率を1960年度に31.9%へ、1968年度に37.4%へと向上させてきた。その出力増加に関して、まずタービンについてはその単機容量の増大で対応した。これは蒸気条件の向上と最終段落用翼長の開発、コンパクト化が鍵を握っていた。特に重要な蒸気条件の向上、すなわち高温高圧化は図8-3にみられるとおり推進された。また、もう一つの重要な鍵だった最終段落用翼長は長大化し、平均径は増大し続け、環帯面積は拡大化し続けた。そして、これらに伴って制御装置も、産業用タービンでの技術蓄積を応用して機械油圧式から電子油圧式へと発展した（湯川・久野・森谷［1980］、116～120頁）。次にタービン発電機に関しては、何よりも高速機で回転するために回転子、固定子の冷却が最も重要であった。そこで固定子、回転子ともに、当初の空気冷却から水素間接冷却、水素直接冷却、そして水冷却へと冷却技術を発展させてきた（大島・大石・牧野［1980］、152～155頁）。最後にボイラーについては、「効率のうえからみてまいりますとタービンに比べて、いわゆるスケールメリットは少なく、むしろボイラとしましてはタービン効率を上げるのに役

立つ、高温高圧の蒸気を多量に確実に供給できる設備をつくるという陰の努力があった」(火力発電技術協会［1969］、45頁)。この点で、蒸気発生量の増加を可能にするボイラー容量の増大と蒸気条件の上昇につながる技術の発展がみられた。その過程で、タービン1基に複数のボイラーが組み合わされるヘッダ方式から1機1缶のユニットシステムへと転換し、高温高圧化に対応するためにボイラー内の水の循環において自然循環形ボイラーのみというあり方から強制循環形、貫流形のボイラーの採用を可能にする技術発展がみられた。もちろん、高抗張力炭素鋼板、18Cr10Ni系ステンレス鋼管の採用を広めた材料面での革新や欧米からのボイラ制御に関わる技術導入と国産化によって制御面で進んだ革新があったからこそ可能だった(宇治田・玉井［1980］)。

なお、火力原子力発電協会[8]等での交流を通じて現場での技術が広まった。例えば、同会では「油焚きボイラの低温部」に関する諸問題については低温腐食への対策として低O_2運転の有利性(火力発電技術協会［1965］)が、原油生焚きの技術問題については原油の漏洩防止と発火源除去の必要性(火力発電技術協会［1968］)が、討論されたのである。

第三に、以上の火力発電に関わる技術導入は9電力間で競い合って導入されたのである。表8−3にあるように、プラントの輸入は資本力に余裕のある東京電力、関西電力、中部電力が行い、国産化が可能となって他社に伝播したものの、国内技術の蓄積のなかで生み出されたものについては、9電力のうち、企業規模の大きくないところも「先陣」を切った。そして、「先を越された」電力会社でも、その技術の有利性を理解し、自社の技術体系からして可能な場合には導入した。なお、北陸電力は第二次世界大戦後、かなり後になってから火力発電に向き合ったこともあって先陣を切った例は表8−3から読み取れない。しかし、火力発電機器の運転に関する技術について、まったくその蓄積がないところから1、2年で身につけた点は、表には現れない努力がなされたといえよう(火力発電技術協会［1971］、36〜37頁)。

そして、こうした火力発電に関する技術の導入競争は9電力のあり方を類似化させた。前出した図8−4にあったとおり、1970年代初めの火力発電用燃料

表 8-3　火力発電技術導入の競い合い

設計者名	事　項	発電所名（完成年月）
北海道電力	初のデータ処理装置の設置	滝川（1961年5月）
東北電力	初の天然ガス焚きボイラ	新潟（1963年7月）
東京電力	輸入プラントによる出力、容量、圧力の更新	千葉（1957年4月/1959年1月）/姉崎（1967年12月）
	輸入プラント/出力、容量の更新	横須賀（1964年5月）
	初の超臨海圧ボイラ	姉崎（1967年12月）
	初のLNG焚きボイラ	南横浜（1970年4月）
	初の超臨海圧変圧運転	大井（1973年12月）
	初の超臨海圧LNG専焼ボイラ	袖ヶ浦（1974年8月）
中部電力	輸入プラントによる圧力、温度の更新	新名古屋（1959年3月）/三重（1957年2月）/尾鷲（1964年7月）
	初の再熱式タービン	三重（1957年2月）
	初の強制循環形の採用	名古屋（1959年3月）
	初の重油専焼火力新	三重（1961年10月）
	初の軸流形押込通風機の採用	知多（1966年2月）
	初の全量処理の排煙脱硝装置の採用	知多（1978年3月）
関西電力	輸入プラントによる圧力、温度の更新	多奈川（1956年4月）/大阪（1959年4月）
	初の再熱式タービン	多奈川（1956年4月）/
	初の強制循環形の採用	大阪（1959年4月）
	初の2段再熱ユニット	姫路第二（1968年3月）
中国電力	最初の1機1缶ユニットシステム採用	小野田（1953年11月）
	初のデータ処理装置の設置	水島（1961年11月）
四国電力	初の排気再熱式コンバインドサイクル方式の採用	坂出（1971年8月）
九州電力	国内最初の、485℃、65kg/cm²	築上（1952年3月）
	輸入プラントによる圧力、温度の更新	苅田（1956年3月/1959年6月）
	初の事業用ベンソン型貫流ボイラの採用	苅田（1959年6月）
	初の強制循環形の採用	新小倉（1962年11月）
	初の全量処理の排煙脱硝装置の採用	新小倉（1978年9月）

注：「発電所名（完成年月）」に複数あるのは「事項」が複数あったということを示す。
出所：宇治田・玉井［1980］より筆者作成。

は同一化したのである。この点は広域運営にも表れている。「1966年には関西電力を始めとして北海道電力を除く各社が夏ピークとなるなど、電力各社の需要が相似化した。また、電源構成についても火力が主体となって余剰発生の機会が減少し、各社間の火力の熱効率の差もなくなるなど、供給面でも類似化が

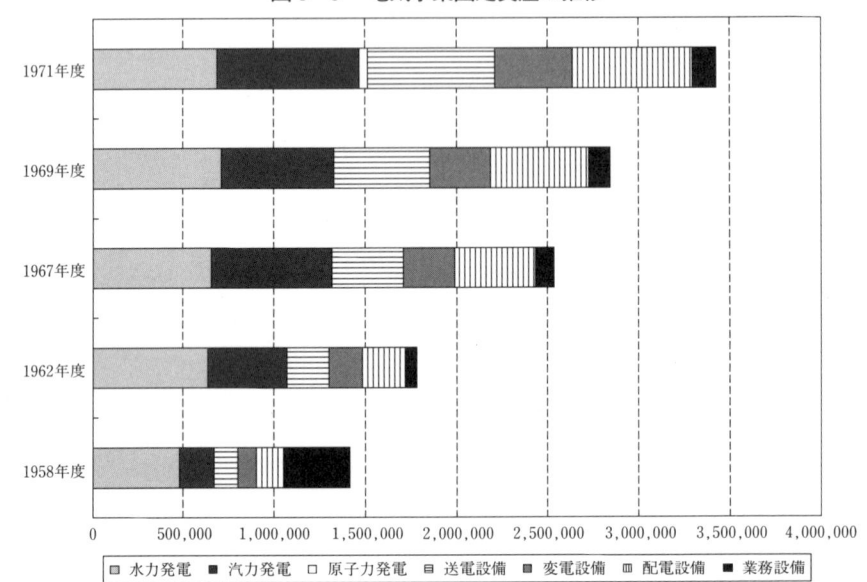

図8-5 電気事業固定資産の推移

注：単位は百万円。
出所：『電気事業便覧』より作成。

進んだ。このため余剰消化及び火力機の熱効率優先起動を主体とした経済融通は減少した」（中央電力協議会［1999］、60頁）。70年代初めにみられた類似化には、前述した9電力に課せられた供給責任達成が影響したのである。

第四に、日本の工業地帯、コンビナートは海岸沿いに形成されたこともあって、消費地近くに火力発電所を建設することとなり、その結果、消費地での電源の割合が高まった。関西電力尼崎の火力発電所は阪神工業地帯に広がる重要な工場群に直接送電線を結んで供給していたように（河野・加藤［1988］、85～87頁）、特に、東京電力、関西電力では消費地において電源の割合が上昇したのである。以上のことは図8-5にみられるとおり、相対的に送電、変電、配電設備にかかる費用を大きく増加させないことにつながった。

なお、京浜、阪神、中京、北九州の各工業地帯以外のコンビナートでは、共同火力形態で火力発電会社が設立され、コンビナートで使用される電力は、9

電力体制とは別に供給された。常磐共同火力、福山共同火力、富山共同火力、水島共同火力、鹿島共同火力等である。

　以上の特徴に加えて、問題点も生じた。第一に、前述のように燃料源が類似化した旨述べたが、石油使用一辺倒となってしまい、リスクを背負うことになった。この点はオイルショックが起こった際、現実化した。第二に、前述したような火力発電技術の発達に比べて公害問題、環境問題への対策は後手にまわり、1960年代半ば以降、環境問題への対応を余儀なくされ、コスト増大を免れえなかった。例えば、横浜市の根岸湾臨海工業地帯の一角に火力発電所を建設するに当たって、石炭産業保護のため国内炭使用を予定された電源開発（株）磯子火力（出力26万5,000KW、1967年5月運開）では横浜市との間で、後に「横浜方式」と呼ばれる、集じん効率98％、煙突の高さ120メートル、低硫黄石炭使用で排出する亜硫酸ガス濃度を500ppm以下に抑えるという厳しい条件を達成することが求められた。また、そもそも、その磯子火力の用地は東京電力が所有していたところだった。東京電力もその場所での火力発電新設を計画していたが、やはり公害問題への対応と、その隣接地に東京ガスが存在したことから、日本で初めてのLNG焚き火力発電所を建設することを選んだ（南横浜発電所、70万KW、1970年4月運開）（火力発電技術協会［1971］、32頁）[9]。他社でも公害問題への対応を余儀なくされた[10]。火力発電だけでなく原子力発電の建設も計画どおりに進まないことから、政府は対応を迫られ、「原子炉の安全性や公害に対する不安を取り除く努力とともに、発電所等の立地を受け入れる地域の福祉向上を図る方策が既に昭和47年のころから検討されていたので、オイルショックを契機に、広く電源立地対策促進の観点から具体化し、発電用施設周辺地域整備法、電源開発促進税法、電源開発促進対策特別会計法、のいわゆる『電源3法』の制定を急ぐことにした」（通産省［1991b］、239頁）。

　9電力という供給主体は、その主体としての継続を図るために、つまり供給責任を達成するために、火力をベース供給力とし（特に石油火力）、貯水池式を中心とする水力発電をピーク供給力とする火主水従化を強力に進めた。高度経済成長期には、豊富で、しかも安い石油の獲得によって日本の重化学工業化

を支えることができたのである。しかし、2度のオイルショックが起こったことで、IEA（国際エネルギー機関）から石油火力新設の禁止が勧告されたため、日本の電気事業がそれまでベース供給力として開発してきた火力発電はその運用のあり方を変えざるを得なくなった。そこで、1960年代後半から始めていた原子力発電に、火力発電の替わりを期待することになる[11]。

1) このときの電力制限は、各々の需要家における1940年8月及び9月の平均月使用電力量（もしもその時期に使用量がない場合または特別の事情があるものは、逓信局長の指定した電力量による）を基準として以下のような使用限度が告示された。関東、中部、近畿、中国、四国地方では、第1種制限なし、第2種甲15％カット、第2種乙および第3種20％カットとされ、東北地方南部では第1種制限なし、第2種甲10％カット、第2種乙および第3種15％カットとされた（日本発送電［1940］、59頁）。種別については第4章注13を参照のこと。なお、中国、四国地方でも制限する旨の告示だったが、「当時制限を必要とする程の逼迫状態にあらず、唯将来の制限を用意ならしめんため、便宜同時に告示せる意味にして逓信局長に於て其の実情に応じて制限の採否が出来る様権限を与え」、九州地方については「同時に告示せらるる筈であったが、現在の制限が石炭不足と炭質低下にある処から九州地域に制限を実施すれば、炭況を悪化せしめ、反って逆効果を惹起する惧れあり、一時見合わすこととなった」（日本発送電［1951b］、71頁）という。
2) 1947年度から1951年度までの時点ですら、火力発電所の事故は総計で3,935件であり、その原因として自然劣化と考えられるものが最大で、2,531件、64.3％を占めていた（日本発送電［1954b］、「付録」50ページ）。
3) 特に家庭の多くでは電熱器の使用によって規定以上の電気を使用していた。こうした擅用電力は電気消費量の1割を占めていた。
4) 第7章の176頁で述べたように、9電力の間では、すでに電力融通のシステムを構築していた。
5) なお、「60年代後半に入って、夏季ピークへの移行にともなう昼間ピークの尖鋭化という需要サイドの変化が進行すると、貯水池式発電所による調整能力では不十分となり、デイリーピークの調整にもっとも適合的な揚水式発電所が必要とされるようになっ」（東京電力［2002］、827頁）て、揚水式発電所の建設も積極的に進められることになった。

6) 1956年9月6日の朝日新聞紙上では、電気事業連合会が政府に対して電源開発繰り上げを要請することとともに、電力融通協議会の設置を決めたことも報じられている。それゆえ、第3次近代化計画での系列化は電力業界の意向に沿ったものといえよう。そして、1957年10月自民党基礎産業対策特別委員会が「電気事業の基本対策について－電力行政一般に関する中間報告－」というレポートを提案したのち、同年12月電力業界からも「電気事業の新基本政策－広域運営の推進と需給並びに料金の安定－」として応じ、松永が参加した「電力問題懇談会」（7人委員会）において、広域運営方式の推進、それを進めるための電発、9電力の全面的な協調を決めて、1958年4月より広域運営が発足した（電源開発（株）［1984］、138～139頁）。

7) そういう点で、当時の国内石炭産業の保護を進める政策に対する異議であった。1940年代末には炭労ストの影響による石炭不足や、エネルギー源としての経済性、管理面での有利性のために重油の利用が広まりつつあったにもかかわらず（通産省［1991a］、335～336頁、中部電力［1988］、74～75頁）、外貨流出を防ぐために、国内石炭産業を合理化してコスト引き下げを図ろうと、通産省は1955年に石炭鉱業合理化臨時措置法、重油ボイラーの設置の制限等に関する臨時措置に関する法律（以下、重油ボイラー規制法と略す）が制定、施行されたからである（通産省［1991a］、334～337頁）。

8) 火力原子力発電協会は、1950年8月に火力発電研究会として発足し、54年5月に火力発電技術協会、その後現在の火力原子力発電技術協会となって今日に至っている。同会はそもそも、「電力の再編成で日本発送電が解体されるということになりまして、せっかくいままで集中されていた火力技術が散逸するおそれがある。学術的にも、また技術交流においても断絶ができてしまうのではないか。せっかくいままで盛り上がった、そういうものを分解してしまうのは非常にもったいないし耐えられない。何かこれに代わるものを作りたいという気運が盛り上がってまいりまして、各方面のご賛同を得て、設立までには大変でしたが、いまお話がありましたように25年の8月1日に発足した次第です」（火力発電技術協会［1977］、9～10頁）という。

9) 9電力は、これ以外に、ミナス原油等低イオウ原油の活用など使用燃料の工夫や、国の排出基準の強化に従って、電気式集塵器の設置の義務づけに対応して装備したり、窒素酸化物対策として2段燃焼とガス再循環混合の組み合わせ方式、低NO_2バーナーの研究開発を行った（宇治田・玉井［1980］、94～95頁）。

10) 関西電力は多奈川第二火力の建設に当り、1969年頃から公害問題をめぐって地元の反対を受け、また大阪府政に革新知事が誕生したこともあって難渋した（関西電力［1978］、427～433頁）。また、1973年には光化学スモッグの多発のために、関西電力は自治体から火力発電の出力減を要請されたのである（関西電力［1978］、300～312頁）。

11) なお、オイルショック以降には水力発電が見直された。「中小水力の新規開発を促進し既設設備の改修更新を可能にする第一の要因は経済性である。特に後者の場合、単に建設当初の原形に戻すだけでは経済的に引き合わない場合が多」（千葉・吉澤［1988］、782頁）かったものを標準化によって克服するという技術開発の結果、石油危機後の脱石油化戦略の一環として、国内のエネルギー資源である水力を徹底的に有効活用しようと考え、しかも同時に既設設備の有効活用による発電原価の抑制という意味をももたせて、1977年から86年3月までに1,000KW未満水力発電所の合計40カ所、約1万8,000KWの出力を増加させたのである（東京電力［2002］、935頁）。

第9章 オイルショック以降の中心として期待された原子力開発

第1節 改良標準化計画実施までの日本の原子力開発の概要

1 1950年代半ばの原子力開発の準備

オイルショック以降、火力発電に替わるものとして大きな期待を寄せられた原子力発電は、実は1950年代後半から以下のように準備されてきた。

日本において原子力発電の開始は自国内ではなく、他国からもたらされた。1953年12月、第8回国連総会において、当時の米国大統領が行った原子力の平和利用提唱からである。そして、1954年にアメリカは1946年制定の米国原子力法を抜本的に改正しておいて、同年11月の第9回国連総会で米国代表がU_{235}分100kgの濃縮ウランの提供を行う用意がある旨を言明し、55年1月、米国は友好国に対して原子力に関する援助計画を有する旨を通報した（原子力委員会、2003a）。以上の一連のアメリカの行動は、原子力の平和的利用の面でイギリス、ソ連に先を越されたことが要因だった（金田［1963］、60～62頁）。

そして、アメリカの動きを察知して、日本側では中曽根康弘がペンタゴンとの関係を持つ元海軍中佐大井篤を同伴してアメリカの要人との接触のため1953年暮れに渡米し、54年2月末に帰国、3月に原子炉予算として国会に提出した（エコノミスト［1955a］）。その後、55年4月に正力松太郎は「原子力平和利用懇談会」を開催して、積極的に活動を開始した（エコノミスト［1955b］）。公的には、55年4月に設けられた原子力利用準備調査会における議論、海外調査団の派遣が行われた。そして、同年5月11日に米・トルコ間に原子力平和利

用に関する協力協定が発表されたのを受けて、5月20日に日本政府は閣議で、濃縮ウランの受入れ交渉の開始、適当な条件での受け入れを了解した。こうして、原子力に関して日米間の研究協定の交渉が開始され、6月22日ワシントンにおいて仮調印、11月15日に正式な調印が行われた。最大20%の濃縮度を持つU_{235} 6 kgまでを受け入れる協定、つまり「原子力の非軍事的利用に関する協力のための日本国とアメリカ合衆国との間の協定」）を結んだのである（原子力委員会［2003a］）。これを受けて、1955年12月19日には原子力3法（原子力基本法、原子力委員会設置法、原子力局設置を内容とする総理府設置法の一部改正）が公布された。56年1月には原子力委員会が発足、総理府原子力局が設置され、同年3月には原子力委員会正力大臣からの呼びかけで日本原子力産業会議が発足した。また同年4月日本原子力研究所法、核原料物質開発促進臨時措置法、原子燃料公社法がいずれも成立し、同年5月には科学技術庁が発足し、同年8月に初の原子炉（原研JRR-1）建設に着工した。同年9月に原子力委員会は原子力開発利用長期基本計画を内定した。以上のように政府側の体制は一応整えられた。これに対して、民間側での対応は次に述べるように進められた。

前述したように、正力大臣からの呼びかけで1956年3月に日本原子力産業会議が発足したが、まさに、「大同団結」と呼べるものだった。小坂順造が率いた「電力経済研究所」、原子力発電資料調査会に、石川一郎経団連会長、藤原銀次郎、松永安左ヱ門等が関わった原子力平和利用懇談会が合流したからである（日本原子力産業会議［1986a］、70～71頁）。その後の原子力産業を担う5グループが立ちあがった。三菱系では「三菱原子動力委員会」が1955年10月に、「三菱原子力政策会議」が57年3月に（その後、三菱原子力工業株式会社が発足）、日立・昭電系では「東京原子力産業懇談会」が56年3月に、住友系では「住友原子力委員会」が56年4月（その後、住友原子力工業株式会社が発足）、三井系では「日本原子力事業会」が56年6月（その後、日本原子力事業株式会社が発足）、古河・富士・川崎系では「第一原子力産業グループ」が56年8月にそれぞれ発足した。

華々しく発足した原子力産業だったが、軌道に乗せるには、当初の予想以上に困難だった。当時は納入先が政府中心となっているため、その発注方法は入札方式であり、しかも予算額はとても産業としての発展を保証するものではなかった。製作実費もまかなえないほど少ないだけでなく、研究開発費はすべてメーカーの負担とされたのである（日本原子力産業会議［1961］、10〜14頁）。「原研が国産1号炉（JRR-3）用の重水の輸送業務の入札のさい、10社もの商社が競合し、マイナス72万円（すべて無料サービスにこれだけを寄附）と入札した社が注文をとったという異常状態が発生した」（日本原子力産業会議［1986a］、85頁）。

2　原子力発電の課題

第8章で述べたように、1950年代後半から1960年代にかけては、火力発電を中心とする火主水従化が進展した。その一方で、原子力開発が準備された。1960年7月原子力委員会は80年までに原子力発電500〜800万KWを開発するという長期計画を策定し、同年7月通産省原子力産業部会は長期見通し（10年間で原子力発電100万KW開発）を答申し、61年10月中央電力協議会は1970年までに96万5000KWの原子力発電の見通しを立てた。66年1月には日本原子力産業会議の開発計画委員会吉村部会が、原子力で75年度484万KW（全体の6.1％）、85年度4,276万KW（同27.0％）、90年度1億6,445万KW（同46.6％）に増加するとの見通しを立て、通産省総合エネルギー調査会に対して影響を与えた（1985年度までに3,000〜4,000万KWを見通した）（日本原子力産業会議、［2002］、14〜16頁、日本原子力産業会議［1986］、165頁）。当初の10年間はまず100万KWを開発するものとし、その後は原子力発電の発展に期待してその規模を拡大していく方針だった。

しかし、原子力開発を進めるには以下のように課題が残されていた。第一に、原子力発電に関わる技術をいかにして向上させていくのか、ということだった。当初は、日本で自主的に開発する路線が考えられた。というのは、「当時、原子力発電の実用化はそれほど近い将来ではないと考えられていたこと、および

原子力には機密事項が多く、外国からの情報提供や核燃料供給にあまり期待できないという雰囲気のなかで、やむをえない路線」（北村［1974a］、50頁）だった。ただし、あくまでも「卑俗なコスト主義に基づく実用化中心、経済的利益中心の原子力観・科学技術観に立っていた」（北村［1974a］、51頁）。そのために、当初から技術導入による早期実用化に傾いていた産業界から次々と技術提携の申請が出されために（富士電機と英 GEC 社、東芝と米 GE 社、三菱原子力工業と米 WH 社)、日本政府は原子力技術開発において、自主技術開発から技術導入へと、「根本的な政策転換を行」（北村［1974b］、110〜111頁）った。

　第二に、実際の原子力発電の運転を行うに当って、電源開発（株）と 9 電力との間で主体争いが行われた。まず、1957年 5 月に 9 電力は原子力発電振興会社の設立を決めたのだが、同年 7 月には電源開発（株）が原子力発電の運転に名乗りをあげた。そして、政治の面にも反映し、「河野ー正力論争」がたたかわれた。結局、同年 8 月に初期の発電受け入れ会社として日本原子力発電株式会社（以下、日本原電と略す）の設立が決定された。

　第三に、前述した日本原電で扱う原子力発電の炉型に関する議論がなされた。最初の炉型については、原子力平和利用の点で先陣を切っていたイギリスよりコールダーホール型を導入することが1959年 6 月の閣議で承認された。しかし、日本政府はイギリスに先を越されたアメリカの軽水炉型にも注目しており、60年 8 月に日本原子力研究所に米 GE 社の軽水炉型を JPDR（動力試験炉）として購入することを決めた。いわば、原子力発電に関わる英米争いを利用して、「二股」戦略を採ったのである。その後のアメリカでの軽水炉の大量発注、ユニットの大容量化が急テンポに進行してイギリスの原子力発電に対してアメリカ型が優位に立ちだした。2 大米軽水炉メーカーの GE 社と WH 社が、まだ実績のすくない発電炉を電力会社が採用しやすくするために、ターン・キー契約方式を提案したことも大きかった。さらに GE 社は1964年に原子力発電所の価格表を公表して原子力発電が在来技術化しつつあることを印象づけようとした[1]。前述のように、日本の 9 電力は火力技術導入に当って、すでに GE 社、

WH社と接触をしていたため、直接の働きかけを受けたこともあって米軽水炉型に傾斜していった。1965年9月に日本原電は敦賀発電所の炉型をアメリカGE社BWRに決定するのである。

3　1960年代半ばの本格的な原子力発電開始と反対運動の開始

　前述のように、当初、1960年代半ばまでに日本の初期の原子力発電は日本原電が中心で、アメリカ軽水炉型で進めることが決められた（1970年3月には日本原電敦賀1号が営業運転を開始）。というのは、予想外に難航した東海炉の経験から軽水炉の場合にも試験的開発が必要であること、あるいはその頃アメリカでもまだ大型軽水炉の稼動実績はなく技術の信頼性に問題があること、からだった。しかし、9電力は単独で原子力発電の運転は十分に可能であると考えて導入に踏み切った[2]。1966年4月に関西電力は同社美浜一号炉にWH社のPWR（加圧水型）炉の採用を決定して、建設に踏み切り、70年8月には万博会場に送電、同年11月より営業運転を開始した。また、1966年5月に東京電力は同社福島一号炉にGE社のBWR（沸騰水型）炉の採用を決定して建設し、71年3月営業運転を開始した。9電力は第8章で述べた火主水従化の進行に供給主体としての自信を深め、当初の開発方針を覆したのである。

　電力会社において実際に原子力発電が開始されたこの時期、原子力産業も本格的に始動した。原子力技術の最初は海外、とりわけアメリカから技術が導入されたが、次第に国産化の方向が進められたのである。原子力発電の設備については、PWR（加圧水型）で、1968年12月着工の関西電力美浜2号（50万KW）を三菱原子力株式会社が主契約者となって、三菱重工業を中心に三菱グループが担い、国産化を進めた。また、BWR（沸騰水型）では、1970年2月着工の中国電力島根一号（46万KW）は日立が、1970年10月着工の東京電力福島第一・三号（78.4万KW）は東芝がそれぞれ最初の主契約者となって、各グループで生産を担い、国産化をめざした。

　燃料については、1969年8月三菱原子力が原子燃料工場の建設に着工した（なお、1971年12月三菱金属、三菱重工、アメリカWH社の合弁で三菱原子燃

料が設立された)。同年8月日本ニュークリアフュエルが横須賀工場の建設に着工した。また、1972年7月住友電工と古河電工が合弁で原子燃料工業を設立して、外資に頼らない民族系核燃料供給会社が起こった。こうして、国産化への道筋が整えられた。

なお、ウラン濃縮に関しては、1969年8月原子力委員会はウラン濃縮研究開発基本計画を決定して動き出した。これに対して、再処理については、「厄介な問題」はできるかぎり海外に依存することを、特に電力会社側は期待していた(日本原子力産業会議［2002］、25頁)こともあって、容易には進まなかった。後述のように、原子力発電が本格化して、反対運動も「本格化」するまでは国内での事業化は真剣に取り組まれなかった。68年4月日本原電はイギリスAEA社と東海炉燃料の再処理契約調印して、69年7月に東海炉使用済み燃料をイギリスに輸送開始した。こうして図9‐1に示したとおりに原子力開発は進んだ。

以上のように、本格的に原子力開発が進むと、それへの反対運動も本格的に行われるに至った。その象徴的な出来事は1967年9月の「原発長島事件」である。「県知事の説得も受け入れない漁業者の強硬な反対で行詰っていた中部電力の原子力発電所の立地現地調査を行い、できれば事態の収集にのりだそうとした、正式に衆院議長の承認をとった文字通り与野党連合のこの調査団(衆議院科学技術振興対策特別委員会のメンバーで構成されたもので、委員長が自民党中曽根康弘、同じく自民党渡辺美智雄、社会党石野久雄、同じく社会党岡良一らだった、注：引用者)は、結局、現地への上陸もならず、むなしく帰京した」この事件は、「それまで比較的順調にきた原子力の立地問題の大きな転換点を示」すものだった(日本原子力産業会議［1986a］、197頁)。そして、この後、「つまり、芦浜を契機にして、原子力発電所立地の中心問題は、対水産業の問題であるという性格が、明確になってきた」(日本原子力産業会議［1986a］、198頁)。他にも、例えば、1972年7月柏崎市荒浜地区では、東京電力柏崎刈羽原子力発電所の設置をめぐる自主住民投票が実施され、反対派が過半数を占めた。同年7月北海道岩内町議会が北海道電力泊原子力発電所への建

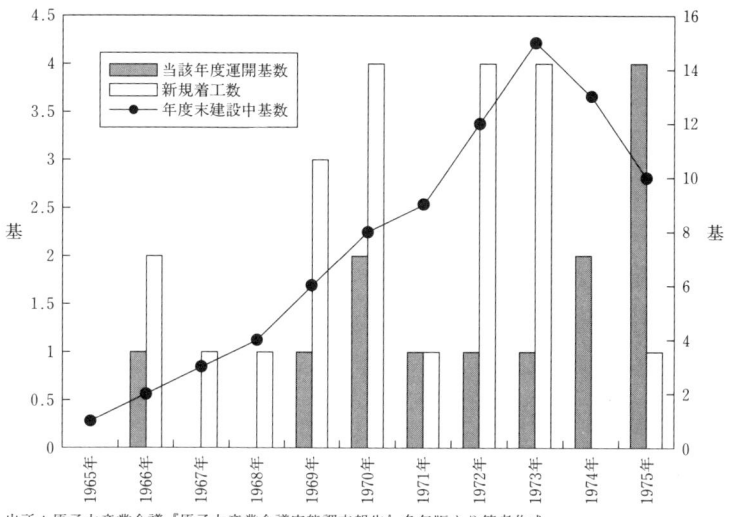

図9-1　1965年から75年までの原子力発電所の建設実績

出所：原子力産業会議『原子力産業会議実態調査報告』各年版より筆者作成。

設反対決議を行い、1973年1月伊方原発建設反対八西連絡協議会が安全審査に対し行政不服審査法に基づき異議申し立て（同年8月伊方原発設置許可取り消し、工事中止を求めて松山地裁に行政訴訟）を起こした。

　とはいえ、もう一方で、「第3期」ともいえる、原子力発電建設を受け入れる地域も現れた。つまり、表9-1をみると、最初の原子力発電である日本原電東海原子力発電所の着工の5年後に、日本原電敦賀原子力発電所、関西電力美浜原子力発電所、東京電力福島第一原子力発電所の3カ所において相次いで建設が開始されており、この時期を原子力発電所建設の「第2期」受け入れと呼べる。これら3カ所の建設着工から2年以上をおいて、関西電力高浜原子力発電所の建設着工から四国電力伊方原子力発電所建設着工に至るまで、すんなり決まったわけではなかったが[3]、結果的に毎年新たな原子力発電建設地が生まれるほどの「順調さ」だった。そこで、この時期を、原子力発電建設の「第3期」受け入れと考えられよう。

表 9-1　既存原子力発電所一号炉の概要

発電所名		所有者	出力 (万KW)	炉型	着工年月	運開年月
東海	1号	日本原電	16.6	GCR	1961年3月	1966年7月
敦賀	1号	日本原電	35.7	BWR	1966年4月	1970年3月
美浜	1号	関西電力	34	PWR	1967年8月	1970年11月
福島第一	1号	東京電力	46	BWR	1967年9月	1971年3月
高浜	1号	関西電力	82.6	PWR	1969年12月	1974年11月
島根	1号	中国電力	46	BWR	1970年2月	1974年3月
玄海	1号	九州電力	55.9	PWR	1971年3月	1975年10月
浜岡	1号	中部電力	54	BWR	1971年3月	1976年3月
大飯	1号	関西電力	117.5	PWR	1972年10月	1979年3月
東海第二	1号	日本原電	110	BWR	1973年6月	1978年11月
伊方	1号	四国電力	56.6	PWR	1973年6月	1977年9月
福島第二	1号	東京電力	110	BWR	1975年11月	1982年4月
柏崎刈羽	1号	東京電力	110	BWR	1978年12月	1990年9月
川内	1号	九州電力	89	PWR	1979年1月	1984年7月
女川	1号	東北電力	52.4	BWR	1979年12月	1984年6月
泊	1号	北海道電力	57.9	PWR	1984年8月	1989年6月
志賀	1号	北陸電力	54	BWR	1988年12月	1993年7月

出所：日本原子力産業会議『原子力産業実態調査報告』各年版より作成。

4　高まる原子力発電への期待

　日本政府では、原子力委員会がオイルショック前の1972年6月に「原子力開発利用長期計画」を決め、「今後のエネルギー供給において原子力発電に対する期待がきわめて大きいことから昭和60年度には6000万KW程度、昭和65年度には1億KW程度を原子力発電でまかなうことが要請されて」（原子力委員会［1972］）いるとして、原子力発電50基、100基時代の到来を宣言した。そして、1973年、78年のオイルショックは日本政府、9電力をして、代替エネルギーとしての原子力発電に対する期待をますます高めさせた。

　日本政府は1975年12月19日の「総合エネルギー対策閣僚会議」において、日本のエネルギー供給構造は国産資源に乏しいために海外依存度が著しく高いという脆弱性をもっており、エネルギー問題にいかに対処するかが、日本の経済社会の将来を大きく左右する要因になっているとし、このために、輸入石油依存度の低減と非石油エネルギーの多様化の推進を基軸に、国産エネルギーの有

効活用、準国産エネルギーとしての原子力開発の推進、海外エネルギーの多角化によるリスクの分散を図るものとした。この結果、特に輸入LNGと原子力の割合を大幅に高める「長期エネルギー需給」計画を作成した。つまり、1985年度には、1973年度実績を以下のように展開するものと予想した。水力では2,260万KW、構成比0.6％を4,200万KW、構成比3.7％に、国内炭を2,168万トン、構成比3.8％から2,000万トン、構成比1.9％に、原子力を230万KW、構成比0.6％から4,900万KW、構成比9.6％に、輸入LNGを237万トン、構成比0.8％から4,200万トン、構成比7.9％に、輸入石炭を5,800万トン、構成比11.7％から1億200万トン、構成比11.2％に、輸入石油では3億1,800万kl、構成比77.4％を4億8,500万kl、構成比63.3％にするものとした（総合エネルギー対策閣僚会議［1976］、196頁）。前述の原子力委員会［1972］よりも開発規模は小さくなったが、期待度は変わらず、むしろ実現可能性を考慮して規模を縮小したものといえた[4]。

しかし、日本政府、9電力の期待に反して、既存の原子力発電所では故障が相次ぎ、設備利用率は下がったのである。

5　原子力発電所における故障の頻発と設備利用率の低下

同一レベルの原子力発電所において同じような原因と考えられるトラブルが発生して運転停止に追い込まれたり、定期検査期間の延長を余儀なくされていた。表9-2にみられるとおり、BWRプラントにおいては、中国電力島根発電所1号機を除き、日本原電敦賀発電所、東京電力福島第一発電所1号機で、運転開始後、年々設備利用率が低下し、しかもその原因は原子炉再循環系バイパス管修理のために停止したり、そのために定期検査を延長したからだった。PWRプラントにおいては、関西電力美浜1、2号機、同社高浜1号機では、年々設備利用率が低下し、その原因は蒸気発生器細管と燃料体におけるトラブルで、その検査と定期検査期間の延長によっていた。この点を捉えて、反原発派は、「原子力発電所の事故が続発するためにかえって主張された経済性は『利用率の低下』によって陰をひそめた。これに追い討ちをかけるようにウラ

表9-2 1976年当時の日本の原子力発電所の稼働率の状況とその原因

	プラント名	1970年度	1971年度	1972年度	1973年度	1974年度	1975年度	
							1～3月	4～12月
BWRプラント	敦賀	81.5	72.6	80.2	85.6	55.8(注1)	34.2	94.0
	福島第一・1号		72.3	68.1(注2)	58.7(注3)	36.2(注4)	87.4	0.0
	福島第一・2号						0.0	84.6
	島根・1号					79.2	89.5	48.1
	平均	81.5	72.5	74.2	72.2	57.1	30.9	78.5
PWRプラント	美浜・1号		74.3(注5)	45.2(注6)	47.2(注5)	12.9(注5)	0.0(注5)	0.0(注5)
	美浜・2号				57.0(注7)	64.9(注8)	9.6(注9)	100.0
	高浜・1号						79.6	0.0(注10)
	高浜・2号							84.7
	玄海1号							87.4
	平均		74.3	45.2	52.1	38.9	29.7	54.4

注1：原子炉再循環系バイパス管修理
注2：定期検査延長（固定制御版取りだし等）
注3：定期検査延長（廃液漏洩）
注4：定期検査延長（原子炉再循環系バイパス管修理、炉心スプレイ系点検）
注5：蒸気発生器細管漏洩
注6：定期検査延長（蒸気発生器細管検査、燃料体検査）、定期検査着手繰り上げ（蒸気発生器細管検査）
注7：定期検査延長（蒸気発生器細管検査、燃料体検査）
注8：1次系弁、ポンプ類点検
注9：蒸気発生器細管漏洩
注10：定期検査中（蒸気発生器細管検査、燃料体検査）
出所：原子力発電設備改良標準化調査委員会・原子力発電機器標準化調査委員会［1976］、8～9頁より筆者作成。

ン燃料価格の高騰、原発本体の建設費増大はいよいよ安い電気の生産というイメージを打ち砕いている」（原発黒書編集委員会［1976］、10頁）とした。

　その結果、原子力発電関係者は厳しい立場に立たされた。例えば東京電力の原子力発電担当者は「社内のトップ層からは、『一体何時になったら原子力発電は信頼できるものになるのか、原子力がダメなら、ダメといってくれ。ダメだとわかっていたら、石油燃料を余分に手配するなど別の手立てを講じるから。』などといわれ、社内外から四面楚歌の状態で、肩身の狭い思いをさせられ」たという。そこで、「『その場、その場の対処療法では定検、停止期間が毎回予想以上に長くなるおそれがあり、原子力発電の信頼性が問われることになる。今ここで思い切って、計画的にSCC（応力腐食割れのこと、注：筆者）の起こりそうな所をすべて根治することにより、原子力発電の安全運転が確保

され、中長期的には経済的にも十分ペイすると考える。稼働率については、SCC対策中も約60％を確保する』といって説得」（豊田［1993］、12頁）した。

第2節　原子力開発円滑化のための改良標準化計画の着手

1　政府側の当時の認識と当該計画の目的

　前述した状況のなかで、1975年に通商産業省のリードで、同省内に「原子力発電設備改良標準化調査委員会」、「原子力発電機器標準化調査委員会」が発足した。参加者は原子力研究に携わる学識経験者、東芝、日立、三菱重工等原子力産業に関わる企業、原子力発電を運転する電力会社からなっていた[5]。

　同委員会は、石油ショック以後の日本のエネルギー政策において原子力発電が重要であるにもかかわらず進捗しないのは、各種トラブルや定期期間の長期化によって稼働率が低下し、原子力に対する社会的な不安が高まっているためだとみていた。このため、原子力発電の稼働率を上げ、一層の信頼性を高める必要があるとする。つまり、かなり正確に原子力発電をめぐる状況をつかんでいたといえよう。そこで、改めて、同委員会がどのように問題を考えたのか、詳しくみていきたい。

　まず、なぜ原子力発電の稼働率が低いのか、については「BWRにあっては不銹鋼配管の応力腐食割れ、PWRにあっては主として蒸気発生器細管からの漏洩など特別な事情による停止期間の長期化並びに定期点検期間が予想よりも長期化したためである」と分析する。そして、保守点検特に定期点検の長期化の理由としては、「(1)安全に重点をおき、入念な検査を行っていること。(2)保守点検作業とくに格納容器内作業が比較的高い放射線下での作業となり、一方作業者に対し1日当たりの目安線量を極めて低くおさえて線量管理を行っており作業効率が低下せざるを得ないことなどがあげられる。又、蒸気発生器細管漏洩、配管の応力腐食割れ及び燃料などのトラブルに関連し、定期検査期間中にこれらの原因調査並びに補修、更には精密な検査を行っているのでこれが

長期化の主な要因となっているものと見られる」(原子力発電設備改良標準化調査委員会・原子力発電機器標準化調査委員会［1976］、7、12～13頁)。

それゆえ、これへの対策としての、「改良標準化を進めることにより、①保守点検の適確化及び機器の信頼性向上が図られ、稼働率の向上が期待できる。②作業スペースの確保、機器配置の改良、作業能率の向上等により従業員の被ばく低減が図られる。③同一設計の機器を繰り返し製作することにより、信頼性の向上に役立つ。④これと共に機器材料の量産化及び計画生産が可能となり、経済性が向上する。⑤安全設計を含めた機器の標準化、申請書類の標準化を図ることによる許認可手続の効率化と許認可期間の短縮化が図れる。⑥上述の結果として建設期間の短縮も期待できる。⑦更に、機器部品の発電所間の互換性により建設、保守の効率化、停止期間の短縮が図れる」(原子力発電設備改良標準化調査委員会・原子力発電機器標準化調査委員会［1976］、16～17頁) とみていた。つまり、前述の東京電力における応力腐食割れ対策の経験を他のBWR型発電所にも適用するなど、「改良」を図り、次に「標準化」によって、第一に機器設備の画一化、量産化による信頼性および経済性の向上や予備品の削減等に代表されるハード面における効果、第二にプラント仕様の標準化による設計や許認可の標準化に代表されるソフト面における効果を総合し、信頼性の向上・経済性の向上及び建設期間の短縮を図ること (豊田・小林［1983］、55頁) をめざすものだった。以上のように、いわば「改良化」と「標準化」という一見相反することを同時に達成することをめざすものだった (森山［1983］、8頁)

また、例えば、BWR型軽水炉においても、当時で「BWR-2」、「BWR-3」、「BWR-4」と3タイプがあり、運用する側の電力会社にとって不便であった点をも改善することが期待された (原子力発電設備改良標準化調査委員会・原子力発電機器標準化調査委員会［1976］、5頁)。

2　改良標準化計画の進め方

具体的に「標準化」されたプラントをどのようにつくるか、については、今

までにトラブルが起こっていないところはできるだけそのままとし、トラブルが生じた部分や運転保守上不具合な部分を中心に自主技術に基づく技術開発をすすめ、その成果をおりこんで標準化をはかり、「標準」と認められたものを反復して採用する方式とした（豊田［1976］、49頁、一木［1976］、1014〜1015頁）。

なお、設置者である電力会社にはそれぞれの好みをやめ共通の仕様及び要求事項を確立し、標準プラントの採用に踏みきることが求められ、メーカーには日本に適した信頼性の高い標準プラントの提案が求められ、国には許認可業務の効率化に関する施策の推進、法令及び技術基準、特に安全基準の見直しによる整備充実を図ることが求められた（豊田［1976］、52頁）。

以上のような方式は次のようなあり方を生んだ。電力会社からの情報をもとに、国が「行事役」を務めて、メーカーが「標準」プラントとして採用される技術を競い合って開発するという、「品評会」の性格を帯びたのである（中瀬［2003b］）。つまり、BWRでは東芝、日立の間で技術開発競争が生じ、1社しかいないPWRの三菱にとっても、そうしたBWRでの研究成果が刺激となって技術開発に努めたのである。

3　改良標準化計画の実施内容

現実に行われた改良標準化計画の内容を吟味して本計画の意味を検討する。本計画は第1次が1975年から77年まで、第2次が1978年から80年まで、第3次が1981年から85年まで、と3回行われた。このうち、第1次、第2次の改良標準化計画は既存プラントを「改良標準化」するものであり、第3次はそれまでの2回の「改良標準化」を踏まえて、新たに「日本型軽水炉」をつくるもので、趣をことにしている。そこで、まずは第1次と第2次についてみると、「標準化」の対象範囲としては、改良策の検討が積極的に進められた原子炉蒸気発生器設備及び格納容器を標準化の対象とし、その後段階的に原子炉プラント全般から、タービンプラント全体へと拡大していくことにした。それで、原子炉蒸気発生器設備と格納容器、すなわち原子炉プラントの中心部分に関する基本設

計の標準化はほぼ達成されたと考えられた。しかし、前述のように、原子炉プラント全般といった点になると、原子力発電所の立地地点によって自然的条件が異なることや、ユーザーである電力会社の間でプラントの設計や運用に関する考え方に幅があるために「標準化」が難しくなった（豊田・小林［1983］、56頁）[6]。

以上の順序で「標準化」が進められた成果としては、第一に、原子炉蒸気発生器設備関係の初期トラブルの原因究明と対策が行われ、信頼性の向上につながった。つまり、BWRでは、例えば1次系配管の応力腐食割れ（SCC）は、オーステナイト系ステンレス鋼に生じた粒界応力腐食割れ（IGSCC）で、材料の鋭敏化、残留応力の存在、溶存酸素の存在が複合的に重なり合って起こったものと考えられ、低炭素ステンレス鋼の採用、高周波誘導加熱法等の施工法の改善、起動時の脱気運転等の環境改善が望ましいとされた（原子力発電設備改良標準化調査委員会・原子力発電機器標準化調査委員会［1981］、15頁）。PWRでは、例えば蒸気発生器細管伝熱管の腐食については、すでに火力発電所で腐食用に利用実績のあるリン酸ナトリウムを引続いて使用したところ、管支持板部で濃縮して腐食したと考えられ、ヒドラジンによる水質管理が有効とされた（原子力発電設備改良標準化調査委員会・原子力発電機器標準化調査委員会［1981］、17頁）[7]。

第二に、運転経験に基づいて保守点検の適確化が進み、被ばく低減につながった[8]。例えば、BWRでは制御棒駆動機構の交換に当たっては原子炉圧力容器内部の作業のため作業能率向上と被ばく低減のために自動交換機の採用を検討した（原子力発電設備改良標準化調査委員会・原子力発電機器標準化調査委員会［1976］、18～19頁）。PWRでは燃料集合体の検査において、燃料取り出し、外観検査、シッピング検査等が1体ずつシリーズで行われていたのを、検査設備を2式設置して、燃料取出しと並行に、同時に複数の燃料検査を行う方式が考え出された（原子力発電設備改良標準化調査委員会・原子力発電機器標準化調査委員会［1981］、23頁）。またBWR、PWRともに格納容器内部の作業性向上のためにスペースを確保することが検討された。

第9章　オイルショック以降の中心として期待された原子力開発　219

図9-2　原子力発電所設備利用率の推移

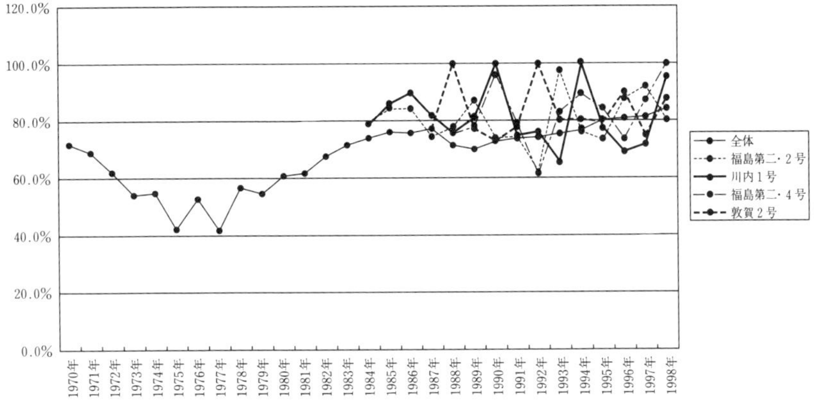

注：福島第二・2号、川内1号は第1次改良標準化計画の成果、福島第二・4号、敦賀2号は第2次改良標準化計画の成果として記した。
出所：『原子力白書』各年版より作成。

　第三に、原子力発電に関わる許認可の標準化がめざされ、効率化された。まず、プラント側での基本設計標準化の検討にあわせて基本設計に関する許認可に相当する設置許可の標準化の検討が行われた。つまり、第1号プラントについては従来どおりの審査が行われたが、第2号プラント以降は敷地条件の差異に基づく設計の相違点のみを重点的に審査するものとされた。次に、詳細設計の許認可に相当する工事計画認可時の審査でも、前述の設置許可審査と同様に、第1号プラントは従来どおり審査し、第2号プラントは相違点のみを重点的に審査するものとされた（豊田・小林［1983］、56～58頁、原子力発電設備改良標準化調査委員会・原子力発電機器標準化調査委員会［1976］、124～126頁）。

　改良標準化計画によって、図9-2にあるとおり、改良標準化計画当時、全体として40～60％を行き来していた設備利用率は1980年代半ばには安定し、しかも70％を超えるまでに至った。改良標準化計画の成果を生かしたとされる4つの原子力発電（第1次－東京電力福島第二・2号機、九州電力川内1号機、第2次－東京電力福島第二・4号機、日本原電敦賀2号機）では運転開始以来、70～80％の設備利用率を示した。

　第3次改良標準化計画については、アメリカスリーマイル島事故、第2次オ

イルショック以降の原子力に対する更なる期待が、これまでのようにアメリカ型軽水炉原子力発電の改良ではない、日本型軽水炉の製作に向かわせた（豊田・小林［1983］、60～61頁）。そこでは、更なる信頼性の向上、被ばくの低減、設備利用率の上昇をめざした上に、従来以上に経済性を重視した。代表的なものとして、BWR では ABWR として、例えば原子炉圧力容器下鏡に直接インターナルポンプを取り付ける方式を採用し、24インチの大口径再循環配管をなくした。この結果、配管破断を検討する際の対象である大口径配管はなくなったことから、蒸気配管、中径の給水配管のみとなって容量の少ない工学安全系だけで対応できるようになり、また多重高圧 ECCS 系の採用が可能となって仮想事故時の炉心冷却機能が飛躍的に向上するという安全性の向上につながった。さらに、格納容器内線量率の主要源となっていた再循環配管をなくすことによる空間線量率の低減、供用期間中検査の対象である大口径溶接線の減少により、保守作業時の大幅な被ばく線量の低減にもつながった。そして、大口径配管・外部循環パイプがなくなったため原子炉容器を 8～10メートル低い位置に下げることができたことで、建設費、建設工期の減少となり、経済性の向上につながった（三木・大木［1984］、6～7頁）。

　PWR では、APWR として、例えば炉心周辺部に金属製ブロックの中性子反射体を設置した。この結果、炉心領域から漏出する中性子を低減することで原子炉容器への中性子照射による損傷を減らすとともに、燃料集合体のグリッドをジルカロイ製とすることにより中性子の吸収率の低減を図ることで、既設プラント比で約 8％のウラン資源を節約できると考えられた。また、この構造の採用により、ボルト数や部品点数の減少でコストも低下すると考えられた（饗場・栗原・山本・関［1998］、246～247頁、福井県原子力安全対策課［2001］、30頁）[9]。

第 3 節　改良標準化計画がもたらしたもの

　上述した改良標準化計画によってどのようなことがもたらされたろうか。第

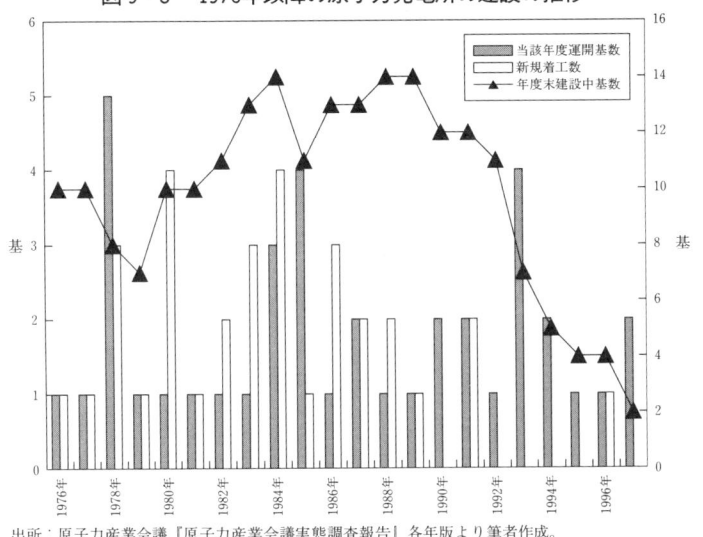

図9-3　1976年以降の原子力発電所の建設の推移

出所：原子力産業会議『原子力産業会議実態調査報告』各年版より筆者作成。

一に、期待された設備利用率向上が「達成」[10]された。BWRにおける1次系配管の応力腐食割れ、PWRにおける蒸気発生器細管伝熱管の腐食等の克服によってそれまでみられた頻繁な停止とその対処という事態は一応なくなった。以上の工学的技術の向上の結果、1983年3月より、原子力発電設備利用率を毎月発表することにしたり、同年10月に通産省は83年度運転開始分をベースとして、電源別発電原価を試算し、原子力が12.5円ともっとも安価であると発表するまでに自信を深めた（森［2002］、70頁）[11]。安全性に問題があり、労働者被ばくがひどく、故障ばかりで信頼性に欠け、そして経済性は無視されている、との「反原発」運動側からの指摘に対して、曲がりなりにも「反論」することができたのである。

第二に、こう着化していた原子力発電立地予定地域（柏崎刈羽、川内、女川等）での新たな建設、既存原子力発電所の増設を進めることにつながり、図9-3にあるとおり、1980年代から90年代前半にかけて原子力発電所の建設が続いた。もちろん、原子力発電建設が進捗したのには、原子力安全委員会等を生み出した行政懇談会の活動や全漁連会長からの提唱をきっかけとして海洋生物

環境研究所の設立等の原子力発電をめぐる情勢の変化（中瀬［2003a］、265～266頁）や、第二に200海里問題、石油ショックのために原子力発電建設立地予定地域における水産業の不振によって、原子力発電以外の地域振興策が見出しにくくなったこと（中瀬［2003a］、266～267頁）、第三に柏崎刈羽地点でみられた、行政側の強行採決による原子力発電用地売却の決定という「力による解決」という事態も加わってはいたが（芳川［1996］）、改良標準化計画の「成功」が原子力発電建設にとって果たした役割は否定できないだろう。

第三に、原子力発電建設が進捗するということは、原子力産業に関係する企業にとっては、いわば原子力発電市場の成長を保証することにつながり、その結果利益確保を期待することが可能となった。また、技術開発に対する政府補助金の存在、電気事業連合会を媒介としたライバル企業との共同研究の存在が、一層、原子力産業の安定性を高めた。

しかし、第四に、上述のように原子力開発が進むということは、電力の需給の変化に応じた柔軟性の少ない電源を増加させた。折しも、1970年代に入る頃から目立ち始め、図9－4にみられるとおり、1980年代以降に一層顕著となる発電電力量の伸びを大きく上回る最大需要電力の伸びが明らかになるのである。そこで、多くの技術開発を踏まえた大規模な揚水式水力発電が原子力開発と平行して建設されるとともに（大石・井上・河野［1974］、1129頁）[12]、火力においては、コンバインドサイクル発電というガスタービンと蒸気タービンを組み合わせた発電方式の導入[13]、DSS（Daily Start Up and Shut Down）運用の可能な需要の変化に即応できる機器の導入[14]がなされた。いわゆる、電源の「ベストミックス化」である。そのため、図9－5にあるとおり、水火力の負荷率は1970年代のオイルショック以降低下し続け、火力は1980年代に入ってから、水力は1980年代半ばになって一定化した。それゆえ、「ベストミックス化」とは、柔軟性の乏しい原子力発電が増加した結果、やむを得ず採用された電気事業経営の対応だったのである。

第五に、消費地から遠方に存在する原子力開発は、9電力に必然的に、送電、変電、配電設備を新たに建設することを求めた。例えば、東京電力では、1975

第 9 章　オイルショック以降の中心として期待された原子力開発　223

図 9-4　最大電力と発電量の推移

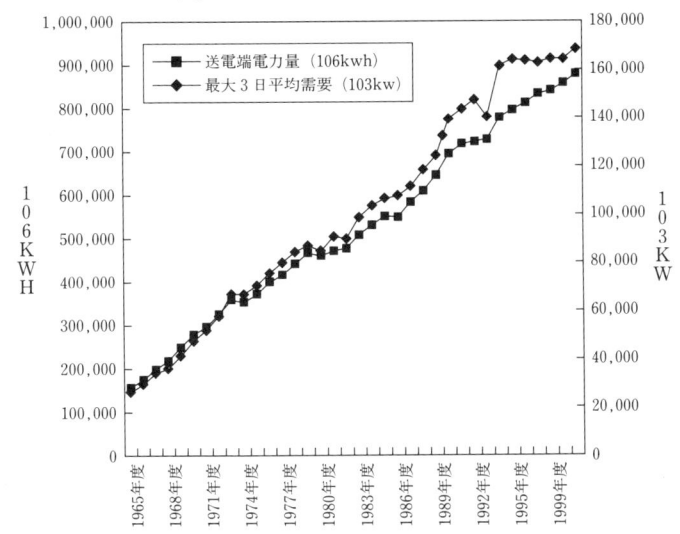

凡例：
- 送電端電力量（106kwh）
- 最大3日平均需要（103kw）

左軸：10⁶KWH
右軸：10³KW

注：1968年度までは冬季に最大を示し、69年度以降は夏季が最大を示す。
出所：『電力需給の概要』『電気事業便覧』各年版より作成。

図 9-5　水火力の負荷率の推移

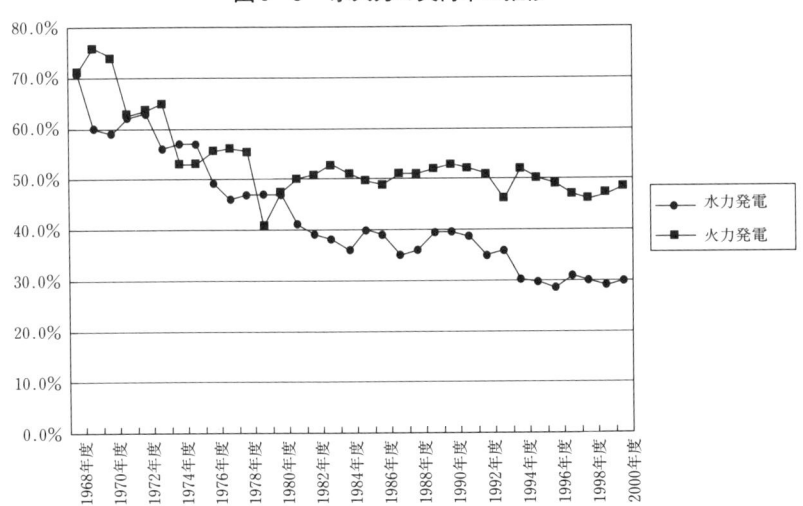

凡例：
- 水力発電
- 火力発電

出所：『電力需給の概要』各年版より作成。

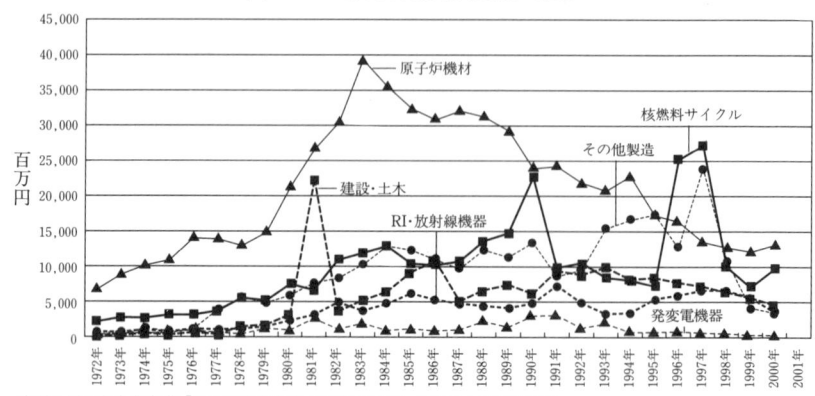

図9-6　部門別研究投資額の推移

出所：原子力産業会議『原子力産業会議実態調査報告』各年版より筆者作成。

年5月に昇圧された福島幹線のほか福島東幹線・安曇幹線1号線、84年11月に50万V系統として新設された新新潟幹線や安曇幹線2号線などが関東地方周辺の原子力、揚水の大電源に対応して建設された（東京電力［2002］、937〜938頁）。なお、1980年代からの情報化の進展によって、安定供給を保証する送電線、配電設備も整備された（東京電力［2002］、938、1010頁）。

そして、第六に、「改良標準化」の成果に「溺れる」ことになった。図9-6にみられるとおり、研究投資高については、改良標準化計画が終了した1980年代半ば以降、軽水炉の原子力関係機器、設備を代表する「原子炉機材」向けが減少傾向となり、代わって核原料物質、濃縮、燃料集合体等の機器、設備を代表する「核燃料サイクル」向けが増大している。以前ほど、「原子炉機材」に研究投資する必要を感じなくなったからであろう。しかし、2002年9月に応力腐食割れ対策を施したはずのBWRの再循環系配管や炉心シュラウドに、新たな応力腐食割れという事態が明らかとなった。また同じ時期に、ひび割れ探傷検査技術の欠陥が明らかとなった[15]。この点で、原子力関係者からの厳しい戒めはまさにこの問題を指摘していよう[16]。

第七に、「改良標準化」を否定できない構造になっていた。改良標準化計画では、設備利用率について、第1次では約70％、第2次では約75％の達成を予

定し、その通り、見事に「達成」した。しかし、この結果、設備利用率の「維持」ないし「上昇」は許されても、「低下」を許されないものとなったのではないだろうか。決められた定期検査期間の遵守というプレッシャーにさらされたのである。しかも図9-3でみたとおり、1990年代以降、原子力発電建設は減少しつづけ、日本の原子力産業は原子力発電建設「冬の時代」ともいえる時期にさしかかっており、その結果、原子力関係費用において「運転維持費」が最大となっている。このため、電力自由化がもたらすコスト削減の圧力が「運転維持費」のできる限りの圧縮を求めることにつながっている。二重の意味で、定期検査期間は短縮化こそすれ、長期化など許されない状況となった。2002年中に発覚したトラブル隠しは、以上の点が積み重なった結果だと考えられるのである。

　以上のように、改良標準化計画の「成功」によって、原子力開発は軌道に乗り、火主水従化で果たした火力の役割を代替できたといえる。原子力を中心にしつつ、LNG火力、石炭火力とともにベース供給力を構成し、火力をミドル、ピーク時用電源と位置づけ、揚水式を中心とした水力をピーク時用とする「ベストミックス」化された供給方法である。その結果、状況によっては、オイルショックの際に問われたかもしれないその後の供給方法や供給主体の是非の議論を封じ込めることにつながったといえよう。しかし、第6章の終わりで述べたように、そうした「ベストミックス」化された供給方法が固定資産の増大とその結果としての国際的な電気料金水準の高位維持をもたらし、1990年代後半以降から開始された供給主体の是非、電力自由化の議論にまでつながったのである[17]。

補節　原子力開発に当たっての地域社会との関係

　図9-3で示したように、1990年代に入ってから原子力開発は日本政府、原子力産業の期待に反して、再び進展しなくなった。電力需要の頭打ち傾向からそれほど積極的に原子力開発を進めなくてもいいとの判断も影響したであろう

が、原子力発電所が立地する地域社会との関係が以前ほどうまく行かなくなっていることが影響していると考えられる。補節では、電力会社と地域社会との「すれ違い」について取り上げよう。

2001年5月27日、新潟県の小さな村では日本全国が注目する出来事が起こった。同村に存在する東京電力の原子力発電所におけるプルサーマル計画の実施を問う住民投票が行われたのである。この結果はプルサーマル計画に対して、反対1,925、賛成1,533というものだった。反対票が多数を占めた結果を受けて、同社は同年6月1日同発電所で実施する予定だったプルサーマル計画を延期することを正式に表明した。国策においても、また企業の事業計画においても決定されていた事項は見直しを迫られたのである。しかも、地域社会との間で決定的な溝を作ってしまった。

電力産業の業界紙である『電気新聞』は「住民投票を巡っては、プルサーマル自体の是非とは別に、昨年秋の村長選挙のしこりも影響したとも言われる。また、投票日前日まで保留票の解釈に関して混乱したことも、反対票に流れた一因とみる関係者は少なくない。これらを勘案すると、今回の開票結果によって、プルサーマルを受け入れるか否かという村民の意思が明確になったと断定するのは早計なのかもしれない」(電気新聞［2001］)と分析している。また、こうした結果をもたらしたのは、「国と自治体、自治体と住民、電力会社と住民それぞれの間のエネルギー政策をめぐる基礎的な対話が不足しているのではないか」(電気新聞［2001］)とした。同じ考え方をしているのか、政府は刈羽村の住民投票の結果を重視して、官房副長官の主唱でプルサーマル連絡協議会を設置し、広くプルサーマルを含む核燃料サイクル政策の重要性を国民に説明し、理解を求めるため関係省庁が協力していくことで一致し、もう一方で原子力発電立地地域にとっての便宜を図るために、同地域の地域振興策を進める上で、一層柔軟性を高めることを決めた。また、電力会社は各社で次々とプルサーマル推進会議を設置して、政府同様、プルサーマルについて住民に一層説明し、理解を求めていくとした。政府、業界側は自分たちの「説明不足」、住民側の「認識不足」が原因と考えているのである。以上の判断は地域社会との関

係を既存のままで十分だと考えるものである。

　これに対して、刈羽村における住民投票までの経過をみると（池田[2001]）、必ずしも前述の政府、業界側の理解は正しいものとはいえない。

　前述の住民投票で是非が問われたのは東京電力柏崎刈羽原子力発電所でのプルサーマル実施計画だった。同発電所にはすでに沸騰水型軽水炉5基、改良型沸騰水型2基の合計7基、821.2万KWの出力を有している。このため、「刈羽村はここ20年間に2000億円を超える各種原発交付金を国から受けているのである。こうして、現実に原子力発電所が稼動し、原発関連企業で働く住民が3軒から4軒に1人が生活しているようになってきている」（池田[2001]、28頁）のである。1998年秋にプルサーマル計画が迫ってきたときに住民投票を実施しようという機運が高まり、村民の32％が直接請求したが、村議会では1対14で否決された。その後の村議選では共産党系、社会民主党系がそれぞれ1名ずつ当選し（池田が共産党から出馬した）、プルサーマル反対派は3名となった。池田は、「世界最大の原発基地に住み続ける村民にとって、原発のトラブルは不安と心配の種となっているため、『原発の危機からいかに住民を守るか』を中心論題として」（池田[2001]、29頁）活動を重ねた。1999年9月30日に茨城県東海村で発生した株式会社JCOウラン再転換工場で臨界事故が起こったこともあって、同年12月議会に、「ヨウ素剤配備」の住民の請願署名を提出したところ、保守系議員の賛同も得られ、採択された。2000年11月の村長選挙では、現村長に批判的な保守の4人の議員に推されて闘った村長候補は「プルサーマル導入は安全確認がなされるまで時間が必要であるとか、原子力防災のためのヨウ素剤全戸配布は実現したい、原子力発電所関連について村民の声をアンケート調査で行うとの公約を掲げて、いち早く立候補した」（池田[2001]、29頁）ものの、現村長が村民の3分の1の支持で当選した。同時に行われた村議補選では反原発候補と初の女性議員の2名が当選し、また現村長に対抗した候補者を推した保守系議員4名とともに、「総勢9名の団結が示されることになった。そして、この団結を最優先させることとした」（池田[2001]、30頁）。明らかに同村の情勢が変化していたのである。プルサーマル計画の実施の可否

を問う条例案を議員発議として提出し、可決されたものの、村長の再議権行使によって差し戻され、条例成立に必要な票を得られず廃案となった。それでもめげずに改めて住民投票の実施を求める署名活動を行い、とりわけ「今回は保守の人と議員の活躍が著し」(池田［2001］、30頁)く、2000年4月の臨時議会で住民投票を実施する議案を採択した。村長には再度、再議権を行使する機会も残っていたが、「連日脱原発の団体や私たちの住民の会が要請行動をし、また住民投票支持の保守系議員4人は村長に間接的表現で、『村長リコール』を行う旨の半ば『脅し』をかけた」(池田［2001］、31頁)結果、再議権を行使せず、プルサーマルの賛否を問う住民投票が実施されることとなった。そして、「降ってわいた住民投票、私たちは反原発の人達と統一できる内容として、5地区で懇談会を実施した。また突然の住民投票であり、独自活動を強めて、『原発問題を考える住民の会』は、原発の賛否を超え、『原発に賛成の人も反対の人も、危険なプルサーマルには力を合わせて反対を』との基本的スタンスを終始一貫して訴え」、3回にわたる学習会の開催が前述のように反対票が賛成票を上回る結果に結びついたのである(池田［2001］、31頁)。

　以上のように、刈羽村で実施された住民投票で示されたプルサーマル計画への反対という結果は、むしろ原発に反対ということではなく、JCO臨界事故を踏まえて、住民の安全を守るということを基本にしたプルサーマル計画に対する拒否という明確な住民の意思表示だったのである。

　そもそもプルサーマル計画は1986年から関西電力と日本原子力発電において「少数体MOX燃料の使用と照射後試験」が行われて実験によるデータ蓄積がなされていたが(関西電力［2001］)、具体的な実施は旧動燃の「もんじゅ」事故後に決められた。「六ヶ所再処理施設の建設が進む中で、『もんじゅ』事故を契機とし、特に原子力施設立地地域において今後のプルトニウム利用の在り方、中でも、プルサーマルについてその政策上の位置付けを明確にすべき等の意見が表明されている。プルサーマル計画は、我が国における相互に関連する核燃料サイクル事業をつなぐものであり、高速増殖炉実用化までのプルトニウム利用の中心として、実施に向けて準備が進められ」(総合エネルギー調査会原子

力部会［1997］）たものだった。つまり、「もんじゅ」事故の結果、高速増殖炉の利用可能性が不透明化したために、日本政府が背負う余剰プルトニウムの処理という義務、ただしそれは日本政府が核燃料サイクルに「固執」し、使用済核燃料の再処理に踏み出した結果生まれたものだったが、を果たすために行わざるを得ないものだった。

　このようにみてくると、いくら国策とはいえ、プルサーマル計画が、市町村長というレベルでの「事前了解」を得ていたものの、真の地域社会という利害関係者との間で、検討するというシステムには乗っていなかったといえよう。政府、電力会社側の一方的な決定であり、だからこその住民投票の実施であり、そこでの「反対」だったのである。しかも電力会社の場合、地域社会とのこじれた例は今回が初めてではないのである。とすると、とりわけ安全性と地域社会の理解が必要な原発等の発電所を有する東京電力においては、そうした意味での倫理システムが確立されていないことを示すものだといえる。2002年の一連のBWR原子力発電所における反社会的な行為、2004年の関西電力美浜原子力3号機での大事故はこの点をあまりに象徴してはいないだろうか。

　そして、そもそも9電力側の対応が上述のものとなる要因としては、これまで原子力発電所建設予定地域に対するPA（パブリック・アクセプタンス）活動が体質化してしまったからではないだろうか。つまり、とりわけ9電力が、電源三法等の原子力発電立地予定地域に対する資金的援助の存在を示しつつ、原子力発電の安全性を強調して立地を認めてもらうように、「説得」に近い「一方的な説明」を行い、「理解」を得るという行動を実践して、そうしたあり方を体質化してきたからではないだろうか[18]。企業倫理学の現在における到達点たる「対話を通じた合意」（鈴木［2000］、94～95頁）に向けて、改めてのシステム化が求められよう。

　　1）　ターン・キー契約とは、設計から製作・建設・試運転完了までを含んだ契約方式で、試運転完了後設備のキーを廻せば直ちに操業に入れる態勢での引き渡しのものだった。そして、価格表によると、ターン・キー契約による原子力発

電所の推定価格は、たとえば50万KW級でKW当たり125ドル、100万KW級でKW当たり103ドルの低価格であった。両社はまた、1966年に原子力発電プラントのスケール・アップと標準化を行い、50-60万KW級、70-80万KW級、100-110万KW級の3機種を供給することとして、いち早く大量生産の態勢を整備した（日本原子力産業会議［1986a］、158～159頁）。

2)「日本で建設中にそれと同型（同容量）の炉がアメリカで動きだし、その結果によって設計の修正ができる（修正が間に合う）ものは、実証ずみの技術と考える」とする新しい実証ずみの概念が表明された（日本原子力産業会議［1986a］、158頁）。橘川武郎は、こうした原子力発電運転に関する9電力の振る舞い、強い意思の表れを9電力の経営面での「自律性の発揮」としている（経営史学会［2001］、87～88頁）。

3) 例えば、現在の四国電力伊方原子力発電所建設に当たっては、原子力発電所建設予定地域に最大の漁業権を有する町見漁協において、1971年4月24日の定期総会における「絶対反対」決議を当時の組合長は故意に四国電力側に通告せず、同年10月12日の臨時総会において原発設置賛成を「強行採決」し、同年12月27日の総会における漁業権放棄を、反対派退場のなかで可決して、建設を認めたのである（斎間［2002］、9～19頁）。

4) 日本原子力産業会議は、同会議の原子力開発利用実効計画委員会報告に基づく原子力利用政策を、1974年12月に政府に対して要望した。そのなかでは、以下の理由で、輸入石油からの脱却にとって原子力が有望で、必要だとした。第一に、「供給の安定性」があるとして、核燃料が燃料としては長期購入契約等で安定的な供給確保が可能であり、いったん炉内に燃料を挿入すると1年以上交換の必要がないくらい、いわば同一規模の火力発電所に比べて核燃料は少なくてすむのだとした。第二に、「安全・環境」の面から、事前に十分な評価を行って運転を行うために問題は少なく、またアメリカ原子力委員会の「ラスマッセン報告」によって安全性が保証されているとした。第三に、「国際収支」の面からみて、KW時当たり年間燃料費の外貨支払額が圧倒的に少ないとした。第四に、「経済性」の点では、燃料費上昇による発電コストの変動幅について、重油火力1ドル/Bblの44銭/KW時に対して、原発ウラン精鉱1ドル/lbで3銭/KW時、濃縮費1ドル/kg SWUで0.8銭/KW時と小さいために電気料金安定化に寄与する等とした（日本原子力産業会議［1974］、3～6頁）。

5) 委員長は東大工学部教授内田秀雄、委員として、東大工学部教授安藤良夫、東大工学部教授大崎順彦、東大生産技術研究所教授柴田碧、東大工学部教授都

甲泰正の学識経験者、東芝原子力本部 BWR 技師長葦原悦朗、三菱重工原子力技術部長伊藤登、日立製作所原子力技術本部長是井良朗、富士電機製造原子力事業部技術計画室長柴田栄作、荏原製作所環境プラント事業部副事業部長角谷省三、日本製鋼所理事野村純一、鹿島建設専務取締役技術研究所長久田俊彦の原子力産業関係者、日本原電建設部次長板倉哲郎、関西電力原子力建設部長小川健、東京電力原子力保安部長豊田正敏の電力会社出身委員からなり、この他、常時、科学技術庁原子力安全局原子炉規制課、工業技術院標準部電気規格課、電気事業連合会原子力部、日本電機工業会原子力室、通産省機械情報産業局電子機器電機課、資源エネルギー庁公益事業部原子力発電課の行政委員が参加していた（原子力発電設備改良標準化調査委員会・原子力発電機器標準化調査委員会［1976］、1頁）。

6) なお、プラント側と最終処分方法の標準化が前提になる廃棄物処理設備の「標準化」がもっとも難しいという（豊田・小林［1983］、56頁）。

7) 現在では、BWR の粒界応力腐食割れに関しては、レーザー照射によって表面を固溶化熱処理し鋭敏化をなくすレーザー表面改質技術等も採用されている（鈴木［1999］、757頁）。また、PWR の蒸気発生器細管伝熱管の腐食に関しては、水質管理だけでは不十分であることが判明したため、現在では耐食性に優れた TT690 合金製伝熱管採用等材料を改善したり、構造を改善したり（BEC 型管支持板の採用）、管板部拡管法の改善（クレビスの縮小、応力の低減）等を図った新 SG に取り替えることで対応している（高松［1999］、769頁）。

8) 「被ばく低減」というのは作業する労働者にとっては望ましいことではある。ただし、もう一方で、労働者の被ばく線量が法律で決められているためその作業量、作業時間に上限が設けられる以上、「被ばく低減」は結果として単位あたりの作業量の増加、作業時間の延長が可能となる。そういう意味では信頼性向上ともども、被ばく低減とは原子力発電所の設備利用率の向上に収斂するものといえる。

9) なお、APWR の「経済性向上」を具体化するものとして、運転期間中に炉心内の水/ウラン比を調整できるスペクトルシフト方式（減速材調整制御棒：WDR（Water Displacer Rod）の採用）が検討されていた。これによって運転サイクル期間の延長及び燃料サイクル比を低減することになり、ウラン資源の節約につながるものと期待された（福井県原子力安全対策課［2001］、12頁）。しかし、日本原電敦賀3、4号機の実機検討の段階で、ウラン価格の低下という状況、炉心構造の複雑化による保守負担の増加という予想から、スペクトル

シフト方式の採用は見送られた（福井県原子力安全対策課［2001］、7頁）。

10) 2002年中にみられたBWRの一連のトラブル隠しという事態が生じた以上、カッコづきの達成とせざるを得ない。

11) ちなみに、LNG火力17円、石炭火力14円、石油火力17円、一般水力20円と試算したという（森［2002］、70頁）。

12) 揚水式発電技術については1980年代末頃から、例えば、ポンプ水車において、大容量電力の開発のために高落差化が指向され、その結果回転速度が高く、高圧・高速水流が作用する厳しい運転が要求されることとなるため、性能、強度及び運転制御の面で信頼性の高い設計・製作技術が必要となった（市川・佐藤・猪俣［1988］、970頁）。

その後、1990年代半ばには、前述のポンプ水車の高落差化に加えて機器サイズの小型化および高効率化のために、定格回転速度の高速度化が指向された（篠原・松本・内田［1996］、50頁）。なお、高速・大容量化は、発電電動機にも新たな課題を求め、特に、電力需要に応じて急速かつ頻繁な始動・停止に対する技術的な向上が必要になるなど、開発が続けられた（西島・吉田・蜂谷［1996］、57頁）。以上の課題とは別に、揚水機の可変速化がめざされた。可変速揚水発電システムとは、「電力系統の経済運用を主目的とし、ポンプ水車を可変速運転して夜間の周波数調整機能を揚水発電に持たせるものである」（北・阪東・桑原［1994］、733頁）。電力需要はつねに変動しているが、その変動する電力需要と供給のアンバランスは系統の周波数変動として現れてしまうため、系統周波数を一定に保つことが必要となり、発電電力の調整が求められるのである。そうした電力需要変動のうち、小刻みに変わる速い変化にはAFC（Automatic Frequency Control）という自働周波数調整制御で対応され、これまでAFCへの対応は、昼間は主に火力発電及び水力発電で、夜間は火力発電で確保しており、揚水発電による負荷調整は運転台数調整だけであり、AFCには対応できなかった。そのため、可変速揚水発電システムによって夜間のAFC容量を確保できれば、AFC用火力発電を停止することにつながるのである（北・阪東・桑原［1994］、734頁）。

13) この発電方式は、空気のなかで燃料を燃やした際に発生する燃焼ガスの膨張力を利用して発電機を回すガスタービン発電と、その排ガスの余熱を回収して蒸気タービンを回す汽力発電の2つを組み合わせたものであることから、第一に、従来の火力発電では高くても40％程度にすぎなかった熱効率を43％まで引き上げうる、効率性の高いものであり、第二に、小型のガスタービンを備えて

いるため、運転・停止が比較的容易に短時間で行えるものであった（東京電力[2002]、999〜1000頁）。
14) 起動停止が容易で損失が少なく、頻繁かつ大幅な負荷変化が可能で部分負荷効率が高いといった性能を持つ設備のことで、新設火力だけでなく、既設火力にもつけられることとなり、「その結果、平成元年度には大容量既設貫流ユニットも含めて全機のDSS（Daily Start Up and Shut Down）運用が可能となり、昭和52年度にはわずか2回であったDSS回数も56年度には174回、平成2年度には2490回へと激増した」（関西電力[2002]、686頁）。
15) 2003年3月23日、新潟県刈羽村での「原子力発電所の点検と国による評価についての説明会」の際、「超音波探傷検査の測定精度」に関わる質問に対して、原子力安全・保安院側は「再循環系配管のひび割れについては、超音波探傷検査はひび割れの有無や長さについては有効性が確認されているものの、その深さについては、配管に用いられている新しいステンレス材質の関係で、正確に計測できないことがあることが明らかになりました。このため、現在及び今後5年間、設備が健全性を持ち続け得るかについて信頼性の高い評価ができないので、ひび割れが発見された再循環系配管については、検査の信頼性が向上するまでの間に対応する場合、配管の取替えや補修が行われることが必要です」と述べ、早急に精度の向上を図ることを約束した（原子力安全・保安院[2003b]）。
16) 例えば「最後にふれておきたいのは、『実証テストまたは実証プラントにより安全性、信頼性を確認しているので大丈夫だ』という言葉をよく耳にするが、運転条件と同じ条件で長期間信頼性が保たれていることを確証することは、場合によっては極めて難しく、特に材料に関連する信頼性についての実証は、よほど綿密、詳細に実験条件やプラント条件を検討した上でなければならず、実証による確認といった言葉を軽々に使うべきではないと考える。実用プラントの場合でさえ、プラントの規模が大きくなるとか、使用機器の構造を少し変更しただけでも思わぬトラブルが発生することがあるので、このような変更を行う際には厳重な監査システム体制の下に検討することが必要と考える」（豊田[1993]、19頁）と、ある専門家が述べている。
17) 「ベストミックス」の供給方法こそが、ピーク時対策にもエネルギーセキュリティ上も優れている、との宣伝がなされている。しかし、あくまでも原子力発電を中心にすえることが出発点であることを見逃してはいけない。
18) 経産省[2003]、15頁には「国及び事業者は、原子力発電所等の立地に当たっ

て、立地地域の住民の理解と協力を得るため、地域住民の声を丁寧に聴き、かつ、説明するといった取組を今後も続ける」と、この点を明確に示している。

　　　　　　　　おわりに

　本書では「日本の電力の供給主体と供給方法の変遷に留意し、電気事業経営を歴史的に捉え、9 電力体制とは何なのか、を明らかにし、今後の日本の電気事業経営の方向性を示唆」することを目的としてきた。以下で明らかとなったことをまとめよう。
　第一次世界大戦時に電力不足が明らかとなったことから、電気事業者に電力を卸売りする電力会社が設立された。大戦終了後は電力余剰が明らかとなるなかで、大同電力、日本電力という卸売電力は重複供給が許されていた大口電力需要者の獲得に向けて、発祥の地ともいうべき京阪神地方に留まらずに、京浜地方や中京地方にまで進出し、いわゆる、「電力戦」を引き起こした。その競争は破滅的なものであったことから、逓信省や財界が協力して「統制」のあり方を模索するなかで、第二次世界大戦後にみられた公益事業的なあり方、例えば総括原価方式に基づく認可料金制度や供給区域独占の原則をめざした。あくまでも、その本質は卸売電力を既存体制のなかに組み込むもので、小売電力と卸売電力の並存状態を追認したのである。その具体的なあり方としては、需要地帯ごとに電力需給を均衡させるべく、自流式水力発電開発と補給用、ピーク時用の火力開発を組合わせた水火併用給電方法を確立することだった。
　実際には共同火力発電形態を介したものも登場した。その共同火力発電形態は京阪神地方で発展した。その関西共同火力は大阪財界等社会をも巻き込んだ形で設立された。同社から供給される電力は、コスト的にも安く、また豊富な量だったことから、関西地域の既存電力会社の経営にとってプラスになっただけではなく、同地方の重化学工業化の進展にも寄与した。こうして、1930 年代初めの電気事業政策は当時の既存電気事業者を供給主体とする体制に合致して良好に機能した。供給方法は上述のように自流式水力と火力が組み合わさった

水火併用だった。しかし日中戦争が開始されてから石炭代金が高騰するなかで、共同火力形態の存在は危ぶまれだした。

そして、軍部の力が増す二・二六事件の前後から、軍部、革新官僚を中心に、電力国家管理構想が登場した。戦時体制を念頭においていたものの、当時の良好に機能している電気事業体制の主体を民間電気事業者から国営会社に転換するだけの単純なものだったことから、「イデオロギー」色が濃いとされ、説得力が乏しいために実現されなかった。その後、近衛内閣を支える国策研究会での議論が重要な分岐点となって、実現の方向に動く。それまでの自流式水力開発を、政府の資金を利用するなど政府の全面的なバックアップのなかで、新規開発を貯水池式、調整池式の大規模なものへと転換し、その上で補給用、ピーク時用の火力発電を組合わせる（ただし、石炭節約のために極力抑える）という水火併用給電方式を提唱する一方で、官民一致をめざして民有国営形態から国家管理下の特殊会社形態への変更が検討された。そして、既設水力開発は既存の電気事業者のもとに残し、新規水力開発、主要火力発電、主要送電線を収用する日本発送電の成立となった。つまり、日本発送電を供給主体とし、大規模な貯水池開発を中心とする水力開発と補給用、ピーク時用に火力開発を組み合わせる供給方法をめざした。なお、帝国議会で政党側が電力国家管理を監視するために、電力管理法案の条文を修正して「豊富で低廉な電力供給」という文言を挿入した。その結果、「豊富で低廉な電力供給」が最大の目的となった。

しかし、日中戦争の泥沼化で資材等が手に入らず、当初計画した大規模な水力開発が進められなくなって、当初の電力国家管理構想、つまり新規水力開発を大規模に進めるとの計画は挫折した。一方で渇水、石炭不足で電力不足は継続し、既存電気事業者との間で、既設水力設備の運営において齟齬が目立って合理的な発送電の運営が不可能となり、また、日本発送電の経営は当初の期待を大きく裏切るものとなった。そこで、既存電力会社に残されていた既設水力発電設備を収用する発送電強化と、日本全国を9地域の配電会社に統合する配電管理の第二次電力国家管理へと統制が強化された。配電管理の実施は、この時点で初めて配電面での供給独占をほぼ完成させることを意味した。

第二次世界大戦敗戦後、日本の電気事業は水力発電の復興で戦前水準をしのぐ生産指数を示すものの、戦時中は抑えられていた民需の増大や石炭利用が難しくなって電力使用に転換した産業の需要も増加したので供給制限を余儀なくされた。また、膨大な潜在需要の存在で、供給方法としては、貯水池式水力開発、火力発電開発が求められることになった。また、GHQ/SCAPのリードで、電気事業経営としてもようやく企業経営体としての発展を保証する料金改定がなされた。しかし、GHQ/SCAPはあくまでも電気事業再編成が必要だとの姿勢を崩さなかった。

　GHQ/SCAPは当初から日本発送電解体の方向を打ち出し、電気事業再編成の原則として、公益事業委員会の新設、供給独占を認められた、地域別発送配電一貫経営の民間会社設立を示した。GHQ/SCAPは、日本における電気事業経営の軌跡を詳しく知らないため、特に後者の地域分割の点で説得力ある方針を示し得なかった。最終的に、第二次世界大戦前に東邦電力社長だった松永安左エ門が電気事業再編成審議会会長に就任し、GHQ/SCAPに対して、一方で、日本経済の早期復興を図るために京浜工業地帯、阪神工業地帯への電力供給を保証し、もう一方で再編成に伴う摩擦を最小限少なくしつつ、9地域別発送配電一貫経営の民間会社が良好な経営をなしうるために、電源帰属を潮流主義とする9地域別を強調した。結局、松永の考え方に納得したGHQ/SCAPは松永案を強力に後押しをして、現在の9電力体制の成立に力を尽くした。

　もっとも合理的なあり方だと信じられた9電力体制が、1980年代後半以降、高コスト構造に転換したと、盛んに批判された。この点は、供給独占という権利を得たものの、供給責任を義務づけられた9電力という供給主体が進めてきた供給方法と関係していた。

　電気事業再編成の際にめざされた供給方法は、貯水池式を中心とする水力開発に、補給用、ピーク時用の火力開発を組合わせた水火併用給電方法だった。第二次世界大戦中の電力国家管理と同じ点をめざすものだった。ところが、河川開発の掌握を狙う建設省によって水力開発は河川開発の一つとして捉え直されたこと、また、電源開発株式会社の設立によって有力な水力開発地点を譲ら

ざるを得ないという揺さぶりのなかで、当初予定した給電方法を実施していくことは難しいものになった。

　結局のところ、水力開発とは降雨という気象条件に左右されるあり方であることが痛感される一方で、日本の電気事業には第二次世界大戦前から長い火力開発の経験があったこと、しかも第二次世界大戦中に欧米では火力発電技術が発展し、その利用が可能になるという環境にあった。その際、電気事業再編成で重要な役割を果たした松永からも、火力開発をベースに利用し、貯水池式水力開発を中心に水力をピーク時用に利用する火主水従方式への変更を、しかも中東からの、安くて、量的にも豊富な石油燃料の利用が可能になって油主炭従化の推進が主張された。9電力間での火力発電の技術開発競争は、ますますそうした給電方法のあり方を強める働きをした。とはいえ、あまりの中東石油への依存、公害問題の激化でリスクが高まっていた。1970年代に入ってからオイルショックに見舞われ、それまでの給電方法は変更を余儀なくされたのである。

　オイルショック以降、日本政府として、火力開発に替わり得るものとしては、すでに利用が開始されていた原子力発電を採用しようとした。しかし、その採用を決めた1970年代半ばには設立済みの原子力発電所において同じような故障が相次ぎ、設備利用率が低下するという事態に陥った。そのままでは原子力開発を進めることは不可能に思われた。そこで、政府通産省がリードして、競合しているメーカー、電力会社を集めた共同研究である改良標準化計画を実施した。その結果、故障はひとまずなくなり、設備利用率も向上したことも影響して原子力開発は順調に進んだ。そうした原子力開発は多額の資金を使っての建設だったため、第一のベース供給力と位置づけされたものの、発電の性格上、頻繁な出力変更はできないことから、大規模な揚水発電開発だけではなく、ピーク需要、ミドル需要に柔軟に対応できるコンバインドサイクル発電といった火力開発をも不可欠とした。また、従来の火力開発とは異なって、原子力発電所は需要地からは遠方に存在するため、新たな送変配電設備の設置が必要となった。折しも1980年代以降にはオフィスでの情報化の進展に合わせるために需要地近くでの配電等の設備の整備が必要となった。電気料金のあり方は原則と

して、電気事業者の所有する固定資産額を重視して、一定の利益を認める総括原価方式を採用していることから、上述の給電方法がコストを押し上げ、その結果電気料金の高止まりとなり、社会からは高コスト体制との批判を受けることになったのである。

なお、原子力開発に当たっては、これまでパブリック・アクセプタンスとして、原子力発電所立地予定地域に「理解」してもらう、との一方向的な「説明」が中心だった。そのため、容易には地域社会との双方向の「対話による合意」が図りにくい構造に陥って、1990年代以降原子力開発が進まなくなっている。

最後に、電力自由化に関して論じておこう。電力自由化とは、9電力に認められていた供給独占を打ち破ることを意味するが、逆に9電力に全面的に委ねられていた供給責任を緩和することをも意味する。9電力に求められた供給責任の厳格な達成が、ピーク時需要の先鋭化と相まって現在の電力コスト高に結びついたと本稿では考えてきたので、「一歩前進」といえる。しかし、もう一方で、原子力発電を「聖域化」し、また供給責任を、結局は9電力に担保させようとする議論が行われており、矛盾するのではないだろうか。しかも地球環境問題に対しても早急な対応が求められている。そこで、供給方法としては、自然エネルギーへの全面的な移行を目指しつつも、そうなるまでの「当座」の期間は原子力発電を中心とする現在の「ベストミックス」方法を利用し(但し、あくまでもそのあり方は縮小の方向を目指す)、もう一方でどのようにすれば経済的合理的にピーク時需要への対応が可能になるのか、という点を念頭において供給主体を模索するという議論が必要だろう[1]。とはいえ、現在はとてもそうした方向に進んでいるとはいいがたい。

1) 本稿脱稿後に接した橘川［2004］は、今後、「電力業経営の自律性」を「深化」させ、「発展のダイナミズム」を活性化するために、第一に、政策的には、電力小売の完全自由化と発送配電一貫経営の継続、つまりアンバンドリングの回避を目指す一方で、原子力発電事業の分離等原子力政策を見直し、プレイヤ

一たる電力会社の投資意欲をそがないこと、第二に、電力会社は、強い意思を持って、例えばサハリンからパイプライン天然ガスを導入するなど、エネルギー産業全体を革新するだけの大胆な方策を考えるべきだと述べている。電力会社の投資意欲をいかにして鼓舞するかという点を軸とする橘川のアイデアは斬新で、魅力的ではあるが、現在の日本の電気事業経営の問題を本書のように認識する立場からすると、あまりに企業経営の活性化を意識しすぎていると思われる。

あとがき

　本書は平成7年度大阪市立大学大学院経営学研究科に提出し、認められた課程博士論文『第2次大戦前後における国家と電気事業』を基にしつつ、第二次世界大戦後の9電力による供給方法を取り上げた諸論文を組み込んで、大幅に加筆、修正して作成した。初出論文は以下のとおりである。

　第1章：「1930年代初めにおける日本の電気事業政策について」『経営研究』第43巻第1号、1992年、63-80頁

　第2章：「戦前日本の水火併用給電方法と共同火力発電」『大阪市大論集』第73号、1993年、1-32頁、「大阪地方の重化学工業化と電気事業者関係」廣川禎秀編『近代大阪の行政・社会・経済』青木書店、1998年、322頁-351頁

　第3章：「第1次電力国家管理と総動員体制の構築」『経営研究』第45巻第2号、1994年、101-121頁

　第4章：「戦時経済の深化と第2次電力国家管理への移行」『経営研究』第45巻第4号、1995年、105-127頁

　第5章：「再編成前の電力産業の経営改善について」『経営研究』第41巻第3号、1990年、93-103頁

　第6章：「日本の電気事業再編成案の形成」『経営研究』第42巻第2号、1991年、71-85頁

　第7章：「日本における水力発電開発と多目的ダムの関係」『経営研究』第55巻第1号、2004年、49-78頁

　第8章：「日本の電力会社の供給責任達成と火力開発」『経営研究』第52巻第4号、2002年、77-100頁

　第9章：「研究ノート　日本の原子力発電の歩み」『経営研究』第53巻第4号、2003年、245-279頁、「1970年代半ば以降の日本の原子力発電開発に

対する改良標準化計画の影響」『科学史研究』第42巻、2003年、193-206頁、「21世紀の企業経営の課題」大阪市立大学商学部『ビジネス・エッセンシャルズ１　経営』有斐閣、2003年、217-241頁

　さて、実に、課程博士論文を提出してから本書のようにまとまるまで、10年余りがすぎた。これほど出版が遅れた理由としては２つある。第一に、課程博士論文を書き上げた平成７年度の時点では、とりわけ原子力開発に対して、私は研究者として「冷静に」向き合えないと判断したからである。放射性廃棄物の処理が確定していないことから、当初から私は原子力開発には疑問を持っていた。最初から疑問をもったままで研究を進めてもそこから出てくる「結論」は明白だった。だからこそ、一度、電気事業史から「距離を置いた」のである。そして、30歳代後半になってようやく「落ち着いて」対象に向き合う自信がついたのである。第二に、歴史研究を行う意義が自らのなかで判然としなかったからである。もちろん、歴史研究それ自体の意義を否定するつもりはない。しかし、私は、自らが生きている現在において、自らが行う歴史研究はどのような意味を持っているのか、はっきりと認識することをめざした。電力自由化の議論が一定の方向を示されることとなり、ようやく、自らの歴史研究の意義を確信できたのである。

　本書のような歴史研究には、史料は欠かせない。これまで貴重な史料を利用させていただいたからこそ生まれたのである。電力国家管理については電力中央研究所狛江研究所の「日発記念文庫」を利用させていただいた。同研究所図書室の司書の方にはとてもお世話になった。今後もその貴重な「日発記念文庫」を保存していただきたいと思う。GHQ/SCAP文書については国立国会図書館憲政資料室にお世話になった。また、国立公文書館、大阪市立中央図書館、大阪市公文書館、そして私が勤務する大阪市立大学学術情報総合センター等にも大変お世話になった。お礼を申し上げたい。

　また、前述した歴史研究を行う意義を考えるに当たっては以下の方からのお話しはとても参考になった。まず、水力開発については、「川辺川ダムを止めたい女達の会」「子守唄の里・五木を育む清流川辺川を守る県民の会」等熊本

県川辺川ダムの反対運動を進める方々のお話、イームル工業の沖武宏氏のお話しが参考となった。前者からはダム建設そのものを改めて考えさせてもらい、沖さんからは、中国地方で、なぜ唯一農協による小水力開発が進み、そして現在でも何とか残っているのか、環境問題が叫ばれるなか、水力開発をどのように進めていけばいいのかをご示唆いただいた。次に、火力開発については、西淀川公害裁判原告住民側の弁護団に連れていただいた原告住民側と被告企業側とのやり取りが貴重な経験となった。交渉の席上、原告住民の方が示した文字通りの「怒りの声」から、公害のもつ重大さ、深刻さを痛感させていただき、改めて環境に配慮することの意味、電気事業等エネルギー企業経営の重大性を考えさせられた。そして、原子力開発については、中部電力芦浜地点での原子力開発を、ジャーナリストとしてつぶさに追跡し、2冊の書物（『芦浜原発はいま　芦浜原発二十年史』現代書館、1986年、『原発を止めた町―三重・芦浜原発三十七年の闘い』現代書館、2001年）までお持ちの北村博司氏のお話、東京電力柏崎刈羽発電所近くにある「原発問題を考える刈羽西山住民の会」の方々とのお話から、原子力発電所立地に当たって地域社会が直面せざるを得ない諸困難を教わった。他方、日本原子力産業会議や、日立製作所で原子力発電機器の開発に携わる方のお話は別の面から原子力開発を考えさせていただいた。心よりお礼を申し上げたい。これらの方々のお話は十分に本書の内容に反映させきれていないし、より一層多くの方のお話しを聞く必要があると考える。今後の研究で果たしたい。

　本書を刊行するに当たっては、著者の勤務先の存在は大変大きいものだった。大阪市立大学大学院経営学研究科を修了した後、最初に赴任した高知大学（現在は独立行政法人高知大学）人文学部の先生方には暖かく迎え入れていただいた。特に、現在では社会経済学科と国際コミュニケーション学科に教員が分かれているが、赴任した当時、単身ですごしていた私を旧経済学科の先生方は何かとお気遣いいただき、大学で教育すること、研究することの意味を学ばせていただいた。そして、現在の職場である大阪市立大学大学院経営学研究科では、教育面においても、研究面においても、充実した環境を保証していただき、常

に刺激的な条件に身をおかせていただいている。本書としてまとめることができたのは大阪市立大学大学院経営学研究科に席をおいていたからであろう。なお、本書は、その経営学研究科の平成16年度「特色ある研究に対する助成制度」の助成を受けている。

著者が研究者として今日までやってこれたのは、特に次の先生のお蔭である。現在は同僚となるが、安井國雄先生には大阪市立大学商学部時代から今日まで、時には先生の研究室でコーヒーを飲みながら、最近では少なくなったが、夜のミナミのカラオケスナックでお酒を飲みながらご指導いただいた。とりわけ、修士論文執筆時に、闘病生活の末、母が亡くなり精神的に不安定だった私を叱咤激励していただき、今日まで見守っていただいてきた。安井先生には心より感謝申し上げたい。また、加藤邦興先生には大学院時代から最近まで、加藤先生のご専門である技術論だけではなく、社会科学といかに取り組むべきなのか、研究者として、社会とはどのように接していけばいいのかを教わった。加藤先生が主宰されていた科学論技術論研究会でも勉強させていただいた。浜川一憲先生には企業経営を考える基本を教えていただき、先生との議論のなかで企業経営をみる目を教わった。しかし、残念なことに、浜川一憲先生は2003年9月に、加藤邦興先生は2004年2月にお亡くなりになった。お二人の先生に本書をご覧いただいてご意見を伺えないのが残念で、残念でならない。

さて、本書のような「堅い」本を刊行することができるのは、日本経済評論社の谷口京延氏のおかげである。谷口さんからお声をかけていただいたからこそ、実現したものである。深くお礼を申し上げる次第である。

そして、妻範子と裕貴、皓太の2人の息子が大きな支えであった。心から感謝したい。

最後に、"不肖の息子"の処女作である本書を、今は亡き父中瀬寿一、母紀美子に捧げたい。

2004年9月

参 考 文 献

イームル工業株式会社［1997］、『イームル工業50年史』
エコノミスト［1955a］、「具体化した原子力導入の正体」『エコノミスト』1955年4月30日号、14-20頁
——［1955b］、「正力原子力の登場」『エコノミスト』1955年5月7日号、24-25頁
エドウィン・M・エプスタイン／中村瑞穂他訳［1996］、『企業倫理と経営社会政策過程』文眞堂
セオドア・コーエン［1983］、（大前正臣訳）『日本占領革命　下』TBSブリタニカ
ダイヤモンド［1929］、「電気事業調査会の経過と内容」『ダイヤモンド』第17巻第20号、1929年4月15日、18-22頁
朝日経済年史［1929］、『朝日経済年史　1929年版』
——［1933］、『朝日経済年史　1933年版』
尼崎市［1970］、『尼崎市史』第7巻
井口東輔［1963］、『現代日本産業発達史Ⅱ　石油』交詢社
池田力［2001］、「プルサーマル計画の是非を問う住民投票はなぜ実現したか」自治体問題研究所『住民と自治』第460号、28-31頁
市川健太郎・佐藤晋作・猪俣範一［1988］、「高落差・大容量化する水車およびポンプ水車の技術動向」『東芝レビュー』第43巻第12号、970-973頁
一木忠治［1976］、「軽水炉の改良標準化と格納容器の改良設計」『東芝レビュー』第31巻第12号、1014-1018頁
宇治川電気株式会社［1939］、『宇治川電気株式会社電気事業報告書』第65期（1938年10月～39年3月）
宇治田惣次・玉井幸久［1980］、「ボイラ技術の歩み」『火力原子力発電』第31巻第12号、47-99頁
梅本哲世［2000］、『戦前日本資本主義と電力』八朔社
浦野隆嗣［2002］、「特集　原子力発電所の保守・点検　定期検査期間短縮への取り組み」『日本原子力学会誌』第44巻第4号、20-22頁
大石朝男・井上久雄・河野通忠［1974］、「最近の日立高速・大容量水車及びポンプ水車の動向」『日立評論』第56巻第12号、1129-1134頁
大澤悦治［1975］、「新しい電気料金をめぐる諸問題」『電力経済研究』第8号、35-50頁

大蔵省財政史室 [1976]、『昭和財政史　終戦から講和まで 3　アメリカの対日占領政策』東洋経済新報社
―― [1978]、『昭和財政史　終戦から講和まで19　統計』東洋経済新報社
―― [1981]、『昭和財政史　終戦から講和まで 2　独占禁止』東洋経済新報社
―― [1983]、『昭和財政史　終戦から講和まで13　見返資金』東洋経済新報社
大阪市電気局 [1935]、『電燈市営の十年』
―― [1938]、『昭和十二年度電気局事業成績調書』
大阪市役所 [1932]、『大阪市統計書（第31回）』
―― [1937]、『大阪市統計書（第36回）』
大阪逓信局 [1938]、『第 8 回管内電気事業要覧　Ⅰ電気事業者概況』
大島壽之・大石紀夫・牧野祐治 [1980]、「タービン発電機技術の歩み」『火力原子力発電』第31巻第12号、143-163頁
大谷健 [1984]、『興亡　電力　民営・分割の葛藤』白桃書房
大橋八郎 [1932]、「逓信省より電力連盟へ提出の共同火力発電会社試案に就て」『電気公論』第16巻、426-427頁
奥村喜和男 [1940]、『変革期日本の政治経済』ささき書房
乙葉啓一 [2002]、「はじめに」（「特集　原子力発電所の保守・点検」所収）『日本原子力学会誌』第44巻第 4 号、17-18頁
加藤邦興・木本忠昭 [1974]、「戦前の火力発電技術の発達と大気汚染」『科学史研究』第Ⅱ期第12巻（No. 108）、210-218頁
神奈川県 [1982]、『神奈川県史　通史編 7　近代・現代(4)』
金田重喜 [1963]、「1954年原子力法とアメリカにおける原子力発電政策転換の背景」東北大学経済学部『経済学』第25巻第 2 号、50-84頁
火力発電技術協会 [1965]、「油だきボイラの低温部における諸問題について」『火力発電』第16巻第 1 号、67-80頁
―― [1968]、「座談会　原油生だきの技術的問題について」『火力発電』第19巻第 2 号、38-54頁
―― [1971]、「座談会　火力発電所の変遷と技術の進歩」『火力発電』第22巻第 9 号、23-60頁
―― [1977]、「第250号記念座談会」『火力原子力発電』第28巻第 7 号、8 -26頁
関西共同火力発電株式会社 [1939]、『関西共同火力発電株式会社事業史』
関西電力株式会社 [2001]、ホームページ（http://www.kepco.co.jp/plu/indexa.htm、2004年11月22日）

——[1978]、『関西電力25年史』
——[1987]、『関西地方電気事業百年史』
——[2002]、『関西電力50年史』
貴族院［1938］、「貴族院議事録　本会議及委員会議事録」『第73議会貴衆両院電力管理法議事録』電界情報社
北英三・阪東明・桑原尚夫［1994］、「400MW可変速揚水発電システム」『日立評論』第76巻第10号、733-738頁
北村洋基［1974a］、「日本の原子力政策の形成過程」京都大学経済学会『経済論叢』第114巻第1・2号、37-57頁
——[1974b]、「日本の原子力と研究開発」京都大学経済学会『経済論叢』第114巻第5・6号、89-114頁
橘川武郎［1983］、「電力連盟と電気委員会」『社会経済史学』第48巻第4号、359-383頁
——[1984]、「電力統制と五大電力経営者」『経営史学』第19巻第3号、1-27頁
——[1992]、「電気事業再編成における民営地域別九分割案の形成過程」『社会経済史学』第57巻第6号、735-761頁
——[1995]、『日本電力業の発展と松永安左エ門』名古屋大学出版会
——[2004]、『日本電力業発展のダイナミズム』名古屋大学出版会
饗場陽一・栗原幹雄・山本一巳・関一哉［1998］、「153万kw級改良型PWRの特徴」『三菱重工技報』第35巻第4号、246-253頁
九州送電株式会社［1942］、『九州送電株式会社沿革史』
九州電力株式会社［1961］、『九州電力十年史』
——[1982]、『九州電力30年史』
栗原東洋［1964a］、『現代日本産業発達史III　電力』交詢社
——[1964b]、「統計表」『現代日本産業発達史III　電力』交詢社、16-34頁
経営史学会［2001］、『経営史学会第37回全国大会報告集』
経済セミナー［1979］、「特集　原子力発電の虚偽」『経済セミナー』第293号、14-33頁
経済安定本部資源調査会事務局［1951］、『日本の森林資源』
経済産業省［2003］、『エネルギー基本計画』(http://www.meti.go.jp/kohosys/press/0004573/1/0301007energy2_.pdf、2004年11月22日)
建設省河川局［1960］、『多目的ダム管理年報』1960年度版
——[1964]、『多目的ダム管理年報』1964年度版

──[1968]、『多目的ダム管理年報』1968年度版

──[1972]、『多目的ダム管理年報』1972年度版

──[1976]、『多目的ダム管理年報』1976年度版

──[1980]、『多目的ダム管理年報』1980年度版

──[1984]、『多目的ダム管理年報』1984年度版

──[1988]、『多目的ダム管理年報』1988年度版

──[1992]、『多目的ダム管理年報』1992年度版

原子力安全・保安院［2003b］、「柏崎市・刈羽村の皆様へ『原子力発電所の点検と国による評価についての説明会』でいただいたご質問についてお答えします」（http://www.nisa.meti.go.jp/）（2003年5月7日）

原子力委員会［1972］、「原子力開発利用長期計画」（昭和47年6月1日）『原子力白書　昭和48年版』、144-147頁

──[1998]、『原子力白書　平成10年版』、397頁

──[2003a]、「第7章　国際協力」『原子力白書』昭和31年版（http://aec.jst.go.jp/jicst/NC/hakusho/wp1956/sb2070101.htm）（2003年1月1日）

──[2003b]、「第3章　国際関係活動」『原子力白書』昭和52年版（http://aec.jst.go.jp/jicst/NC/hakusho/wp1977/sb2030201.htm）（2003年1月4日）

原子力発電設備改良標準化調査委員会・原子力発電機器標準化調査委員会［1976］、『軽水炉改良標準化調査中間報告』（1976年4月9日）

──[1981]、『昭和55年度軽水炉改良標準化調査報告書（第2次改良標準化計画）』（1981年7月）

公益事業委員会事務局技術課［1952］、『わが国の電力設備相観』オーム社

河野通博・加藤邦興［1988］、『阪神工業地帯』法律文化社

国土問題研究会［2000］、「和歌山県日置川殿山ダム水害調査」『国土問題』第59巻、1-65頁

──[2001]、「和歌山県日置川殿山ダム水害」『国土問題』第62巻、5-31頁

国立公文書館［1936］、「内閣の重要政策に関する内閣調査局の上申について」『特殊資料第一類　政策関係（2A-40-（資）5）』

小竹即一［1980］、『電力百年史　前編』政経社

斎間満［2002］、『原発の来た町―原発はこうして建てられた　伊方原発の30年―』南海日日新聞社

坂本雅子［1974］、「電力国家管理と官僚統制」現代史の会『季刊・現代史』冬季号、192-203頁

桜井則 [1964]、「第三編　電力産業と国家管理」栗原東洋編『現代日本産業発達史Ⅲ　電力』交詢社、237-356頁
下筌・松原ダム問題研究会 [1972]、「判決　事業認定無効確認請求事件」『公共事業と基本的人権』ぎょうせい、621-679頁
篠原朗・松本貴与志・内田邦治 [1996]、「高性能・高信頼性を追及するポンプ水車の最新技術」『東芝レビュー』第51巻第12号、50-54頁
志水茂明 [1980]、「河川総合開発と水力発電」『電力土木』169号、7-15頁
衆議院 [1938]、『第73議会貴衆両院電力管理法議事録』電界情報社
────建設委員会 [1957]、「国会会議録検索システム『第26回国会　建設委員会　第12号　昭和32年3月27日（水曜日）』」(http://kokkai.ndl.go.jp/SENTAKU/syugiin/026/0120/main.html)（2003年12月4日）
────通商産業・建設・経済安定委員会連合審査会 [1952]、「第13回国会　通商産業・建設・経済安定委員会連合審査会　第6号　昭和27年4月3日（木曜日）」(http://kokkai.ndl.go.jp/SENTAKU/syugiin/013/1164/main.html)（2003年11月24日）
────農林委員会 [1952a]、「国会会議録検索システム『第15回国会　農林委員会　第8号　昭和27年12月15日（月曜日）』」(http://kokkai.ndl.go.jp/SENTAKU/syugiin/015/0802/main.html)（2004年2月19日）
渋沢元治 [1953]、『五十年間の回顧』渋沢先生著書出版事業会
白木沢涼子 [1994]、「昭和初期の電気料値下げ運動」『歴史学研究』第660号、16-34、64頁
鈴木俊一 [1999]、「BWRプラント構造物の腐食挙動と対策挙動」『材料と環境』第48巻第12号、753-762頁
鈴木辰治 [2000]、「日本における企業倫理研究」鈴木辰治・角野信夫『企業倫理の経営学』ミネルヴァ書房、81-102頁
西部共同火力発電株式会社 [1941]、『西部共同火力発電株式会社』
総合エネルギー対策閣僚会議 [1976]、「総合エネルギー政策の基本的方向（昭和50年12月19日）」『原子力白書　昭和51年度版』、193-196頁
総合エネルギー調査会原子力部会 [1997]、「総合エネルギー調査会原子力部会中間報告書（平成9年1月20日付）」
大同電力株式会社 [1937]、『大同電力株式会社電気事業報告書』第36期（1936年12月～37年5月）
────[1939]、『大同電力株式会社沿革史』

高橋義春・中西徹・吉原誠一・神原政幸・山中操・清水尊史 [1998]、「原子力発電所定期検査短縮技術への取組み」『三菱重工技報』第35巻第 4 号、270-273頁

高橋琢実 [1957]、「多目的ダムの維持管理について」『電気公論』第33巻第 7 号、40-43、59頁

高橋裕・虫明功臣・大熊孝 [2003]、「特集 1　誌上座談会日本河川開発調査会と『にほんのかわ』の30年」『にほんのかわ』第99・100号、6 -22頁

高松洋 [1999]、「PWRにおける信頼性向上技術」『材料と環境』第48巻第12号、763-770頁

──[1939]、『大同電力株式会社沿革史』

田倉八郎 [1958]、『配電統合裨聞』中央公論事業出版

竹前栄治 [1983]、『証言　日本占領史』岩波書店

千葉規矩・吉澤孝典 [1988]、「水力発電機器の技術動向」『日立評論』第70巻第 8 号、1 - 5 頁

中央電力協議会 [1999]、『電力の広域運営40年のあゆみ』

中央日韓協会 [1981]、『朝鮮電気事業史』

中部電力株式会社 [1988]、『中部電力火力発電史』

通商産業省 [1979]、『商工政策史　第24巻（電気・ガス編）』

──[1991a]、『通商産業政策史　第 7 巻（第 II 期自立基盤確立期(3)）』

──[1991b]、『通商産業政策史　第13巻（第 IV 期多様化時代(2)）』

──公益事業局 [1971]、『電力需給の概要（1972年版）』

逓信省 [1941]、『逓信事業史第 6 巻』

逓信省電気局 [1930]、『発電及送電予定計画要綱』

──[1933a]、『電気事業調査資料』第 7 号

──[1933b]、『第24回電気事業要覧』

──[1936]、『電気事業調査資料』第11号

──[1937a]、『臨時電力調査会総会議事録』

──[1937b]、『臨時電力調査会小委員会議事録』

電気委員会 [1932]、『電気委員会（第一回）議事録』1932年12月

──[1933a]、『電気委員会（第二回）議事録』1933年 1 月

──[1933b]、『電気委員会（第三回）議事録』1933年 7 月

──[1933c]、『電気委員会（第四回）議事録』1933年 7 月

──[1934a]、『電気委員会（第六回）議事録』1934年 1 月

──[1934b]、『電気委員会（第七回）議事録』1934年 2 月

——[1935a]、『電気委員会（第八回）議事録』1935年1月
——[1935b]、『電気委員会（第十一回）議事録』1935年9月
——[1937]、『電気委員会（第十二回）議事録』1937年7月
電気協会［1931］、『電気事業資料第12号　電気事業法改正顛末』
——電力問題調査中央委員会［1936］、「電力国営案の計数の検討」『電気公論』第20巻、559-561頁
電気経済研究所［1933］、『日本電気交通経済年史　第一輯』
電気事故防止協同研究会［1940］、『電力節約に関する座談会』
電気事業再編成史刊行会［1952］、『電気事業再編成史』
電気事業再編成審議会［1950a］、「電気事業再編成等に関する答申」1950年2月1日
——[1950b]、「電気事業再編成等に関する答申」（参考意見）1950年2月1日
電気事業調査連絡会議・電気事業統計委員会［1949a］、『日発及び九配電電気事業報告書』1946年度
——[1949b]、『日発及び九配電電気事業報告書』1947年度
——[1949c]、『日発及び九配電電気事業報告書』1948年度
——[1950a]、『日発及び九配電電気事業報告書』1949年度
——[1950b]、『日発及び九配電電気事業報告書』1950年度
電気事業連合会統計委員会［2002］、『電気事業便覧』平成14年版
電気新聞［1949］、『電気新聞』1949年9月30日
——[2001]、『電気新聞』2001年5月29日
電気庁［1939a］、『電力審議会（第三回）及び電気委員会（第十三回）議事録』1939年10月16日
——[1939b]、『電力審議会（第四回）議事録』1939年12月
——[1939c]、『電気事業調査資料』第13号
——[1940a]、『電力国家管理の顛末』
——[1940b]、『電力審議会（第五回）議事録』1940年12月
——[1940c]、『電力審議会（第五回）議事録及び電気委員会（第十四回）合同会議議事録』1940年12月
——[1941]、『第76回帝国議会電力関係議事録』電気新聞社
電源開発株式会社［1984］、『電発30年史』
——[2004]、「水力発電所一覧」(http://www.jpower.co.jp/company_info/field/suiryoku/ichiran.html)（2004年8月31日）

電力管理準備局［1938］、『電力審議会（第二回）議事録』1938年10月
電力政策研究会［1965］、『電気事業法制史』電力新報社
電力中央研究所［1978］、『電力中央研究所25年史』
電力連盟［1933］、「料金基準案に対する業界の批判」『電気公論』第17巻、426-427、433頁
東京電灯会社史編集委員会［1956］、『東京電灯株式会社史』
東京電灯株式会社［1937］、『東京電灯株式会社電気事業報告書』第102期（1936年12月〜37年5月）
――［1938］、『第104期電気事業報告書』
東京電力株式会社［1983］、『東京電力30年史』
――［1984］、『東京電力火力技術30年の歩み』
――［2002］、『関東の電気事業と東京電力』
東邦電力株式会社［1937］、『東邦電力株式会社電気事業報告書』第30期（1936年11月〜37年4月）
――［1962］、『東邦電力史』
東洋経済新報［1920a］、「大阪に於ける電力の需給（一）」『東洋経済新報』第893号、1920年5月1日、9-11頁
――［1920b］、「大阪に於ける電力の需給（二）」『東洋経済新報』第894号、1920年5月8日、11-12頁
――［1920c］、「大阪に於ける電力の需給（三）」『東洋経済新報』第895号、1920年5月15日、10-12頁
――［1920d］、「大阪に於ける電力の需給（四）」『東洋経済新報』第896号、1920年5月22日、9-11頁
――［1920e］、「大阪に於ける電力の需給（五）」『東洋経済新報』第897号、1920年5月29日、8-10頁
――［1926］、「六大電気会社の未働資本の減少と業績」『東洋経済新報』第1206号、1926年7月17日、17-18頁
――［1927］、「東電東力の合併観―結局は歩み寄りか―」『東洋経済新報』第1267号、1927年9月24日、23頁
――［1928］、「消費大衆の覚醒と電気会社」『東洋経済新報』第1314号、1928年9月1日、21頁
――［1929a］、「電気事業」『東洋経済新報』第1334号、1929年1月5日、46-47頁
――［1929b］、「電気及瓦斯争議の社会的意義」『東洋経済新報』第1352号、1929年

6月8日、16-18頁
——［1930］、「東京電灯の解剖」『東洋経済新報』第1397号、1930年5月3日、14-39頁
——［1936a］、「需要旺盛なる石炭界」『東洋経済新報』第1711号、1936年6月13日、37-38頁
——［1936b］、「需要期に向ふ石炭界」『東洋経済新報』第1726号、1936年9月19日、30-31頁
——［1937a］、「有望な北支電力興業と注目すべき電力連盟の進出」『東洋経済新報』第1772号、1937年8月7日、34-35頁
——［1937b］、「電力飢饉は到来するか―最大問題は資金調達の如何に懸かる―」『東洋経済新報』第1781号、1937年10月2日、13-15頁
富山県［1983］、『富山県史　通史編Ⅶ　現代』
豊田正敏［1976］、「軽水形原子力発電所の改良標準化」『原子力工業』第22巻第6号、48-52頁
——［1993］、「温故知新　応力腐食割れ対策」『日本原子力学会誌』第35巻第12号、11-19頁
豊田正敏・小林徹［1983］、「日本における改良標準化と新形軽水炉の開発（世界エネルギー会議第12回定期大会報告）」『動力』第33巻第164号・165号、49-65頁
内藤熊喜［1936］、「名古屋火力発電所の必要性―電力供給の安全性と質の向上に期待―」『電気公論』第20巻、72頁
——［1937］、「電力審議会を開催せよ」『電気公論』第12巻、24-25頁
中瀬哲史［1992a］、「1930年代初めにおける日本の電気事業政策について」『経営研究』第43巻第1号
——［1992b］、「電気委員会と東北振興電力株式会社」『大阪市大論集』第68号、19-45頁
——［1993］、「戦前日本の水火併用給電方法と共同火力発電」『大阪市大論集』第73号、1-32頁
——［1997］、「電力国家管理における電力会社の経営状況」『高知論叢（社会科学）』第59号、49-79頁
——［2002］、「日本の電力会社の供給責任達成と火力開発」『経営研究』第52巻第4号、77-100頁
——［2003a］、「日本の原子力発電の歩み」『経営研究』第53巻第4号、245-279頁
——［2003b］、「日立製作所ヒアリング」（2003年2月6日）

――[2004a]、「イームル工業ヒアリング（2004年2月4日実施）ノート」

――[2004b]、「日本における水力発電開発と多目的ダムの関係」『経営研究』第55巻第1号、49-78頁

中村隆英・原朗［1970a］、「時局経済対策の件」『現代史資料43　国家総動員1』みすず書房、166-168頁

――[1970b]、「応急物動計画試案」『現代史資料43　国家総動員1』みすず書房、535-563頁

中野節郎［1942］、『九州電気事業側面史』東洋経済新報社

新潟県［1988］、『新潟県史　通史編9　現代』

西島令宰・吉田勝彦・蜂谷秀行［1996］、「発電電動機の高速・大容量化への挑戦」『東芝レビュー』第51巻第12号、55-58頁

日発記念文庫［1938］、『昭和13年1月14日現在、特殊会社にて開発する候補水力地点概要書』

――[1939]、『昭和14年度割増及割戻金調査表』

――[1949]、『発送電10周年記念「発送電」特集号に対する座談会速記録　1949年3月2日』

日本原子力産業会議［1974］、「原子力開発利用実効計画委員会報告」『原子力調査時報』第号

――[1975]、「エネルギー原子力化への必然性」『原子力調査時報』第26号、30頁

――[1986a]、『原子力は、いま―日本の平和利用30年―　上』

――[1986b]、『原子力は、いま―日本の平和利用30年―　下』

――[2002]、『原産半世紀のカレンダー』

日本現代史研究会［1984］、『1920年代の日本の政治』大月書店

日本興業銀行［1957］、『日本興業銀行五十年史』

日本ダム協会［2003］、『ダム年鑑』2003年版

――[2004]、「これまでのQ&A 一覧」（http://wwwsoc.nii.ac.jp/jdf/damhakase/Q&Aarc.html）（2004年3月1日）

日本電力株式会社［1933］、『日本電力株式会社十年史』

――[1935]、『日本電力株式会社電気事業報告書』第32期（1935年4月～35年9月）

――[1936a]、『日本電力株式会社電気事業報告書』第33期（1935年10月～36年3月）

――[1936b]、『日本電力株式会社電気事業報告書』第34期（1936年4月～36年9月）

――社［1937］、『日本電力株式会社電気事業報告書』第35期（1936年10月～37年4月）
――［1938］、『日本電力株式会社電気事業報告書』第39期（1938年10月～39年4月）
日本発送電株式会社［1939a］、『電気事業報告書』第1期（1939年4月～9月）
――［1939b］、『電気事業報告書』第2期（1939年10月～40年3月）
――［1940a］、『電気事業報告書』第3期（1940年4月～9月）
――［1940b］、『電気事業報告書』第4期（1940年10月～40年3月）
――［1941a］、『電気事業報告書』第5期（1941年4月～9月）
――［1941b］、『電気事業報告書』第6期（1941年10月～42年3月）
――［1942a］、『電気事業報告書』第7期（1942年4月～9月）
――［1942b］、『電気事業報告書』第8期（1942年10月～43年3月）
――［1954a］、『日本発送電社史（総合編）』
――［1954b］、『日本発送電社史（技術編）』
――［1954c］、『日本発送電社史（業務編）』
――営業部給電課［1951c］、『給電年報（昭和16年度）』
――企画部調査課調査係［1940］、『発電所用石炭購入仕様書集』
――工務部給電課［1951a］、『給電年報（電力制限史）（昭和14年度）』
――工務部給電課［1951b］、『給電年報（昭和15年度）』
――設立委員会特別委員会［1938］、『日本発送電設立委員会特別委員会（第三回）議事録』
――企画部調査課調査部［1940］、『発電所用石炭購入仕様書集』
野口寅之助［1937］、「第三次水力調査について」『転換期電気事業の展望』電気新報社、41-44頁
橋本寿朗［1977］、「五大電力体制の成立と電力市場の展開（一）」『電気通信大学学報』第27巻第2号、335-347頁
――［1978］、「五大電力体制の成立と電力市場の展開（二）」『電気通信大学学報』第28巻第1号、137-150頁
――［1987］、「経済政策」大石嘉一郎編『日本帝国主義史2　世界大恐慌期』東京大学出版会、77-118頁
林安繁［1942］、『宇治電の回顧』
福井県原子力安全対策課［2001］、『敦賀発電所3、4号機の安全性の確認』平成13年9月、139頁（http://www.atom.pref.fukui.jp/turu34/turu34‐top.htm）（2003年3月14日）

古沢丈広・渕野聡志［1998］、「原子力発電所における定期検査工程短縮の取組み」『東芝レビュー』第53巻第12号、41-44頁

北陸電力株式会社［1999］、『北陸地方電気事業百年史』

前田忠邦［2000］、「コラム1　地域の発展に貢献した農協の小水力発電所」佐藤由美「21世紀型エネルギーが地域を変える(8)自然エネルギー振興を追い風に再び可能性に挑戦する小水力発電──中国地方」『農』第19巻第2号、9頁

前田礼司［1993］、「電気料金制度と今後の見直しの方向」『運輸と経済』第53巻第11号、49-56頁

松島春海［1976］、「戦時統制経済体制の成立課程と産業政策」安藤良雄『日本経済政策史論』下巻、東京大学出版会、97-186頁

松永安左エ門［1932a］、「電業統制問題の由来と帰結」『東洋経済新報』第1501号、1932年5月28日、31-35頁

──［1932b］、「電気事業統制に就ての私見─電業の国家的融資の道を開け─」『電気公論』第16巻、238-239頁

──［1933］、「電気事業統制に就て─火力統制会社を提唱す─」『電気公論』第17巻、479-480頁

──［1983］、「電力再編成の憶い出」『松永安左エ門著作集　第4巻』、五月書房、363-529頁

三隈川［2004］、「下筌・松原ダム蜂の巣城紛争」(http://www.coara.or.jp/~sagari/miku10/mikuma14.htm)（2004年3月1日）

三木実・大木新彦［1984］、「軽水炉の動向と日立技術の開発」『日立評論』第66巻第4号、1-8頁

御厨貴［1985］、「水利開発と戦前期政党政治」『年報・政治学1984年　近代日本における中央と地方』岩波書店、50-75頁

──［1986］、「水資源開発と戦後政策決定過程－昭和20年代～30年代－」『年報・近代日本研究8　官僚制の形成と展開』山川出版社、243～277頁

宮川竹馬［1940］、『電力国家管理の実績を挙げ世論に愬ふ』日華協会情報出版部

宮島英昭［1988a］、「戦時経済統制の展開と産業組織の変容（一）」東京大学社会科学研究所『社会科学研究』第39巻第6号、1-43頁

──［1988b］、「戦時経済統制の展開と産業組織の変容（二）」東京大学社会科学研究所『社会科学研究』第40巻第2号、125-177頁

南亮進［1965］、『長期経済統計12　鉄道と電力』東洋経済新報社

室原宏幸［1972］、「下筌ダムと私の反対闘争」下筌・松原ダム問題研究会『公共事

業と基本的人権』ぎょうせい、513-528頁
室田武［1993］、『電力自由化の経済学』宝島社
目黒清雄［1952］、「河川総合開発事業について」『自治時報』第5巻第2号、45-48頁
森一久［2002］、『原産半世紀のカレンダー』日本原子力産業会議、137頁
森山善範［1983］、「軽水炉の改良標準化」『原子力工業』第29巻第7号、17-23頁
安井國雄［1994］、『戦間期日本鉄鋼業と経済政策』ミネルヴァ書房
山崎俊雄［1961］、『技術史』東洋経済新報社
山崎不二夫［1979a］、「多目的ダムの洪水時のダム操作について(1)―予備放流の問題―」『水利科学』第23巻第1号、1-20頁
――［1979b］、「多目的ダムの洪水時のダム操作について(3)―複数のピークを持つ洪水の場合―」『水利科学』第23巻第3号、49-61頁
山内一郎［1962］、『河川総合開発と水利行政』近代図書株式会社
湯川貞雄・久野勝邦・森谷新一［1980］、「タービン技術の歩み」『火力原子力発電』第31巻第12号、101-142頁
芳川廣一［1996］、『落葉土に帰るの記』
吉田啓［1938］、『電力管理案の側面史』交通経済社
吉野信次［1935］、『現代日本工業全集3 日本工業政策』日本評論社
労働争議調査会［1957］、『戦後労働争議実態調査 第二巻 電産争議』中央公論社
渡哲郎［1981］、「電力業再編成の課題と『電力戦』」『経済論叢』第128巻第1・2号、72-91頁
――［1983］、「関西における電力独占体の形成」『経済論叢』第131巻第1・2号、49-69頁
――［1987］、「昭和恐慌と日本電力（株）」『阪南論集 社会科学編』第23巻第2号、41-56頁
――［1996］、『戦前期のわが国電力独占体』晃洋書房

E. J. Burger [1947], "The Japanese Electric Power System" (Reprinted from the December 1947 Issue of *Electric Engineering Litho* in USA)
GHQ/SCAP [1950a], CHECK SHEET, subject: 1949 Annual ESS Historical Report (ESS/UF, DIVISION SUMMARY FOR ESS Historical Report 1949), dated 6 January 1950.
―― [1950b], *INFORMAL MEMORANDUM* from W. F. Marquat/Chief, ESS to

MITI, subject: Reorganization and Regulation of the Electric and Gas Utility Industry, dated 10 March 1950.

――/ESS [1948], *MEMORANDUM* from E. C. Welsh/Chief, Antitrust & Cartels Division, to W. S. Vaughan/Chief, Industry Division, Subject: Reorganization of the Electric Power Industry of Japan, dated 2 August 1948.

――/ESS [1949a], *MEMORANDUM* from W. F. Marquat to DRB, ESS/AC, ESS/IND, Price & Distribution Division, subject: Action on Nippon Hassoden K. K. and the Nine Haidens-Electric Power Generation and Distribution, dated 22 June 1949.

――/ESS [1949b], *MEMORANDUM* from E. C. Welsh/Chief, AC to W. F. Marquat/Chief, ESS, subject: Action on Nippon Hassoden K. K. and the Nine Haidens-Electric Power Generation and Distribution, dated 26 August 1949.

――/ESS [1949c], *MEMORANDUM*, 27 September 1949.

――/ESS [1949d], *MEMORANDUM* for Chief, Economic and Scientific Section, Subject: Electric Rates, by T. O. Kennedy, Director, Production and Utilities, 18 November 1949.

――/ESS [1950a], *MEMORANDUM* from W. F. Marquat/Chief, ESS to Heitaro Inagaki, Minister of International Trade and Industry, Japanese Government, subject: Report on the Reorganization of Electric Enterprises Submitted by the Electric Utility Reorganization Committee, dated 11 February 1950.

――/ESS [1950b], *MEMORANDUM* from T. O. Kennedy, Director/PU to W. F. Marquat/Chief, ESS, subject: Proposed Action re Reorganization and Regulation of the Electric and Gas Utility Industry, dated 10 March 1950.

――/ESS [1950c], *MEMORANDUM* from T. O. Kennedy, Director/PU to W. F. Marquat/Chief, ESS, subject: Electric Power Industry, dated 31 May 1950.

――/ESS [1950d], *MEMORANDUM* from T. O. Kennedy, Director/PU to W. F. Marquat/Chief, ESS, subject: Summary of memorandum 31 May 1950 "Electric Power Industry in Japan", dated 2 June 1950.

――/ESS [1951], T. O. Kennedy, Director/Production & Utilities, "ELECTRIC POWER AND NATIONAL ECONOMY"（原文には日付がないが、添付された日本訳には「1951年5月25日」との日付がある）

——/ESS/AC [1949], *MEMO* FOR RECORD, 13 August 1949.

——/ESS/IND [1949a], *STAFF STUDY*, Subject: REORGANIZATION OF THE ELECTRIC POWER INDUSTRY OF JAPAN, dated 15 February 1949.

——/ESS/IND [1949b], *MEMORANDUM* for Deconcentration Review Board, subject: Boundaries of Proposed Seven Independent Electric Power Companies, 31 May 1949.

——/ESS/PD [1949], *MEMORANDUM* FOR RECORD, by H. N. Shabsin, subject: Reorganization of Electric Power Companies, dated 23 August 1949.

——/ESS/UF [1950a], *MEMO* FOR RECORD by G. R. Roames, subject: Development of Reorganization Activity in the Japanese Government, 12 January 1950.

——/ESS/UF [1950b], *MEMORANDUM* from G. R. Roames/Chief, UF to W. F. Marquat/Chief, ESS, subject: Report on the Reorganization of Electric Power Industry, dated 7 February 1950.

——/ESS/UF [1950c], *MEMO* FOR RECORD. subject: Electric Power Reorganization, dated 2 November 1950.

——/OFFICE OF CHIEF OF STAFF [1949], *MEMORANDUM* from E. M. Almond/Major General, General Staff Corps, Chief of Staff to W. F. Marquat/Chief, ESS, subject: Action on Nippon Hassoden K. K. and the Nine Haidens-Electric Power Generation and Distribution, dated 21 July 1949.

Utilities Consulting Group [1947], "A Study of the Japanese Electric Power System with Recommendations relative to Reparations in conformity with the policies of the FAR EASTERN COMMISSION," 23 June 1947.

Yasuzaemon Matunaga [1950a], Letter from Yasuzaemon Matunaga to T. O. Kennedy, G. R. Roames, J. B. Cash, 2 February 1950.

—— [1950b], "The Reason for the Division of the Nippatu according to the present Nine Power Distribution Areas as follows," 21 February 1950.

—— [1950c], Letter from Yasuzaemon Matunaga to UF, 2 March 1950.

Takema Miyagawa [1950], "Justification for Rejecting 'Ten-Division Program' of Power Industry Reorganization," 4 February 1950.

索　引

事項索引

【あ行】

IEA（国際エネルギー機関）……………202
青森県 ……………………………………30,31
青森電灯 …………………………………30
秋元水力 …………………………………95
尼崎築港株式会社 ………………………45
アメリカスリーマイル島事故 …………219
安積疎水 …………………………………98
伊方原発建設反対八西連絡協議会 ……211
イギリスAEA社 ………………………210
意図せざる合作……………………………82
猪苗代湖 ………………………………98,99
茨城県東海村 ……………………………227
揖斐川電気 ………………………………43
インターナルポンプ ……………………220
ヴェスティングハウス社（WH社）
　………………………………192,208,209
宇治川電気（宇治電）
　………4-6,11,44,46,53,56,57,101,106,111
宇治電対日電 ……………………………6
ウラン濃縮 ………………………………210
営業費 ………………………………23,25
江戸川河川統制事業 ……………………163
ABWR（改良型沸騰水型）…………220,227
APWR（改良型加圧水型）………………220
LNG焚き火力発電所 ……………………201
オイルショック ……153,155,157,202,205,220
応力腐食割れ（SCC） …214-216,218,221,224
大口電力市場 ………………………………10
大阪財界 …………………………………45
大阪市営電気事業（大阪市電）
　…………………………31,52,53,57,183,184
大阪電灯株式会社 ………………………ii
大和田私案 ………………………………70
岡崎電灯 …………………………………163
奥村私案 …………………………………63
尾瀬沼の開発（尾瀬開発）…………75,92,94
小田原電鉄 ………………………………7
尾三電力 …………………………………163

卸売電気事業（卸売電力会社）
　……………………………3-5,16,111,184

【か行】

改正電気事業法（電気事業法改正）…17-20,38
外地炭 ………………………………49,50
海洋生物環境研究所 ……………………221
改良標準化 ………………216,217,219,222,224
科学技術庁 ………………………………206
核原料物質開発促進臨時措置法 …………206
革新官僚 …………………………………63
核燃料サイクル …………………………224,229
格納容器 ………………………………218,220
火主水従 ……………………189,194,201,209
柏崎市荒浜地区 …………………………210
河水統制事業 ……………………………163,167
河川開発 …………………………………161,167
河川総合開発 ……………………163,164,167,168
河川内電気工作物施設の変更命令 ………14
河川法改正 ………………………………167,169
家庭用需要 ………………………………122
過度経済力集中排除法 ……………………135
過度の経済力集中 ……………………135,139-141
株式会社JCOウラン再転換工場の臨界事故
　……………………………………227,228
火力原子力発電協会 ……………………198
川崎市工業用水 …………………………163
川崎市水道 ………………………………163
環境対策 …………………………………196
環境問題 …………………………………201
関西急行電鉄 ……………………………57
関西共同火力尼崎第一発電所 ………45,47,101
関西共同火力尼崎第二発電所 …………45,47,95
関西共同火力発電株式会社（関西共同火力）
　…………………………39,44-53,58,68
関西60サイクル …………………………184
関西電力 ……i,177,178,191,192,198,200,209
関西電力高浜原子力発電所 ……………211,213
関西電力美浜原子力発電所 …209,211,213,229
関西配電株式会社（関西配電）……………111

関東50サイクル	184	行政懇談会	221
幹事試案	71,74,77,78	行政調査会	15
関東共同火力	39	強制買収条項	16,17,31
関東地方における火力連携	8	競争と棲み分け	58
官民協力体制	71	供電組織	ii,111
官民合同会社	14,18	共同火力発電	38
管理水力	103,105,106,109	共同火力発電会社案	39
機械油圧式から電子油圧式へ	197	共同融資団	47
期間不足罰金	103	京都電灯	44,46,51
企業形態問題	11	業務監督力の拡充	17
企業倫理学	229	許認可の標準化	216,219
技術導入	198	金解禁	14,18
季節別料金制度	157	熊本電気	42
貴族院	81	呉海軍工廠	96
貴族院公正会	10	黒部川	51
基礎産業（基礎工業）	17,18,20	軍需工業	76
規模の経済性	49	群馬電力	6
旧市域	54,56	計画送電容量	29
九州共同火力株式会社（九州共同火力）	42	計画電力	29
九州50サイクル地域	43	経済新体制	93
九州水力電気株式会社（九州水力）	42	経済民主化	128,136,139
九州送電株式会社	42,43	軽水炉型	208,209,227
九州電気軌道株式会社	43	京阪電鉄	57
九州電力株式会社（第二次世界大戦後）	171,191,192	京浜臨海地帯	45
九州電力株式会社（第二次世界大戦前）	42	減価償却費	23,25,107,125,133
九州60サイクル地域	42	原子燃料工業	210
九水ブロック	42	原子燃料公社法	206
9電力会社（9電力）	i,155,167,177,183, 191,196,198,200,208,209,213,222,229	原子力委員会	206,207,212
		原子力開発利用長期基本計画	206
9電力体制	i,15,161,176,178,201	原子力開発利用長期計画	212
旧動燃のもんじゅ事故	228	原子力格納容器	217,218,220
9配電	130,135,137,141	原子力3法	206
9分割案	143,150	原子力の非軍事的利用に関する協力のための日本国とアメリカ合衆国との間の協定	206
供給規程外料金	24		
供給規程料金	24	原子力の平和利用	205
供給区域と給電の関係	138	原子力発電機器標準化調査委員会	215
供給主体	i,iii,58,77,201	原子力発電建設「冬の時代」	225
供給責任	17,18,23,25,152,153,155,177,178, 200,201	原子力発電振興会社	208
		原子力発電設備改良標準化調査委員会	215
供給独占（供給区域独占の原則）	14-16,21,111	原子力利用準備調査会	205
		原子炉圧力容器	218
供給方法	i-iii,58,77	建設省	165,167-169,174
供給余力	28,38	原発長島事件	210
共産派	127,128	原発問題を考える住民の会	228

索　引　263

原油・重油混焼 ……………………………196
五・一五事件 …………………………18,19
広域運営 ………………………195,196,199
降雨という気象条件 ………………………178
公益事業委員会（国家的公益事業委員会）
　………137,140-144,146,147,149,150,167
公害問題 ……………………………………201
工業課作成の報告書（工業課報告書）…135,149
合同電気 ………………………………………43
河野－正力論争 ……………………………208
コールダーホール型 ………………………208
国策閣議 ………………………………………66
国策研究会 ……………………………………71
国策研究会案 …………………………………71
国産化 ………………………………………198
国土総合開発 ………………………………165
五大電力 ………………………4,5,19,63,66,72
五大電力電力統制要綱（案）………………72
近衛文麿内閣 …………………………………70
コンバインドサイクル発電 ………………222
コンパクト化 ………………………………197

【さ行】

最終段落用翼長の開発 ……………………197
再循環系配管 ……………………213,220,224
再処理 ………………………………………210
最大電力 ……………………………120,121,123
財閥 ……………………………………………20
財閥関係者 ……………………………………7
西部共同火力発電株式会社（西部共同火力）
　………………………………………………42,43
相模川河水統制事業計画 …………………163
三相会議 ………………………………………68
産別会議 ……………………………………126
ゼネラルエレクトリック社（GE社）
　……………………………………192,208,209
GHQ/SCAP ………123,125-128,131-133,135,
　140-144,146,148-152,190
GHQ/SCAP 経済科学局 ……………………131
GHQ/SCAP 経済科学局価格・配給課（価
　格・配給課）………………………………131,141
GHQ/SCAP 経済科学局公益事業・燃料課
　（公益事業・燃料課）……………143-147,150
GHQ/SCAP 経済科学局工業課（工業課）
　……………………………………………135,141

GHQ/SCAP 経済科学局反トラスト・カル
　テル課（反トラスト・カルテル課）
　…………………………………135,139,141,144
GHQ/SCAP 経済科学局労働課 ……………127
GHQ/SCAP 民政局（民政局）………………145
自家用発電 ……………………………21,22,71,75
事業利得 …………………………………23,25
四国電力 ……………………………………191
四国電力伊方原子力発電所 ………………211
自主的電力消費制限 ………………………188
自然独占 ……………………………………148
事前了解 ……………………………………229
自動交換機 …………………………………218
下筌・松原ダム ……………………………171
社債処理に関する法律案 ……………………68
重化学工業化 ……………………………20,54,56
衆議院 ……………………………………79,81
衆議院建設委員会 ……………………165,167
集塵装置 ………………………………………48
集中排除審査委員会 ……132,135,139-141,143
10分割案 …………………………………146-152
住民投票 ……………………………226,228,229
重油使用 ……………………………………195,196
重油専焼 ……………………………………196
受電義務 ………………………………………22
受電設備利用率 ……………………………122
需用地帯 ……………………………………28,29
庄川流木問題 …………………………………40
蒸気条件の向上（高温高圧化）……………197
蒸気発生器細管 ……………213,215,218,221
商工省電力局（通産省資源庁電力局）…137,141
少数体 MOX 燃料の使用と照射後試験 ……228
消費規正 ……………………………102,103,110,122
庶政一新 ………………………………………69
所属地帯 …………………………………24,26
自流式水力開発（発電）と火力開発（発電）
　の組合わせ ……………………………28,31,58
自流式（水力）発電所 ……………………121,177
新鋭火力 ……………………………………191-194
新市域部 ……………………………………54,56
神武景気 ……………………………………194
信頼性の向上 ………………………………216,218
水火併用給電体制 ………8,29,48,53,58,69,138
水火併用給電方法（方式）
　………………28,30,41,71,75,77,78,82,184-186

水火併用の電源開発 …………………………39
水主火従 ……………………………………87
SCAPIN ………………………………141,142
Schedule A: Electric Power Area …141,142
住友原子力委員会 …………………………206
住友原子力工業株式会社 …………………206
スライディングスケール制 …………………6
制御棒駆動機構 ……………………………218
制限基準電力量 ……………………………102
制限電力 ……………………………………187
制限電力方式 ………………………………99
生産指数 ……………………………………119
生産力拡充計画 ………71,74,77,88,90,93,153
製鉄国策 …………………………………69,75
政党内閣 ……………………………………19
政府補給金 ………………………106,129,137
政友会 ………………………10,12,18,79,81
政友本党 ……………………………………10
石炭・重油混焼 ……………………………196
石炭使用 ……………………………………196
石油使用一辺倒 ……………………………201
設備利用率 ……………………………213,219,221
０号指令 ……………………………………127
1949年12月の電気料金改定 ………129,132,190
全国の供電組織 ……………………………63
戦争準備の体制 ……………………………64
総括原価額 ………………………………23,25
総括原価計算 ……………………………25,26
総合エネルギー対策閣僚会議 ……………212
相互不可侵協定 ……………………………7
総動員計画 …………………………………99
総動員体制 ……………………………64,66,71
相武電力 ……………………………………7
総理府原子力局 ……………………………206

【た行】

ターン・キー契約 …………………………208
第一原子力産業グループ …………………206
第一次電力国家管理（第一次電力国管）
 ……………………………63,92,95,111
大口径再循環配管 …………………………220
第三次水力調査 ……………………………74
大同対宇治電 ……………………………5,6,8
大同電力（大同）
 ………………3-7,11,43,44,46,53,105,163

第二次電力国家管理（第二次電力国管）
 ……………………………87,110,111
対話を通じた合意 …………………………229
頼母木案 …………………………68,69,72,73,80
多目的ダム ……………………………161-175
多目的ダム管理年報 ………………………172
多目的ダム構想 …………………165,169,175
地域社会 ………………………………226,229
地域独占 ……………………………………152
地球環境問題 ………………………………ⅰ
治水 …………………………………164,166
地帯間電力連係 ……………………………194
中央電気系 …………………………………98
中央電力協議会 ……………………………207
中国電力 ………………………………191,192
中国電力島根原子力発電所 ………………209
中性子反射体 ………………………………220
中東諸国での原油産出 ……………………195
中部共同火力発電株式会社（中部共同火力）
 ………………………………………39,43
中部電力（第二次世界大戦後）
 ……………………………177,191,192,198
中部電力（第二次世界大戦前） ……………43
長期エネルギー需給計画 …………………213
調整池式発電所（調整池）
 ……………27,75,77,95,121,123,161,194
朝鮮電力株式会社 …………………………73
調相設備 ……………………………………105
重複供給 ……………………………………21
貯水池式発電所（貯水池）……27,75,77,94,95,
 121,123,138,161,177,194
賃金３原則 …………………………………127
通告電力量方式 ……………………………99
通産省 ………………………………………145
通産省原子力産業部会 ……………………207
通産省総合エネルギー調査会 ……………207
デ・コントロール …………………………145
定期検査期間 …………………………213,225
帝国人絹三原工場 …………………………96
通信省 …5,9-11,14-17,19,20,22,24-27,30,31,
 38,41,44,72,74,77,78,80-82
通信省電気局 ……………………………11,40,65
通増料金制度 ………………………………157
鉄道省 ………………………………………17
電気委員会 ……………………16,19-22,27,30,136

電気化学工業……………………………96	……………………………………193
電気協会……………………10, 16, 17, 27	電力調整中央委員会…………………187
電気事業県営化………………………30, 31	電力調整令……………………99-102, 188
電気事業再編成……i, 111, 119, 129, 132, 133, 135, 141, 143-145, 150-153, 155, 161, 176, 178, 191	電力統制に関する意見書………………72
	電力特別会計法案………………………68
	電力プール案………………………39, 40
電気事業再編成審議会………145, 146, 149	電力不足………………99, 119, 177, 187, 192
電気事業法改正法案…………………68, 79	電力融通………………26, 29, 76, 99, 194
電気事業連合会………………………222	電力連盟……………7, 19, 27, 38-40, 73, 136
電気新聞………………………………226	統一的発送電予定計画（発送電予定計画、発電及び送電予定計画）…14, 16, 27, 87-90, 92
電気庁………………65, 91, 93, 94, 101, 102, 187	
電気料金認可基準………………………22, 27	東京ガス…………………………………201
電源開発………………165, 166, 170, 172, 173, 193	東京原子力産業懇談会…………………206
電源開発（株）磯子火力………………201	東京地裁…………………………………171
電源開発株式会社（電源開発（株））……………………153, 165, 166, 176, 191, 208	東京電灯（東電）……………………4, 6-9, 11, 76, 95, 106, 183-185
	東京電力（第二次世界大戦後）……i, 170, 171, 177, 178, 191, 192, 196, 198, 200, 201, 209, 214, 216, 222, 226, 227, 229
電源開発促進法案……………………153, 176	
電源3法……………………………201, 229	
電源属地主義（属地主義）……………………143, 144, 146, 147, 150-152	東京電力（東邦、第二次世界大戦前）……6-8
	東京電力柏崎刈羽原子力発電所……210, 227
電源潮流主義（潮流主義）……………………146, 147, 150, 152, 161	東京電力福島第一原子力発電所…209, 211, 213
	東西融通…………………………………8, 69
電源別発電原価…………………………221	東芝…………………………………215, 217
電産型賃金体系…………………………126	東信電気……………………………………8
電灯争議……………………………………9, 53	東信電気島河原、小諸…………………98
天然の排水路……………………………162	東電対東邦…………………………………9
電力管理ニ伴フ社債処理ニ関スル法律案……79	東電対日電…………………………………7
電力管理法…………………………………79	東電に挑む「一騎打ち」…………………7
電力管理法案………………………68, 79, 81	東邦電力（東邦）……………ii, 4, 6, 8, 11, 42, 43, 95, 101, 105, 106
電力供給制限（供給制限）………97-103, 119	
電力経済圏………………………………100, 110	東北振興電力株式会社…………………66
電力国策要綱……………………………66, 67	東北電力……………………………178, 191
電力国家管理（国家管理）……i-iii, 20, 64-66, 68, 75, 79-82, 88, 100, 103, 106, 111, 121, 144, 186	東洋紡績岩国工場………………………96
	動力試験炉………………………………208
	東力対東電…………………………………6
電力再々編成問題………………………178	動力動員………………………………67, 76
電力資本の自立性…………………………iii	特定供給許可基準………………………21
電力自由化……………………………i, 225	特定多目的ダム法…………………167-169
電力需給調整……………………………121	特別改修費………………………………130
電力需給調整規則………………………119	特別修繕費………………………………130
電力審議会………………………74, 87, 90, 92	ドッジライン…………………………127, 128
電力制限強化…………………………100, 102	届出料金制度………………………………9
電力政策指標………………………………70	利根川、阿賀野川水系…………………75
電力戦…………………………………4-6, 8, 9	
電力中央研究所電力設備近代化調査委員会	

【な行】

内閣調査局案 …………………………………65-67
内地炭 ……………………………………………49
内務省 ……………………………………14,15,17,19
永井案 ……………………………………………79
長野電気平穏第一 ………………………………98
7地域分割案（7分割案、7電力会社案）
　　　…………………………………………138-140
南海電鉄 …………………………………………57
新潟県刈羽村 ………………………………227,228
日電黒部川第二 …………………………………98
日電対東邦 ………………………………………8
日不足罰金 ……………………………………103
日満経済ブロック ………………………………40
日中戦争 ……………………………………49-51,72
二・二六事件 …………………………………64,69
日本型軽水炉 ………………………………217,220
日本原子力研究所（原研）……………………207
日本原子力研究所法 …………………………206
日本原子力産業会議 ……………………206,207
日本原子力事業会 ……………………………206
日本原子力事業株式会社 ……………………206
日本原子力発電株式会社（日本原電）…208-210
日本原子力発電株式会社敦賀発電所（敦賀
　発電所）………………………………209,211,213
日本原子力発電株式会社東海原子力発電所
　　………………………………………………211
日本興業銀行 ……………………………………47
日本興業銀行からの融資（興銀融資）
　　………………………………………124,125,127
日本製鉄 …………………………………………43
日本政府 ………………………………150,213,225
日本占領及び管理のための連合国最高司令
　官に対する降伏後における初期の基本的
　指令 …………………………………………136
日本ダム協会 …………………………………169
日本電気産業労働組合（電産）……126-128,137
日本電力（日電）…ii,3-7,11,43,44,46,51-53,
　56,57,101,105,106,111,184
日本電力設備株式会社法案 ……………………68
日本ニュークリアフュエル …………………210
日本発送電株式会社（日本発送電）……45,47,
　81,88,90-98,100,102,103,105-111,129,130,
　135-138,141,146,150,186,188

日本発送電株式会社発電及送電予定計画案
　（会社計画案）………………………………88-93
日本発送電失敗論 ……………………………100
日本発送電寝覚 …………………………………98
日本無線電信会社 ………………………………65
認可料金制度 …………………………………9,14
値下げ期成同盟 …………………………………9
熱効率 …………………………………………197,199
燃料国策 …………………………………………75
燃料集合体 ………………………………218,220
濃縮ウラン ……………………………………206
農林省 ………………………………………14,15

【は行】

配電会社 ……………………………………111,137
配電管理 ……………………………………103,110
蜂の巣城紛争 …………………………………171
八戸水力 …………………………………………30
発送電管理の強化 ……………………………106
発送配電を一貫して経営する民有民営会社
　（発送配電一貫経営を行う民有民営形態
　の会社）………………137,140,146,147,151,152
発電及送電予定計画案（総合計画案）
　　…………………………………………88-90,92,93
発電及送電予定計画要綱 ………………………27
発電及送電予定計画要綱案 ……………………87
発電機能を持つ多目的ダム ………172,174,175
発電水力法 ……………………………………15,17,19
発電専用ダム …………………………169,170,174
早川電力 …………………………………………6
反原発運動 ……………………………………221
阪神急行電鉄 ……………………………………57
阪神工業地帯 ……………………………………56
PA（パブリック・アクセプタンス）活動
　　…………………………………………………229
BWR（沸騰水型）炉
　　………209,213,215,216-218,220,221,227,229
PWR（加圧水型）炉
　　………………209,213,215,217,218,220,221
日立 ………………………………………215,217
ヒドラジンによる水質管理 …………………218
被ばく低減 ………………………………216,218
微粉炭燃焼方式 ……………………………48,189,193
飛躍的電力拡充 …………………………………93
標準負荷率 ………………………………………24

索 引　267

弘前電灯 30
広島電気 101
広田弘毅内閣 65,69
プール計算制度 130,136
負荷率 3,24,26,157,222
復金インフレ 124
復興金融金庫からの融資（復金融資）
 124,125,127
物資動員計画 88,90,93
不特定流量 174
プルサーマル計画 226-229
平均資本係数 157
米国原子力法 205
平水量水準 74
並列発電された電力量（並列発電量） 105,106
ベストミックス i,222,225
ヘッダ方式からユニットシステムへ 198
ボイラー容量の増大 198
報償契約 10
豊水量水準 75
豊富で低廉均一な電力供給 76,78
豊富で低廉な電力供給 64,78,79,81,107,188
補給用またはピーク（尖頭負荷）用
 46,50,51,53,161,183,186,189
北支電力興業 73
北陸電力 178,198
保守点検の適確化 216,218
北海道岩内町議会 210
北海道電力 191
北海道電力泊原子力発電所 210

【ま行】

松永案 146,147,149-152
松永の火力統制会社案 40,41
見返り資金特別会計 124
見返り資金融資 124,125
三河水力 163
三鬼案 146
水資源開発 167,168
水資源開発公団 171
水資源開発促進法 169
水資源開発特別委員会 168
水野案 146
水の循環 198
三井銀行 6,8

三井鉱山 42
三菱金属 209
三菱原子動力委員会 206
三菱原子力工業株式会社 206,209
三菱原子力政策会議 206
三菱重工業 209,215,217
宮崎県耳川水系 172
未落成供給力 4
民政党 10,12,18,79,81
民同派 127,128
民有国営（案，構想，形態） 63,64,66,68,78
民有民営案 78
MEMO FOR RECORD 13 August 1949
 141,142
持株会社整理委員会 135,141,142

【や行】

矢作水力 43,163
矢作水力南向 98
融通電力会社 146
融通電力量 122
油主炭従 194
揚水式（水力開発、発電） 94,171,222
ヨウ素剤 227
横浜市水道 163
横浜方式 201
予定送電幹線 29
予定発電力 29
予備放流水位 175
四相会議 66

【ら行】

落成供給力 4
利水 163,164
粒界応力腐食割れ（IGSCC） 218
料金の低位固定化 107
リン酸ナトリウム 218
臨時資金調整法 76
臨時電気事業調査会 12,18
臨時電気事業調査部 11,12,16,19
臨時電力調査会 72-74,78
冷却技術 197
レッドパージ 127,128
炉心シュラウド 224

【わ行】

割戻金 …………………………………103

人名索引

B. J. バーガー 139, 140, 149
G. R. ロームス 144
H. エヤース 148
J. B. キャッシュ 143
T. O. ケネディ 131-133, 144-152
W. F. マーカット 141, 144

【あ行】

赤沢政五郎 11
浅野総一郎 45
有村慎之助 11
池尾芳蔵 73, 110
池田成彬 20
池田力 227
石川一郎 206
石川芳次郎 11
石野久雄 210
今井田清徳 29
梅本哲世 ii, 38
大井篤 205
大橋八郎 39
大和田悌二 66, 70, 71
岡良一 210
奥村喜和男 63-65

【か行】

各務謙吉 20
橘川武郎 i, ii, iii, 20, 150, 167
工藤昭四郎 145
小池隆一 145
小泉又次郎 12
小坂順造 206

【さ行】

坂本雅子 20
桜井則 38
渋沢元治 11, 77, 81
正力松太郎 205, 206
鈴木貞一 64

【た行】

太刀川平治 11

田中角栄 165
頼母木桂吉 66

【な行】

永井専三 11
永井柳太郎 70, 72
中曽根康弘 205, 210
南条徳男 168
野田卯一 166

【は行】

萩原俊一 162
久原房之助 12, 16, 19
福田一 166
福中佐太郎 11
藤原銀次郎 206

【ま行】

増田次郎 91
増永元也 11
松永安左エ門
　　6, 39, 41, 77, 145, 146, 148, 151, 193, 206
三鬼隆 145, 146
御厨貴 167
水野茂 145, 146
宮川竹馬 151, 187
村田省蔵 110, 188
室原知幸 171
物部長穂 162, 175

【や行】

山内一郎 161
山下亀三郎 45
吉田茂 145
吉野信次 22

【わ行】

若尾璋八 9
若麻積安治 11
渡辺美智雄 210
渡哲郎 ii

【著者略歴】

中瀬 哲史（なかせ・あきふみ）

1963年	大阪に生まれる
1987年	大阪市立大学商学部卒業
1995年	大阪市立大学大学院経営学研究科後期博士課程修了
1995年	高知大学人文部講師
1998年	高知大学人文部助教授
1999年	大阪市立大学商学部助教授
2001年	大阪市立大学大学院経営学研究科助教授
	現在に至る。

日本電気事業経営史―― 9 電力体制 ――

2005年2月18日　第1刷発行　　定価（本体3500円＋税）

著者　中　瀬　哲　史

発行者　栗　原　哲　也

発行所　株式会社　日本経済評論社

〒101-0051　東京都千代田区神田神保町3-2
電話 03-3230-1661　FAX 03-3265-2993
E-mail：nikkeihy@js7.so-net.ne.jp
URL：http://www.nikkeihyo.co.jp

印刷＊藤原印刷・製本＊美行製本
装幀＊渡辺美知子

乱丁落丁はお取替えいたします。　　　Printed in Japan
© NAKASE Akifumi 2005　　　　　　ISBN4-8188-1737-6

Ⓡ〈日本複写権センター委託出版物〉
本書の全部または一部を無断で複写複製（コピー）することは、著作権法上での例外を除き、禁じられています。本書からの複写を希望される場合は、日本複写権センター（03-3401-2382）にご連絡ください。

高村直助編著
明治前期の日本経済
―資本主義への道

A5判　六〇〇〇円

一九世紀末の日本における産業革命はいかなる前提条件の下で達成されたか。政府の政策、諸産業の実態、経済活動を担う主体の三つの側面から実証的に解明する。

田村均著
ファッションの社会経済史
―在来織物業の技術革新と流行市場

A5判　六〇〇〇円

開港によって在来織物業が幕末・明治前期に展開した技術革新と、それを可能にした市場条件すなわちファッションに目ざめた庶民層の旺盛な服飾生活の実態を明らかにする。

藤井信幸著
地域開発の来歴
―太平洋岸ベルト地帯構想の成立

A5判　五八〇〇円

高度成長期を中心に公共投資が地域開発に果たした役割を歴史的に跡づけ、政府の高度成長路線を積極的に支持した国民の心性にまで迫る。地域開発そして公共投資はどうあるべきか。

三輪宗弘著
太平洋戦争と石油

A5判　五四〇〇円

軍事戦略物資「石油」という観点から、日米開戦経緯、南方占領と石油補給、敗戦直後の民需転換を取上げ、軍事と経済の関係を日米双方の一次資料を駆使し、実証的に分析する。

松下孝昭著
近代日本の鉄道政策
―一八九〇～一九二二年―

A5判　六〇〇〇円

一八九〇年の帝国議会開設以降、九二年の全面改正に至るまでの鉄道建設事業を中心とした鉄道政策の形成と展開について通説を批判しつつ実証的に分析。

（価格は税抜）

日本経済評論社